流体力学 第2版

杉山 弘・遠藤 剛・新井 隆景 共著
Hiromu Sugiyama　Tsuyoshi Endo　Takakage Arai

森北出版株式会社

●本書の補足情報・正誤表を公開する場合があります．当社 Web サイト（下記）
で本書を検索し，書籍ページをご確認ください．
　　　　　　　　　　https://www.morikita.co.jp/

●本書の内容に関するご質問は下記のメールアドレスまでお願いします．なお，
電話でのご質問には応じかねますので，あらかじめご了承ください．
　　　　　　　　　　editor@morikita.co.jp

●本書により得られた情報の使用から生じるいかなる損害についても，当社およ
び本書の著者は責任を負わないものとします．

　JCOPY 〈(一社)出版者著作権管理機構 委託出版物〉
本書の無断複製は，著作権法上での例外を除き禁じられています．複製される
場合は，そのつど事前に上記機構（電話 03-5244-5088，FAX 03-5244-5089，
e-mail: info@jcopy.or.jp）の許諾を得てください．

第2版 まえがき

　初版の「まえがき」でも述べているように，水と空気で代表される流体の流れを取り扱う学問である流体力学は，水・空気・ガスを利用する日常生活や，工学・科学のさまざまな分野，とくに最近では，自然エネルギーを含むエネルギー問題への技術的対応，地球環境問題，生命・生物工学，医工学，スポーツ工学，各種の先端科学技術の分野において，ますます重要性を増してきている．

　本書は，流れの基礎，物体（翼など）の揚力発生メカニズムと関連する理想流体力学，実際の流れで重要な粘性をもつ流体の流れを扱う粘性流体力学，移動する物体の抵抗発生などと関連する固体壁面近傍の流れ（境界層流れ）や物体後方の流れ（後流），応用範囲の広いジェット流れ（噴流），高速気体流れを扱う圧縮性流体力学，複雑な流れ現象・問題をコンピュータを使用して数値解析する数値流体力学の基礎，について大学生・高専生が理解できるように，わかりやすく記述した教科書である．

　本書は，1995年の発行以来，幸いにも，累計14増刷を経ることができた．この間，貴重なご意見を読者諸氏から多くお寄せいただいた．今回の第2版では，お寄せいただいたご意見を反映し，より読みやすく，わかりやすい教科書となるように2色刷りにし，判型およびレイアウトを一新した．内容的には，台風・竜巻などの自然現象や工学で見られる重要な"渦（うず）流れ"に関する基礎概念について，第2章で追加記述した．また，流体力学がより理解できるように，各章で例題を追加するとともに，付録の「流体力学の歴史」で，圧縮性流体力学の歴史について追加記述した．

　本書の第1，2，3，8章を杉山，第4，5，9章を遠藤，第6，7章を新井が主に担当し，執筆した．本書に対し，読者・諸賢のご批判・ご意見などをいただけたら幸いである．本書が，学生諸君や若い技術者の流体力学への関心と理解，将来の学問への一歩にいささかでも役に立てば幸いである．

　執筆にあたっては，国内外の多くの著書を参考にさせていただいた．参考文献として本文の後に付記し，感謝を申し上げる．

　最後に，本書を出版するにあたり，大変お世話になった森北出版の諸氏，とくに大橋貞夫氏にお礼を申し上げる．

2014年5月

著者代表　杉山　弘

まえがき

　水，空気で代表される液体と気体を総称して流体というが，この流体の流れを取り扱う学問，いわゆる流体力学は，水，空気，ガスを利用する日常生活や，工学の広範な分野，たとえば，機械工学，航空宇宙工学，海洋・船舶工学，土木・建築工学，化学工学などにおいて重要である．また，流体力学は，最近では，エネルギー問題，地球環境問題，生命・生物工学などとも関連し，重要となってきている．一方，大学では，専門科目を早い時期から教える，いわゆるくさび型教育の普及により，流体力学，熱力学，材料力学などの専門基礎科目は，低学年（1年後期あるいは2年前期）で教えられる傾向となってきている．

　本書は，このような事情を背景にし，工業高等専門学校および大学1，2年生の学生に対する流体力学の入門書（教科書または参考書）として，執筆されたものである．執筆にあたっては，やや難解とされる流体力学の諸概念が，初学者にとって理解できるように平易に記述するように努めた．とくに，次の諸点に注意を払った．

① 流体力学の内容をすべて網羅するのではなく，流体力学の本質が理解できるように，取り上げる事項を精選し，取り上げた事項に関しては懇切丁寧に記述する．
② 基礎式の導出過程，および式のもつ物理的意味について詳しく述べる．
③ 高専・大学のカリキュラムの標準的なものに準拠する．各章に例題，演習問題を入れ，流体力学の内容がより理解できるようにする．問題には詳細な解答をつけ，学習の便宜をはかる．
④ コンピュータ時代に向け，数値流体力学の基礎についても述べる．
⑤ 流体力学への勉学意欲・関心を高めるために，流体力学の歴史についても述べる．

　本書は，上述のことを念頭において書かれたものであるが，著者らの浅学，非才のためにその目的が十分達成されたかはわからない．本書に対し，読者・諸賢のご批判・ご意見などをいただけたら幸いである．また，本書が，学生諸君や若い技術者の流体力学への理解や，将来の学問への一歩にいささかでも役に立てば幸いである．

　執筆にあたっては国内外の多くの著書を参考にさせていただいた．参考文献として本文の後に付記し，謝意を表します．

　終わりに，本書を出版するにあたり，お世話になった森北出版の諸氏，とくに利根川和男氏，吉松啓視氏，多田夕樹夫氏に謝意を表します．

1995年4月

著　者

目 次

第1章 流体の性質　　1

1.1 流　体 …………………………………………… 1
1.2 単位系 …………………………………………… 2
1.3 密　度 …………………………………………… 3
1.4 圧力とせん断応力 ……………………………… 4
1.5 粘　性 …………………………………………… 5
1.6 圧縮性 …………………………………………… 8
1.7 理想流体と粘性流体 …………………………… 9
演習問題［1］……………………………………… 9

第2章 流れの基礎　　10

2.1 流体粒子と流体運動の記述法 ………………… 10
2.2 定常流れと非定常流れ ………………………… 10
2.3 流線と流管 ……………………………………… 11
2.4 一次元，二次元および三次元流れ …………… 12
2.5 流体粒子の加速度 ……………………………… 13
2.6 運動方程式 ……………………………………… 14
2.7 ベルヌーイの式 ………………………………… 16
2.8 ベルヌーイの式の応用 ………………………… 19
2.9 連続の式 ………………………………………… 21
2.10 流れ関数 ………………………………………… 23
2.11 流体粒子の変形と回転 ………………………… 25
2.12 渦度と渦，および代表的な渦モデル ………… 29
演習問題［2］……………………………………… 35

第3章 理想流体の流れ　　37

3.1 渦度と循環 ……………………………………… 37

3.2	渦なし流れと速度ポテンシャル	40
3.3	流れ関数と速度ポテンシャル	42
3.4	複素速度ポテンシャル	43
3.5	簡単な流れと複素速度ポテンシャル	46
3.6	円柱まわりの流れ	51
演習問題［3］		55

第4章　粘性流体流れの基礎　　57

4.1	粘性流体に作用する力とすべりなしの条件	57
4.2	レイノルズの相似則	57
4.3	層流と乱流	58
4.4	円柱まわりの流れ	61
4.5	円管内の粘性流れ	69
演習問題［4］		83

第5章　粘性流体流れの基礎方程式と解析例　　85

5.1	連続の式	85
5.2	運動方程式	87
5.3	ナビエ・ストークス方程式の簡略化	94
5.4	ナビエ・ストークス方程式の無次元化	95
5.5	粘性流れの基礎方程式の変換	97
5.6	乱流の運動方程式	98
5.7	粘性流体方程式の厳密解	100
演習問題［5］		105

第6章　境界層流れ　　107

6.1	境界層の概念	107
6.2	境界層方程式	107
6.3	運動量積分方程式	110
6.4	流れに平行な平板まわりの層流境界層	112
6.5	境界層のはく離	116
6.6	層流境界層から乱流境界層への遷移	117
6.7	乱流境界層の速度分布	118
演習問題［6］		124

第7章 噴流と後流　125

- 7.1 自由せん断流れ ………………………… 125
- 7.2 単純せん断層 …………………………… 126
- 7.3 噴　流 …………………………………… 127
- 7.4 後　流 …………………………………… 128
- 演習問題［7］…………………………………… 130

第8章 圧縮性流体の流れ　131

- 8.1 微小じょう乱の伝播速度（音速）………… 131
- 8.2 気体の圧縮性とマッハ数 ………………… 133
- 8.3 流れの中を伝播する微小じょう乱 ……… 134
- 8.4 熱力学の諸概念 ………………………… 136
- 8.5 一次元圧縮性流れの基礎方程式 ………… 142
- 8.6 一次元等エントロピー流れ ……………… 148
- 8.7 ラバルノズル内の等エントロピー流れ … 150
- 8.8 ラバルノズル内の流れに及ぼす背圧の影響 … 152
- 8.9 衝撃波 …………………………………… 153
- 演習問題［8］…………………………………… 160

第9章 数値流体力学の基礎　161

- 9.1 差分法 …………………………………… 161
- 9.2 ナビエ・ストークス方程式の数値解法 … 163
- 9.3 境界条件 ………………………………… 164
- 9.4 陽解法と陰解法 ………………………… 166
- 9.5 風上差分 ………………………………… 168
- 9.6 物体適合格子 …………………………… 170
- 演習問題［9］…………………………………… 172

付録　流体力学の歴史 ………………………… 173
演習問題解答 …………………………………… 177
参考文献 ………………………………………… 195
索　引 …………………………………………… 197

主な記号

a	音速	u	流速(x方向)
b	噴流および後流の幅	V	体積，流速
C_f	摩擦抵抗係数	v	流速(y方向)，比体積
c_p	定圧比熱	W	重量，複素速度ポテンシャル
c_v	定積比熱	w	流速(z方向)
D	直径，抗力	x, y, z	直角直交座標系
d	直径	α	加速度
F	力	β	圧縮率
g	重力の加速度	Γ	循環
h	エンタルピー	γ	比熱比，比重量 $= \rho g$
K	体積弾性係数	δ	境界層厚さ
L	長さ，揚力	δ^*	排除厚さ
l	長さ，混合距離	ζ	渦度
M	マッハ数	θ	角度，運動量厚さ
m	質量	λ	管摩擦係数
p	圧力	μ	粘度（または粘性係数）
Q	体積流量，熱量	ν	動粘度（または動粘性係数）
R	気体定数	ρ	密度
R_e	レイノルズ数	τ	せん断応力
r	半径	ϕ	角度，速度ポテンシャル
t	時間	ψ	流れ関数
U	一様流速	ω	角速度，流体粒子の回転

第 1 章
流体の性質

水，空気などで代表される液体と気体を総称して流体という．本章では，流体の定義，流体の運動を取り扱う際の基本的な考え方，流体運動に関連して重要となる流体の粘性，圧縮性などの性質について述べる．

1.1 流体

水，油，グリセリン，血液，空気，天然ガスなどで代表される**液体**（liquid）と**気体**（gas）を総称して**流体**（fluid）という．流体は，**固体**（solid）と比べ，わずかな力で容易に変形し，運動する性質をもつ．この流体の運動を，流体の**流れ**（flow）または流動という．

流体力学（fluid mechanics または fluid dynamics）は，各種の物体，構造物まわりの流体の流れや，各種の管路，機械・装置内の流体の流れの挙動とそれにともなって生じる力，モーメント，流体のエネルギー損失などを究明する学問である．流体力学では，通常，流体を**連続体**（continuum）として取り扱う．次に，連続体の概念について述べよう．

流体は微視的にみると，分子・原子から構成されているが，流体力学では，流体を構成している分子や原子の個々の運動には立ち入らず，流体を巨視的に眺め，流体は多くの分子・原子を含む微小な流体の塊（かたまり）から成り立っているとし，この微小な流体塊の運動を調べる．すなわち，流体力学では，流体は微小な流体塊より成り立っている連続体であるとみなし，微小な流体塊の運動に着目し，流れの挙動を調べる．この微小な流体塊を**流体粒子**（fluid particle）または**流体要素**（fluid element）ともいう．この流体粒子の大きさ（体積）は，できるだけ小さくとるが，流体粒子の中にはなお多くの分子・原子が含まれており，含まれている分子・原子の平均的特性が流体粒子の物理量として現れる程度の大きさにとる．すなわち，流体粒子の大きさ（寸法）は，流れの代表寸法（たとえば，流れの中に置かれた球まわりの流れの場合には，球の直径が代表寸法となる）に比べて十分小さくとるが，流体分子の平均自由行程よりは十分大きくとる．

分子の平均自由行程を λ，流れの代表寸法を L とすると，その比，

$$K_n = \frac{\lambda}{L}$$

をクヌッセン数（Knudsen number）というが，$K_n < 0.01$ の場合には，流体は連続体として取り扱うことができる．たとえば，0°C，1気圧 (101.3 kPa) の空気の平均自由行程は約 0.03×10^{-6} m $= 0.03\,\mu$m であり，1 mm^3 の中には，2.7×10^{16} 個の分子が含まれている．この場合，代表寸法 $L > 3\,\mu$m である物体まわりの流れは連続体として取り扱うことができる．

高真空装置内や超高空における低圧力，低密度の気体の流れは，多くの場合 $K_n > 0.01$ となり，流れは連続体として取り扱うことができない．この場合の流れについては本書では述べないが，この流れは**希薄気体力学**（rarefied gas dynamics）で取り扱われる．

1.2 単位系

流体力学で使用される速度，力，圧力，密度などの物理量の単位は，長さ，質量，時間などの基準になる基本単位を定めると，それらから定義や法則をもとに組み立てられる．この組み立てられた単位を組立単位といい，基本単位と組立単位を総称して単位系という．

（1）**国際単位系**（International System of Units で SI units と記す．略称は SI.）

この単位系は，表 1.1 に示す 7 つの基本単位とそれらから得られる組立単位よりなる単位系で，流体力学でよく出てくる基本単位は長さ [m]，質量 [kg]，時間 [s] である．この単位系では，力は組立単位の一つであり，ニュートン [N] で表される．ニュートンの運動の法則より，次のようになる．

$$1\,[\text{N}] = 1\,[\text{kg}] \times 1\,[\text{m/s}^2]$$
$$= 1\,[\text{m·kg·s}^{-2}]$$

表 1.1　主な SI 単位

基本単位	名　称	記　号
質　量	キログラム	kg
長　さ	メートル	m
時　間	秒	s
電　流	アンペア	A
熱力学温度	ケルビン	K
物質量	モル	mol
光　度	カンデラ	cd
角　度	ラジアン	rad*

＊組立単位

（2）**工学単位系**（engineering system of units）

この単位系は，従来，工学の分野でよく用いられた単位系で，重力単位系（gravitational system of units）ともよばれる．基本単位は長さ [m]，力 [kgf]，時間 [s] である．この単位系の特徴は，力を基本単位の一つにとり，力の単位として質量 1 kg の物体にはたらく重力，すなわち重さ（重量）をとっている点にある．質量 1 kg の物体の重さ（重量）を，1 重量キログラム [kgf] というが，これは SI 単位で表すと，次のようになる．

$$1\,[\text{kgf}] = 1\,[\text{kg}] \times g\,[\text{m/s}^2] = 1\,[\text{kg}] \times 9.80665\,[\text{m/s}^2] \fallingdotseq 9.8\,[\text{N}]$$

ここで，g は重力の加速度である．なお，重さ（重量）を表す重量キログラムは，質量を表す kg と区別して kgf と書く．

1.3 密度

流体（物質）の単位体積あたりの質量を**密度**（density）といい，単位質量あたりの体積を**比体積**（specific volume）という．これらを記号 ρ [kg/m³]，v [m³/kg] で表すと，ρ と v の間には逆数の関係，

$$v = \frac{1}{\rho}$$

がある．従来，工学単位系では，単位体積あたりの重量を表す比重量 γ [kgf/m³] がよく使用された．比重量 γ と密度 ρ の間には，

$$\gamma = \rho g$$

の関係がある．ここで，g [m/s²] は重力の加速度である．密度は状態量であり，温度と圧力の関数となる．気体の密度は，通常，次の**状態方程式**（equation of state），

$$\rho = \frac{p}{RT} \tag{1.1}$$

より求められる．ここで，p は圧力 [Pa]，T は絶対温度 [K]，R は気体定数 [J/(kg·K)] である．たとえば，乾燥空気に対して $R = 287 \,\mathrm{J/(kg \cdot K)}$ となる．**標準大気圧**（normal atmospheric pressure）（101.3 kPa）で，15°C における空気の密度は，

表 1.2 標準大気圧における空気と水の密度 ρ，粘度 μ，動粘度 ν

温度 [°C]	空気			水		
	ρ [kg/m³]	μ [Pa·s]	ν [m²/s]	ρ [kg/m³]	μ [Pa·s]	ν [m²/s]
-40	1.515	1.49×10^{-5}	0.98×10^{-5}			
-20	1.395	1.610 〃	1.150 〃			
0	1.293	1.710 〃	1.322 〃	9.998×10^2	1.792×10^{-3}	1.792×10^{-6}
5	1.270	1.734 〃	1.365 〃	10.00 〃	1.519 〃	1.519 〃
10	1.247	1.759 〃	1.411 〃	9.997 〃	1.307 〃	1.307 〃
15	1.226	1.784 〃	1.455 〃	9.991 〃	1.138 〃	1.139 〃
20	1.204	1.808 〃	1.502 〃	9.982 〃	1.002 〃	1.004 〃
25	1.185	1.832 〃	1.546 〃	9.970 〃	0.890 〃	0.8928 〃
30	1.165	1.856 〃	1.592 〃	9.965 〃	0.7973 〃	0.8008 〃
40	1.128	1.904 〃	1.688 〃	9.922 〃	0.6529 〃	0.6581 〃
60	1.060	1.997 〃	1.883 〃	9.832 〃	0.4667 〃	0.4747 〃
80	0.999	2.088 〃	2.090 〃	9.718 〃	0.3550 〃	0.3653 〃
100	0.946	2.175 〃	2.298 〃	9.584 〃	0.2822 〃	0.2945 〃

$$\rho = 1.226\,\mathrm{kg/m^3}$$

となる．液体の密度は，温度，圧力によりあまり変化しない．4°C の水の密度は，

$$\rho = 1000\,\mathrm{kg/m^3}$$

となり，流体（物質）の密度と 4°C における水の密度の比を**比重**（specific gravity）という．表 1.2 に，標準大気圧における空気と水の密度を示す．

1.4 圧力とせん断応力

図 1.1（a）に示すように，流体中の任意の一点を通る微小な面（面積 ΔA）を考え，その面の片側に作用する垂直力を ΔF，接線力を ΔT とする．いま，面積 ΔA をゼロに近づけたときの $\Delta F/\Delta A$，$\Delta T/\Delta A$ の値を，その点における**圧力**（pressure）p と**せん断応力**（shear stress）τ という．すなわち，次式となる．

$$p = \lim_{\Delta A \to 0} \frac{\Delta F}{\Delta A}, \qquad \tau = \lim_{\Delta A \to 0} \frac{\Delta T}{\Delta A} \tag{1.2}$$

図 1.1（b）に示すように，面の両側にはたらく圧力とせん断応力は，作用・反作用の関係より，大きさが等しく，向きが反対になる．

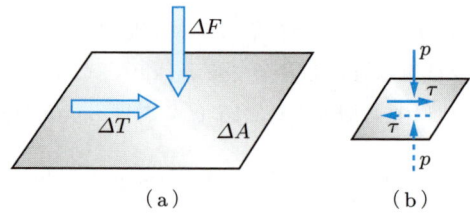

図 **1.1** 流体中の微小面に作用する垂直力（圧力）と接線力（せん断応力）

流体が静止している場合には，流体中には圧力は存在するが，せん断応力は存在しない．上述の圧力の定義からわかるように，流体中の圧力は，考えている面に垂直に作用する．また，流体中の一点における圧力は，あらゆる方向に対して同じ大きさとなる．

例題 1.1 静止流体中の任意の一点の圧力は，あらゆる方向に対して，同じ大きさであることを示せ．

解 簡単のため，二次元の場合について考える．図 1.2 に示すように，静止流体中に単位長さの奥行きをもつ微小三角形 ABC を考える．辺 AB，BC，AC の長さを dx，dy，dl とし，各辺（面）に作用する圧力を，それぞれ p_y，p_x，p とする．流体は静止しているから，x，y 方向の力はそれぞれつり合っている．よって，

$$pdl\sin\theta - p_x dy = 0 \quad \text{①}$$
$$p_y dx - pdl\cos\theta - \frac{1}{2}\rho g dx dy = 0 \quad \text{②}$$

となる．ここで，ρ は流体の密度，g は重力の加速度，θ は辺 AB と AC のなす角度である．ところで，$dl\sin\theta = dy$，$dl\cos\theta = dx$ を考慮すると，式①，②は，

$$p_x = p, \qquad p_y = p + \frac{1}{2}\rho g dy$$

となり，dx，dy が 0 に近づいた極限では，

$$p_x = p_y = p$$

となる．また，角度 θ は任意にとることができるから，静止流体中の任意の点における圧力は，あらゆる方向に対して相等しいことがわかる．このような圧力を**流体圧**（hydrostatic pressure）という．

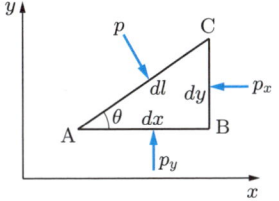

図 1.2 液体中の微小三角形にはたらく圧力

圧力の単位は，パスカル［Pa］で，

$$1\,\text{Pa} = 1\,\text{N/m}^2$$

である．水銀柱 760 mmHg で表される標準の大気圧（標準大気圧）を 1 気圧［atm］という．すなわち，

$$1\,\text{atm} = 760\,\text{mmHg} = 1.013\times 10^5\,\text{Pa} = 101.3\,\text{kPa}$$

である．また，工学単位系の $1\,\text{kgf/cm}^2$ を 1 気圧［at］ということもある．すなわち，

$$1\,\text{at} = 1\,\text{kgf/cm}^2 = 10\,\text{mH}_2\text{O} = 98\,\text{kPa}$$

である．なお，次節で述べるように，せん断応力は，流体が流れに垂直方向の速度勾配をもって流れている場合に発生する．

1.5 粘性

水，油，空気などの流体中を運動する物体は，流体から物体の運動を妨げようとする力，すなわち抵抗をうける．これは，変形に対して抵抗を示す流体の性質，いわゆる流体の粘性に起因する．この流体の**粘性**（viscosity）は，流体の速度が流れに直角方向に変化するとき，すなわち速度勾配をもつとき，流れに平行な面に沿ってせん断応力が生じる性質と定義される．

ここでは，図 1.3 に示すように，二つの長い平行平板間内の流体の運動を取り上げ，流体の粘性について考えよう．図において，二平板間の距離 h は小さく，下側の平板は静止し，上側の平板は一定の速度 U で右方向に移動しているとする．流体は固体表

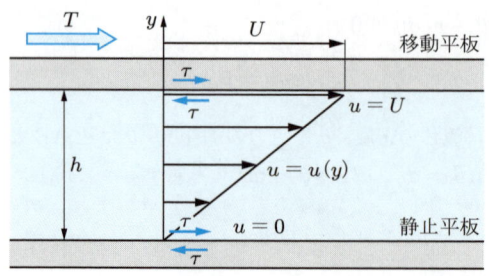

図 1.3 一方が移動している二平行平板間の流体の流れ（クエット流れ）

面に付着する性質（粘性）をもっているので，上側移動平板上の流体の速度は U，下側静止平板上の流体の速度はゼロとなり，二平板間の流体の速度は，流速が遅く流体が層状をなして流れているときには，

$$u(y) = \frac{U}{h}y \tag{1.3}$$

に示されるように直線状に変化する．ここで，y は下側の平板表面からの距離，$u(y)$ は y の位置における流速である．式 (1.3) のように，速度勾配が一定の平行流れを**単純クエット流れ**（Couette flow）または**単純せん断流れ**（shear flow）という．クエット流れの一般的な場合については，5.7 節で述べる．

さて，図 1.3 のように，上側平板を移動しつづけるためには，平板に平行な力（接線力）T をつねに加えなければならない．これは，流体から上側平板に平板の移動を妨げる力，すなわち抵抗がはたらいているからである．平板が移動しているとき，平板に加える接線力 T と流体からの抵抗力はつり合っている．実験によると，この抵抗力（接線力に等しい）は，流体に接している上側平板の面積 A と平板の移動速度 U に比例し，二平板間の距離 h に反比例する．すなわち，比例定数を μ とすると，

$$T = \mu A \frac{U}{h}$$

となる．よって，平板の単位面積あたりに作用する接線力，すなわちせん断応力 τ は，次式となる．

$$\tau = \frac{T}{A} = \mu \frac{U}{h} \tag{1.4}$$

ここで，比例定数 μ は流体の**粘度**（viscosity）または**粘性係数**（coefficient of viscosity）とよばれる．μ の単位は，式 (1.4) より，[Pa·s] となることがわかる．式 (1.4) は，運動している流体中のせん断応力 τ は粘度 μ と速度勾配 U/h の積に等しいことを意味する．

次に，式 (1.4) を一般化し，流れの中に任意の速度勾配がある場合を考えよう．図 1.4 に示すように，y の位置における流体の速度を u とし，y から微小距離 Δy だけ離れた位置における流体の速度を $u + \Delta u$ とすると，y と $y + \Delta y$ の間の流体層には，式 (1.4) と同様，せん断応力

$$\tau = \mu \frac{\Delta u}{\Delta y} \tag{1.5}$$

が発生する．$\Delta y \to 0$ の極限をとると，式 (1.5) は，

$$\tau = \mu \frac{du}{dy} \tag{1.6}$$

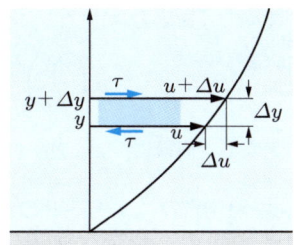

図 1.4 速度勾配 $\Delta u / \Delta y$ をもつ流れの中のせん断応力 τ

となる．この式は，ニュートンによって与えられた式で，**ニュートンの粘性法則**（Newton's law of viscosity）とよばれる．なお，式 (1.6) は，流体が層状をなして流れるとき，すなわち**層流**（laminar flow）のとき成立することに注意しておく．流体の運動（流れ）を調べるときには，粘度を密度 ρ で割った次の量

$$\nu = \frac{\mu}{\rho}$$

が，よく使用される．この $\overset{\text{ニュー}}{\nu}$ [m²/s] を**動粘度**（kinematic viscosity）という．ν の単位として，[cm²/s] が用いられることがあるが，これを**ストークス**（Stokes）という．表 1.2 に，空気と水の粘度と動粘度を示す．

例題 1.2 平板に沿って流れる流体の速度分布が次式，

$$u = U \left(2\frac{y}{h} - \frac{y^2}{h^2} \right)$$

で与えられるとき，平板上 $(y = 0)$，および $y = 25, 50$ mm における速度勾配と粘性せん断応力を求めよ．ただし，y は平板表面から測った垂直方向の距離，$U = 3$ m/s，$h = 50$ mm，流体の粘度は 1.6×10^{-3} Pa·s とする．

解 速度勾配は，

$$\frac{du}{dy} = \frac{2U}{h}\left(1 - \frac{y}{h}\right)$$

となる．よって，$y = 0$（平板上）における速度勾配は，

$$\left(\frac{du}{dy}\right)_{y=0} = \frac{2U}{h} = \frac{2 \times 3 \text{ m/s}}{50 \times 10^{-3} \text{ m}} = 120 \text{ s}^{-1}$$

となる．同様に，$y = 25, 50$ mm における速度勾配は，それぞれ $60, 0$ s^{-1} となる．$y = 0$

でのせん断応力は，

$$\tau_0 = \mu \left(\frac{du}{dy}\right)_{y=0} = 1.6 \times 10^{-3}\,\mathrm{Pa\cdot s} \times 120\,\mathrm{s}^{-1} = 0.192\,\mathrm{Pa}$$

となる．同様に，$y = 25, 50\,\mathrm{mm}$ におけるせん断応力は，$0.096\,\mathrm{Pa}$ および $0\,\mathrm{Pa}$ となる．

式 (1.6) のニュートンの粘性法則に従う流体を**ニュートン流体**（Newtonian fluid）という．水，油，空気などの流体はニュートン流体である．これに対し，ニュートンの粘性法則に従わない流体を**非ニュートン流体**（non–Newtonian fluid）という．製紙用パルプ液，高分子溶液，ゴム液，水あめ，マヨネーズ，ペイント，粘土・泥しょうなどは非ニュートン流体である．

1.6 圧縮性

流体は，外力（圧力）を加えると圧縮され，体積が変化し，その結果密度（単位体積あたりの質量）が変化する．流体のこの性質を**圧縮性**（compressibility）という．流体は圧力を加えると圧縮され，圧力を減じると膨張し，もとの体積に戻る性質を示すので，この場合には固体と同じように，弾性体とみなされる．流体は決まった形をもたないので，流体の弾性係数は，体積変化にもとづいた，いわゆる**体積弾性係数**（bulk modulus of elasticity）である．

さて，図 1.5 に示すように，ピストンとシリンダーで囲まれた初期体積 V，圧力 p，密度 ρ をもつ流体を圧縮する場合を考えよう．ピストンに力 F を加え，圧力を Δp 増加（$\Delta p > 0$）させたとき，流体の体積は ΔV だけ減少（$\Delta V < 0$）し，密度は $\Delta \rho$ だけ上昇（$\Delta \rho > 0$）したとする．このとき，体積弾性係数 K [Pa] は，次式で与えられる．

$$K = -\frac{\Delta p}{\dfrac{\Delta V}{V}} \quad (1.7)$$

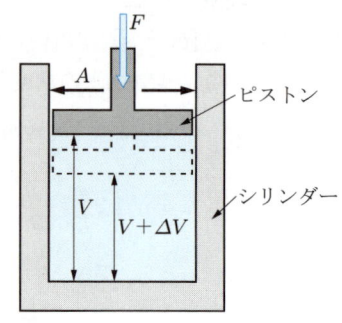

図 **1.5** 流体の圧縮性（密度変化）

ところで，図 1.5 のシリンダー内の流体に圧力を加える前後で，流体の質量は等しい（質量保存の法則が成立する）ので，

$$(V + \Delta V)(\rho + \Delta \rho) = V\rho$$

となる．この式で二次の微小量 $\Delta V \cdot \Delta \rho$ を省略すると，

$$-\frac{\Delta V}{V} = \frac{\Delta \rho}{\rho} \quad (1.8)$$

となる．よって，式 (1.7) は，次のようになる．

$$K = \frac{\Delta p}{\dfrac{\Delta \rho}{\rho}} \tag{1.9}$$

体積弾性係数の逆数を**圧縮率**（compressibility）という．標準大気圧，20°C における液体の体積弾性係数 K は，水，グリセリン，水銀に対し，それぞれ 2.07，4.35，26.2 [GPa $= 10^9$Pa] である．

なお，8.2 節で述べるように，流れている流体の密度変化は，流れのマッハ数（流速/音速）で決まることに注意しておこう．

1.7 理想流体と粘性流体

流体の運動を考える際，流体の粘性を無視した流体を**非粘性流体**（inviscid fluid）といい，流体の粘性を考慮する流体を**粘性流体**（viscous fluid）という．非粘性流体の流れでは，$\mu = 0$ となり，式 (1.6) からわかるように，流体中にはせん断応力は発生せず，垂直応力（圧力）のみが存在する．

流体の粘性と圧縮性を無視した流体を**理想流体**（ideal fluid）または完全流体（perfect fluid）という．流体を理想流体として取り扱う理想流体力学は，流体の運動を理解する基礎として重要であるばかりでなく，流体の粘性と圧縮性が無視できる流れ，たとえば水面波の運動や低速の場合の翼のまわりの流れを理論的に解析する際に役に立つ．流体の粘性を考慮する粘性流体力学は，実際に存在する多くの流れの問題を解く際に使用されて重要である．また，流体の圧縮性を考慮する**圧縮性流体力学**（compressible fluid dynamics）は，高速気流の問題などを解く際に重要となる．

■ 演習問題 [1] ■

1.1 重力のみが作用している静止流体中において，y を鉛直方向上向きにとると，圧力 p と y の間には次の関係，

$$\frac{dp}{dy} = -\rho g$$

があることを示せ．ただし，g は重力加速度，ρ は流体の密度である．

1.2 比重 0.8 の油が $2\,\mathrm{m}^3$ ある．この油の密度 ρ，質量 M，および重量 W を SI 単位で求めよ．

1.3 標準大気圧，温度 $-20°\mathrm{C}$ における空気の密度を求めよ．ただし，空気のガス定数を $287\,\mathrm{J/(kg\cdot K)}$ とする．

1.4 水の体積を 0.2％減少させるのに必要な圧力を求めよ．ただし，水の体積弾性係数は 2.2 GPa とする．

第2章 流れの基礎

本章では，流体の運動の取り扱い方，流体粒子の加速度，流体の粘性を無視した場合の運動方程式，応用範囲の広いベルヌーイの式，連続の式などについて述べる．また，流体の粘性を無視した場合の流体粒子の変形と回転についても述べる．

2.1 流体粒子と流体運動の記述法

流体の運動を考える際，流体は無数の微小な流体の塊（かたまり）から成り立っていると考える．1.1節で述べたように，この微小な流体の塊を**流体粒子**（fluid particle）または**流体要素**（fluid element）という．この流体粒子の大きさは，流れの代表寸法（たとえば，流れの中に置かれた球まわりの流れの場合には，球の直径が代表寸法となる）に比べて十分小さいが，流体（空気，水などの）分子の平均自由行程（標準大気圧，15°Cにおける空気の平均自由行程は約 $0.03\,\mu\mathrm{m}$ である）よりは十分大きいと考えられるサイズである．さて，流体の運動を記述するのには次の二つの方法がある．

（1） ラグランジュ（Lagrange）の方法

この方法は，物体（固体）の運動と同様，各流体粒子に着目し，各流体粒子が時間の経過とともにどのように動くかを追跡していく方法である．この方法は，一つの流体粒子の経路や加速度を知るうえでは便利であるが，流れ場が全体的にどのようになっているかを知るには適さない．

（2） オイラー（Euler）の方法

この方法は，特定の流体粒子を追跡するのではなく，流れ場全体のようすをそれぞれの時刻に一度に調べる方法である．すなわち，流速や圧力を，座標 x, y, z, および時間 t の関数として表す．この方法は，流体の運動を調べる流体力学において一般に用いられる方法である．

2.2 定常流れと非定常流れ

流速，圧力などの流れの物理量を，場所を固定して考えたとき，時間的に変化しない流れを**定常流れ**（steady flow）という．これに対し，流れの状態が時間的に変化する流れを**非定常流れ**（unsteady flow）という．定常流れは，非定常流れよりも初歩的

で基本的な流れであるので，本テキストでは，定常流れの問題を主に取り扱う．

2.3 流線と流管

流れ場において，ある瞬間に一つの曲線を仮想し，その曲線の任意の点における接線がつねに流れの速度の方向と一致するとき，その曲線を**流線** (stream line) という．流線は流れ場を視覚的に理解するうえで役に立つ．

次に，流線の式を導こう．図 2.1 に示すように，一つの流線上の任意の点の線素を ds，その点における速度を V とすると，流線の定義より流線の接線の方向とその点における速度の方向が一致する．すなわち，u, v を速度 V の x, y 方向成分，dx, dy を線素 ds の x, y 方向成分とすると，速度 V, u, v がつくる三角形 ABC と線素 ds, dx, dy がつくる三角形 abc が相似形となり，向きが同じにならなければならない．よって，

$$\frac{dx}{u} = \frac{dy}{v} \tag{2.1}$$

の関係が成立する．式 (2.1) を**流線の式** (equation of stream line) という．

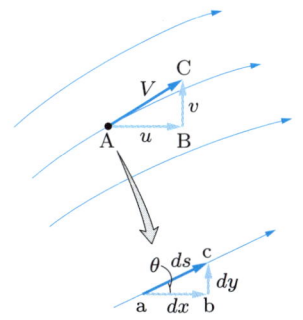

図 **2.1** 流線上の速度と線素の関係

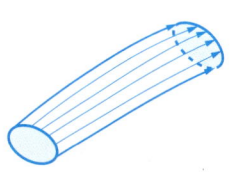

図 **2.2** 流線と流管

図 2.2 に示すように，流れの中に一つの閉曲線を考え，その曲線上の各点から流線を引くと，流線の壁よりなる一つの管ができる．この管を**流管** (stream tube) という．当然のことながら，流管壁は流線より構成されているので，流体は流管の壁を横切ることはない．流管の考え方は，各種の流れ場を調べる際にしばしば用いられる．

例題 2.1 (x, y) 座標系で表した x 方向と y 方向の速度成分 u, v が，

$$u = \frac{y}{x^2 + y^2}, \qquad v = -\frac{x}{x^2 + y^2} \qquad ①$$

で表される流れがある．点 $(0, 4)$ を通る流線を求めよ．

解 流線の式 (2.1) $dx/u = dy/v$ より，

$$\frac{dy}{dx} = \frac{v}{u} \qquad ②$$

である．この式に，式①を代入すると，

$$\frac{dy}{dx} = \frac{-\dfrac{x}{x^2+y^2}}{\dfrac{y}{x^2+y^2}} = -\frac{x}{y}$$

となる．よって，

$$y dy = -x dx \qquad ③$$

となる．この式を積分すると，次式（流線の式）が得られる．

$$y^2 = -x^2 + C \quad \therefore \quad x^2 + y^2 = C \qquad ④$$

ここで，C は積分定数である．よって，点 $(0,4)$ を通る流線では，

$$0 + 4^2 = C \quad \therefore \quad C = 16$$

となる．よって，点 $(0,4)$ を通る流線は，

$$x^2 + y^2 = 16 \qquad ⑤$$

と求められる．この流線は，原点 $(0,0)$ を中心とする半径 4 の円形流線を表す．

なお，流線の方向（流れの方向）については，例題 3.1 で詳しく述べるように，時計方向である．また，上記と同様の計算を行うと，点 $(0,2)$ を通る流線は半径 2 の円，点 $(0,1)$ を通る流線は半径 1 の円を表すことがわかる．

2.4 一次元，二次元および三次元流れ

一つの空間座標で記述される流れを**一次元流れ**（one dimensional flow）という．たとえば，断面積が緩やかに変化する管内の流れで，管軸に垂直な断面内で流れの状態が一定とみなされる流れは，一次元流れとして取り扱われる．

二つの空間座標で記述される流れを**二次元流れ**（two dimensional flow）あるいは**平面流れ**（plane flow）という．図 2.3 に示すように，流れの方向と軸が垂直になるように置かれた長い柱状体まわりの流れや翼幅の長い翼まわりの流れは，柱状体と翼の両端を除いて，二次元流れとみなしてよい．

流れ場は，一般には，三つの空間座標 x, y, z で記述される**三次元流れ**（three dimensional flow）である．三次元流れは，一次元，二次元流れと比べてより複雑となる．

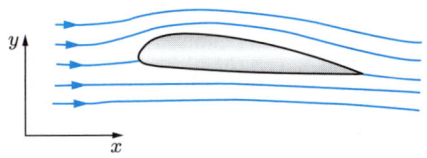

図 **2.3** 二次元流れ

　本テキストでは，簡単のため，一次元および二次元流れを取り扱うが，一次元および二次元流れで，流れの基本的性質が十分理解できるし，多くの重要な流れの問題を解くことができることを述べておく．

2.5 流体粒子の加速度

　一般に，流体粒子の速度は，時間が経過するに従い，また流体粒子の位置が変わるに従い変化する．このことを数学的に記述すると次のようになる．すなわち，二次元流れを考えると，流体粒子の x, y 方向の速度成分 u, v は，

$$u = u(x, y, t), \qquad v = v(x, y, t) \tag{2.2}$$

と書くことができる．さて，図 2.4 に示すように，時刻 t に点 $\mathrm{P}(x, y)$ にあった流体粒子が，微小時間 Δt 後に，点 $\mathrm{Q}(x + \Delta x, y + \Delta y)$ に移動したとする．点 Q における流体粒子の x, y 方向の速度成分を $u + \Delta u, v + \Delta v$ とすると，

$$\left.\begin{array}{l} u + \Delta u = u(x + \Delta x, y + \Delta y, t + \Delta t) \\ v + \Delta v = v(x + \Delta x, y + \Delta y, t + \Delta t) \end{array}\right\} \tag{2.3}$$

となる．式 (2.2) と式 (2.3) より，微小時間 Δt 間の x 方向の速度変化 Δu は，次式となる．

$$\Delta u = u(x + \Delta x, y + \Delta y, t + \Delta t) - u(x, y, t)$$

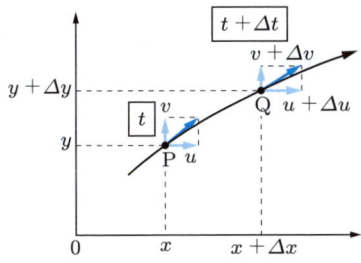

図 **2.4** 流体粒子の移動と速度変化

ここで，上式の右辺第 1 項をテイラー展開し，高次の微小量を省略すると，

$$\Delta u = u(x,y,t) + \frac{\partial u}{\partial x}\Delta x + \frac{\partial u}{\partial y}\Delta y + \frac{\partial u}{\partial t}\Delta t - u(x,y,t)$$
$$= \frac{\partial u}{\partial x}\Delta x + \frac{\partial u}{\partial y}\Delta y + \frac{\partial u}{\partial t}\Delta t \tag{2.4}$$

となる．

ところで，微小時間 Δt 間の流体粒子の x, y 方向の移動距離 Δx, Δy は，点 P における x, y 方向の流速 u, v を用いると，

$$\Delta x = u\Delta t, \qquad \Delta y = v\Delta t \tag{2.5}$$

と表されるので，式 (2.4) は，

$$\Delta u = \frac{\partial u}{\partial x}u\Delta t + \frac{\partial u}{\partial y}v\Delta t + \frac{\partial u}{\partial t}\Delta t$$

となる．この式より，流体粒子の x 方向の加速度 a_x を求めると，

$$a_x = \lim_{\Delta t \to 0}\left(\frac{\Delta u}{\Delta t}\right) = \frac{\partial u}{\partial t} + u\frac{\partial u}{\partial x} + v\frac{\partial u}{\partial y} \tag{2.6}$$

となる．同様に，流体粒子の y 方向の加速度 a_y は，

$$a_y = \frac{\partial v}{\partial t} + u\frac{\partial v}{\partial x} + v\frac{\partial v}{\partial y} \tag{2.7}$$

となる．式 (2.6)，(2.7) で，右辺第 1 項は流速が時間的に変化することにより生じる加速度で，**局所加速度** (local acceleration) という．また，右辺第 2 項，第 3 項は，流速が場所的に変化するために生じる加速度で，**対流加速度** (convective acceleration) という．式 (2.6)，(2.7) で現れる次の微係数

$$\frac{D}{Dt} = \frac{\partial}{\partial t} + u\frac{\partial}{\partial x} + v\frac{\partial}{\partial y} \tag{2.8}$$

は，導出過程で明らかなように，同一の流体粒子の経路に沿っての微分（流れに沿っての微分）を表し，**実質微分** (substantive derivative)，**粒子微分** (particle derivative)，あるいは**物質微分** (material derivative) 係数とよばれる．式 (2.8) の微分の概念は，流体力学における重要な基礎概念の一つである．

2.6 運動方程式

本節では，非粘性流体の運動を記述する運動方程式を導出しよう．図 2.5（a）に示すように，流れの中に微小直方体の流体粒子（要素）を考え，この流体粒子にニュー

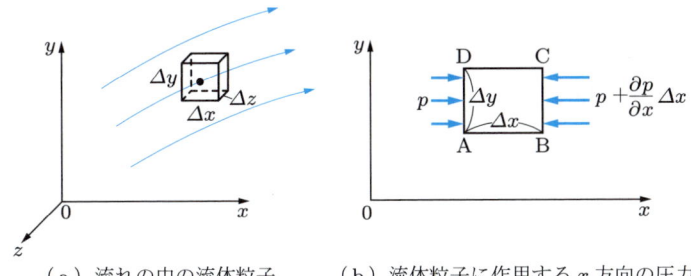

(a) 流れの中の流体粒子　　(b) 流体粒子に作用する x 方向の圧力

図 **2.5** 流体粒子に作用する圧力

トンの運動の第2法則，すなわち，

$$(質量) \times (加速度) = (流体粒子に作用する力) \tag{2.9}$$

を適用する．考察を簡単にするため，二次元流れの場合について考える．まず，x 方向の運動方程式を導こう．図 2.5（b）に示すような流体粒子 ABCD（単位長さの奥行きをもつ，すなわち $\Delta z = 1$ とする）を考える．流体の密度を ρ とし，加速度の式 (2.6) を考慮すると，式 (2.9) の左辺は次式となる．

$$[\rho \Delta x \Delta y] \cdot a_x = \rho \left(\frac{\partial u}{\partial t} + u \frac{\partial u}{\partial x} + v \frac{\partial u}{\partial y} \right) \Delta x \Delta y \tag{2.10}$$

次に，式 (2.9) の右辺を考える．非粘性流体の場合，流体粒子に作用する力は，流体粒子表面に作用する圧力による力と，重力などの流体の質量に作用する力である．後者を質量力または**体積力**（body force）という．まず，圧力による力を求める．面 AD 上の圧力を p とすると，面 AD より微小距離 Δx だけ離れた面 BC 上の圧力は $p + \partial p / \partial x \Delta x$ となる．よって，流体粒子 ABCD に作用する圧力による力の x 方向成分は，次式となる．

$$p \Delta y \cdot 1 - \left(p + \frac{\partial p}{\partial x} \Delta x \right) \Delta y \cdot 1 = -\frac{\partial p}{\partial x} \Delta x \Delta y \tag{2.11}$$

ここで，上式中の 1 は z 方向の単位長さを意味している．単位質量あたりに作用する体積力の x 方向成分を X とすると，流体粒子 ABCD に作用する体積力の x 方向成分は，

$$\rho \Delta x \Delta y \cdot 1 \cdot X = \rho X \Delta x \Delta y \tag{2.12}$$

となる．よって，流体粒子の x 方向の運動方程式は，式 (2.9)〜(2.12) より，

$$\rho \left(\frac{\partial u}{\partial t} + u \frac{\partial u}{\partial x} + v \frac{\partial u}{\partial y} \right) \Delta x \Delta y = -\frac{\partial p}{\partial x} \Delta x \Delta y + \rho X \Delta x \Delta y$$

となる．両辺を $\rho\Delta x\Delta y$ で割ると，次式が得られる．

$$\frac{\partial u}{\partial t} + u\frac{\partial u}{\partial x} + v\frac{\partial u}{\partial y} = -\frac{1}{\rho}\frac{\partial p}{\partial x} + X \tag{2.13}$$

同様に，y 方向の流体粒子の運動方程式は，次式となる．

$$\frac{\partial v}{\partial t} + u\frac{\partial v}{\partial x} + v\frac{\partial v}{\partial y} = -\frac{1}{\rho}\frac{\partial p}{\partial y} + Y \tag{2.14}$$

ここで，Y は体積力の y 方向成分である．式 (2.13), (2.14) の左辺を慣性項，右辺第1項，第2項を，それぞれ圧力項，体積項という．式 (2.13), (2.14) を，二次元流れの場合の，非粘性流れの運動方程式あるいは**オイラーの運動方程式**（Euler's equation of motion）という．

2.7 ベルヌーイの式

前節では，直角直交座標系 (x,y) で二次元非粘性流れの運動方程式を導いた．本節では，まず，流線に沿う流体粒子の運動方程式を導こう．図 2.6 に示すように，流線に沿う距離を s，それに垂直方向の距離を n とする．簡単のため二次元流れとし，流体粒子の大きさを $\Delta s \Delta n$（紙面に垂直方向の長さは単位長さ）とする．流線に沿う流体粒子の速度を V とすると，V は位置 s と時間 t の関数となるので，

$$V = V(s,t)$$

と記述される．いま，時刻 t に位置 1 にあった流体粒子が，微小時間 Δt 後に微小距離 $\Delta s'$ 移動し，位置 2 に移動したとする．Δt および $\Delta s'$ 間の速度変化を ΔV とすると，

$$\Delta V = \frac{\partial V}{\partial s}\Delta s' + \frac{\partial V}{\partial t}\Delta t \tag{2.15}$$

となる．式 (2.15) を Δt で割って，$\Delta t \to 0$ とすると，流線に沿う流体粒子の加速度は，次式となる．

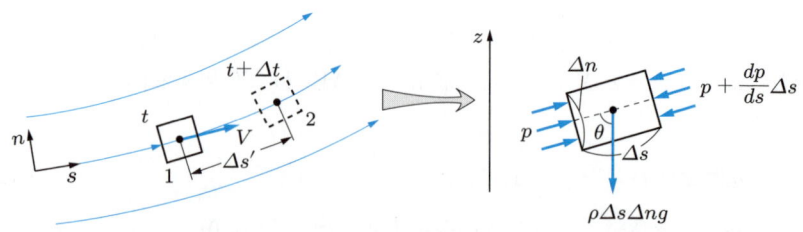

図 2.6 流線に沿って移動する流体粒子と流体粒子に作用する力
（流線に垂直方向の圧力は等しいとする）

$$\frac{DV}{Dt} = \frac{\partial V}{\partial t} + V\frac{\partial V}{\partial s} \tag{2.16}$$

この際,$V = \lim_{\Delta t \to 0} \Delta s'/\Delta t$ の関係を使用した.定常流れであるとすると,$V = V(s)$ となり,流体粒子の加速度は,

$$V\frac{dV}{ds} = \frac{d}{ds}\left(\frac{V^2}{2}\right) \tag{2.17}$$

となる.

図 2.6 の流体粒子に作用する力は,非粘性流体を考えると,圧力による力と重力である.流線方向の圧力による力は,

$$p\Delta n \cdot 1 - \left(p + \frac{dp}{ds}\Delta s\right)\Delta n \cdot 1 = -\frac{dp}{ds}\Delta s\Delta n \tag{2.18}$$

となり,重力の流れ方向成分は,

$$-\rho\Delta s\Delta n g \cos\theta \tag{2.19}$$

となる.ここで,θ は流線方向と鉛直方向のなす角度で,g は重力加速度である.ニュートンの運動の式より,流線に沿う流体粒子の運動方程式は,

$$\underbrace{\rho\Delta s\Delta n\frac{d}{ds}\left(\frac{V^2}{2}\right)}_{\text{慣性力}} = \underbrace{-\frac{dp}{ds}\Delta s\Delta n}_{\text{圧力差による力}} \underbrace{-\rho\Delta s\Delta n g \cos\theta}_{\text{重力}}$$

$$\rho\frac{d}{ds}\left(\frac{V^2}{2}\right) + \frac{dp}{ds} + \rho g \cos\theta = 0 \tag{2.20}$$

となる.

ところで,図 2.6 に示すように,z を鉛直上向きにとると,次の関係,

$$\cos\theta = \frac{dz}{ds} \tag{2.21}$$

が得られる.これを式 (2.20) に代入し,ρ で割ると,次式が得られる.

$$\frac{d}{ds}\left(\frac{V^2}{2}\right) + \frac{1}{\rho}\frac{dp}{ds} + g\frac{dz}{ds} = 0 \tag{2.22}$$

この式は,非粘性流れの流線に沿う運動方程式(オイラーの運動方程式)である.次に,この式を流線に沿って積分すると,

$$\frac{V^2}{2} + \int\frac{dp}{\rho} + gz = C \tag{2.23}$$

となる.$\rho = $ 一定とすると,

$$\frac{V^2}{2} + \frac{p}{\rho} + gz = C \tag{2.24}$$

が得られる．この式の左辺第 1 項は流体の単位質量あたりの運動エネルギー [J/kg]，第 2 項は圧力エネルギー（流体を流動させるためのエネルギー）[J/kg]，第 3 項は位置エネルギー [J/kg] を表し，式 (2.24) はこれらの総和（全エネルギー）が一つの流線に沿って一定であることを示す．式 (2.24) の右辺の定数 C は，流線が異なれば異なる．式 (2.24) を非圧縮性，定常流れに対する**ベルヌーイの式**（Bernoulli's equation）または**ベルヌーイの定理**（Bernoulli's theorem）という．ベルヌーイの式から，一つの流線上で圧力がわかれば速度が求められる．逆に，速度がわかれば圧力が計算できることがわかる．流体工学の分野において，このベルヌーイの式を適用して解く問題は非常に多い．

例題 2.2 二次元，定常，非粘性流れの運動方程式，

$$u\frac{\partial u}{\partial x} + v\frac{\partial u}{\partial y} = -\frac{1}{\rho}\frac{\partial p}{\partial x} + X \tag{2.13}$$

$$u\frac{\partial v}{\partial x} + v\frac{\partial v}{\partial y} = -\frac{1}{\rho}\frac{\partial p}{\partial y} + Y \tag{2.14}$$

を流線に沿って積分して，ベルヌーイの式を導け．

解 式 (2.13) に dx，式 (2.14) に dy を掛けて辺々加えると，

$$\left(u\frac{\partial u}{\partial x} + v\frac{\partial u}{\partial y}\right)dx + \left(u\frac{\partial v}{\partial x} + v\frac{\partial v}{\partial y}\right)dy$$
$$= -\frac{1}{\rho}\left(\frac{\partial p}{\partial x}dx + \frac{\partial p}{\partial y}dy\right) + Xdx + Ydy \qquad ①$$

となる．流線の式より，dx と dy の間には次の関係式が成り立つ．

$$udy = vdx \qquad ②$$

この式を考慮すると，式①は次式となる．

$$\text{式①の左辺} = u\frac{\partial u}{\partial x}dx + u\frac{\partial u}{\partial y}dy + v\frac{\partial v}{\partial x}dx + v\frac{\partial v}{\partial y}dy$$
$$= u\left(\frac{\partial u}{\partial x}dx + \frac{\partial u}{\partial y}dy\right) + v\left(\frac{\partial v}{\partial x}dx + \frac{\partial v}{\partial y}dy\right)$$
$$= udu + vdv = d\left(\frac{u^2 + v^2}{2}\right) = d\left(\frac{V^2}{2}\right) \qquad ③$$

ここで，$V = \sqrt{u^2 + v^2}$ である．体積力 X, Y は，重力場のようにポテンシャル U から導かれるとすると，

$$X = -\frac{\partial U}{\partial x}, \qquad Y = -\frac{\partial U}{\partial y} \qquad ④$$

となる．これらを考慮すると，式①の右辺は，

$$-\frac{1}{\rho}dp - dU \qquad ⑤$$

となる．よって，式①は，

$$d\left(\frac{V^2}{2}\right) + \frac{dp}{\rho} + dU = 0 \qquad ⑥$$

となる．この式⑥は，式②の関係を使ったことにより，流線に沿う流れの運動方程式であることがわかる．この式を，$\rho = $ 一定として，流線に沿って積分すると，

$$\frac{V^2}{2} + \frac{p}{\rho} + U = 一定 \qquad ⑦$$

が得られる．体積力が重力である場合には，重力のポテンシャルは，次式となる．

$$U = gz \qquad ⑧$$

ここで，z は基準線からの鉛直方向の距離である．これを式⑦に代入すると，前に導出した式と同様のベルヌーイの式

$$\frac{V^2}{2} + \frac{p}{\rho} + gz = C \qquad (2.24)$$

が得られる．

2.8 ベルヌーイの式の応用

前節で導いたベルヌーイの式から，一つの流線上で圧力を測定すれば流速が算出できること，逆に流速が何らかの方法で求められれば圧力が算出できることがわかる．本節では，ベルヌーイの式を適用して流速を求める方法について述べよう．

図 2.7 に，**ピトー静圧管**（Pitot–static tube），または**ピトー管**（Pitot tube）とよばれる流速を測定する計器の原理図を示す．図において，点 1 はピトー管の影響をうけない上流の位置を示し，点 2 は流れてきた流体がせき止められ，速度がゼロになる位置を示し，点 3 はせき止められた流体が再び速度を増し（圧力が減少し），その点の圧力が点 1 の圧力と等しくなる位置を示す．

いま，点 1, 2, 3 は同じ高さ（$z = $ 一定）で，密度 $\rho = $ 一定とし，重力項を無視し，点 1 と点 2 の間にベルヌーイの式を適用すると，

$$\frac{V_1^2}{2} + \frac{p_1}{\rho} = \frac{V_2^2}{2} + \frac{p_2}{\rho} \qquad (2.25)$$

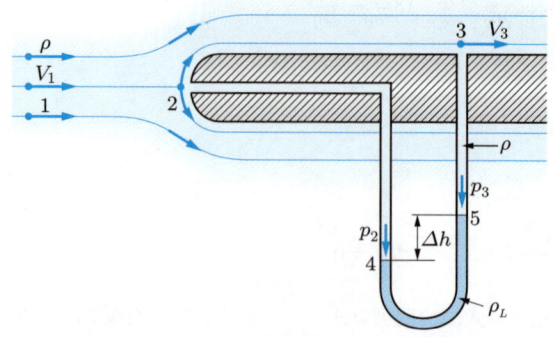

図 2.7 ピトー静圧管（ピトー管）の原理図

となる．$V_2 = 0$ であるから，

$$\frac{\rho}{2}V_1{}^2 + p_1 = p_2 \tag{2.26}$$

となり，V_1 について解くと，

$$V_1 = \sqrt{\frac{2}{\rho}(p_2 - p_1)} \tag{2.27}$$

となる．図 2.7 において，$p_1 = p_3$ であるので，

$$V_1 = \sqrt{\frac{2(p_2 - p_3)}{\rho}} \tag{2.28}$$

となる．よって，p_2 と p_3 の圧力差を測定すれば，一様流の速度 V_1 を求めることができる．ところで，図 2.7 は，密度 ρ をもつ気体の流れの速度を求める場合を示す．図 2.7 において，U 字管内の液柱表面 4, 5 に作用する圧力が，それぞれ p_2, p_3 に等しいとすると，

$$p_2 - p_3 = \rho_L g \Delta h$$

であるから，これを式 (2.28) に代入すると，

$$V_1 = \sqrt{\frac{2\rho_L g \Delta h}{\rho}} \tag{2.29}$$

となる．ここで，ρ_L は U 字管内の液体の密度である．なお，流速がゼロとなるよどみ点の圧力 p_2 を**よどみ点圧力**（stagnation pressure）といい，管壁に直角にあけられた小孔より取り出される圧力 $p_3 (= p_1)$ を**静圧**（static pressure），$\rho V_1{}^2/2$ を**動圧**（dynamic pressure）という．式 (2.26) からわかるように，全圧は動圧と静圧の和に

なる．

2.9 連続の式

本節では，流れている流体が，流体は途切れることなく，連続的に流れる条件を表す式を導こう．

いま，図 2.8 に示すように二次元流れを考え，流れの中に固定した微小な直方体 $\Delta x \Delta y$（奥行き 1）よりなる検査体積 ABCD を考える．この検査体積内に微小時間 Δt に流入する流体の質量は，面 AD を通して流入する質量

$$\rho u \Delta t \cdot \Delta y \cdot 1$$

と，面 AB を通して流入する質量

$$\rho v \Delta t \cdot \Delta x \cdot 1$$

の和であり，次式となる．

$$\rho u \Delta t \cdot \Delta y + \rho v \Delta t \cdot \Delta x = (\rho u \Delta y + \rho v \Delta x)\Delta t \tag{2.30}$$

一方，検査体積 ABCD から流出する流体の質量は，面 BC を通して流出する質量

$$\left(\rho + \frac{\partial \rho}{\partial x}\Delta x\right) \times \left(u + \frac{\partial u}{\partial x}\Delta x\right) \Delta t \Delta y \cdot 1$$
$$= \left[\rho u + \left(u\frac{\partial \rho}{\partial x} + \rho\frac{\partial u}{\partial x}\right)\Delta x + \frac{\partial \rho}{\partial x}\frac{\partial u}{\partial x}(\Delta x)^2\right]\Delta t \Delta y$$
$$\fallingdotseq \left[\rho u + \frac{\partial}{\partial x}(\rho u)\Delta x\right]\Delta y \Delta t$$

と，同様に面 DC を通して流出する質量

$$\left[\rho v + \frac{\partial}{\partial y}(\rho v)\Delta y\right]\Delta x \Delta t$$

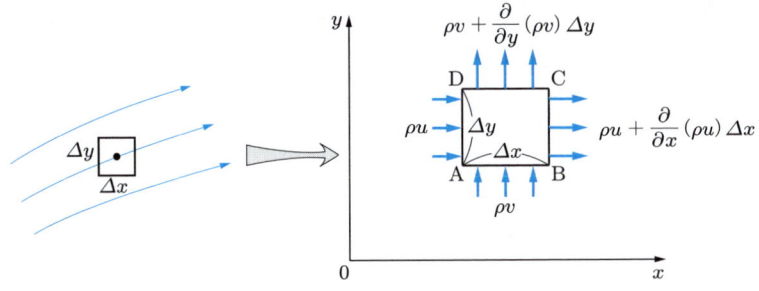

図 2.8 流れの中に固定した微小検査体積内に流入，流出する流体の質量

の和であり，次式となる．

$$\left[\rho u + \frac{\partial}{\partial x}(\rho u)\Delta x\right]\Delta y \Delta t + \left[\rho v + \frac{\partial}{\partial y}(\rho v)\Delta y\right]\Delta x \Delta t \tag{2.31}$$

よって，微小時間 Δt 間に，検査体積表面を通して流入，流出する流体の質量変化は，

$$\underset{\text{流入する質量}}{\text{式 (2.30)}} - \underset{\text{流出する質量}}{\text{式 (2.31)}} = -\left[\frac{\partial}{\partial x}(\rho u) + \frac{\partial}{\partial y}(\rho v)\right]\Delta x \Delta y \Delta t \tag{2.32}$$

となる．この質量変化が正の場合には，検査体積内の流体の質量は増加し，負の場合には，検査体積内の質量は減少することになる．

ところで，検査体積内の流体の質量は，はじめ，

$$\rho \Delta x \Delta y \cdot 1$$

であり，微小時間 Δt 後には，密度が変化することにより，

$$\left[\rho \Delta x \Delta y + \frac{\partial(\rho \Delta x \Delta y)}{\partial t}\Delta t\right]$$

となる．よって，微小時間 Δt 内に，密度が変化することによる検査体積内の流体の質量変化は，

$$\left[\rho \Delta x \Delta y + \frac{\partial(\rho \Delta x \Delta y)}{\partial t}\Delta t\right] - \rho \Delta x \Delta y = \frac{\partial \rho}{\partial t}\Delta x \Delta y \Delta t \tag{2.33}$$

となる．検査体積内で，流体の生成や消滅がなく，流体が途切れることなく連続的に流れるためには，式 (2.32) と式 (2.33) は等しくなければならない．すなわち，

$$-\left[\frac{\partial}{\partial x}(\rho u) + \frac{\partial}{\partial y}(\rho v)\right]\Delta x \Delta y \Delta t = \frac{\partial \rho}{\partial t}\Delta x \Delta y \Delta t$$

となる．この式を $\Delta x \Delta y \Delta t$ で割ると，次式が得られる．

$$\frac{\partial \rho}{\partial t} + \frac{\partial}{\partial x}(\rho u) + \frac{\partial}{\partial y}(\rho v) = 0 \tag{2.34}$$

この式 (2.34) は，二次元流れの**連続の式** (equation of continuity) とよばれ，流体力学の重要な基礎式の一つである．定常流れの場合には，

$$\frac{\partial(\rho u)}{\partial x} + \frac{\partial(\rho v)}{\partial y} = 0 \tag{2.35}$$

となる．さらに，密度 $\rho = $ 一定の場合には，

$$\frac{\partial u}{\partial x} + \frac{\partial v}{\partial y} = 0 \tag{2.36}$$

となる.

上述の式の導出過程で明らかなように，流れている流体は，つねに連続の式を満たしていることがわかる.

2.10 流れ関数

本節では，流れの場，とくに流線を表す関数について述べよう.

図 2.9 に示すように，簡単のため，二次元，定常，非圧縮性（密度 $\rho =$ 一定）流れを考える．図において，s_1，s_2 を流線とすると，2.3 節で述べたように，流線を横切る流れはなく，この二つの流線間の任意の断面積を通過する流量はつねに等しい，すなわち，単位時間に任意の断面 1–1′，2–2′ を通過する流量はつねに等しい．このことより，ある流線を基準として，ほかの流線を，流量を尺度（スケール）とする関数を用いて決定することができる．この関数のことを**流れ関数**（stream function）という．

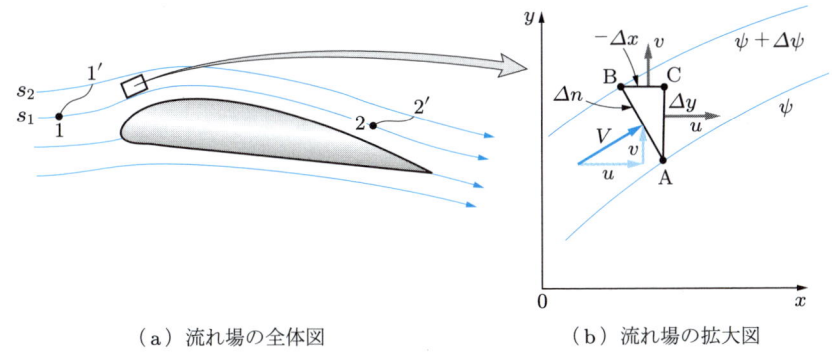

（a）流れ場の全体図　　　（b）流れ場の拡大図

図 **2.9**　流線と流れ関数

いま，図 2.9（b）に示すように，任意の流線を表す流れ関数を ψ とし，流線に垂直な距離 Δn だけ離れた点を通過する流線を表す流れ関数を $\psi + \Delta \psi$ とする．流れの方向は流線の接線方向と等しくなることより，図に示すように，速度 V の方向と線分 Δn は直角になる．よって，流れ関数の定義より，

$$\Delta \psi = V \Delta n$$

となる．それゆえ，

$$V = \lim_{\Delta n \to 0} \frac{\Delta \psi}{\Delta n} = \frac{\partial \psi}{\partial n} \tag{2.37}$$

となる．この式は，任意の点における流速は，ψ を n で微分することによって得られることを意味する．

図 2.9（b）に示すように，V を u, v，Δn を $-\Delta x, \Delta y$ に分解し，三角形 ABC よりなる検査体積に単位時間に流入，流出する流体の質量を考えると，次式となる．

$$\Delta \psi = V \Delta n = u \Delta y + v(-\Delta x) = u \Delta y - v \Delta x$$

極限をとると，

$$d\psi = udy - vdx \tag{2.38}$$

となる．

ところで，流れ関数 ψ は，空間内の流線を表すので，座標 (x, y) の関数として表される．すなわち，

$$\psi = \psi(x, y)$$

となる．これを全微分形で表すと，次式となる．

$$d\psi = \frac{\partial \psi}{\partial x}dx + \frac{\partial \psi}{\partial y}dy \tag{2.39}$$

式（2.38）と式（2.39）は，流れ場の各場所において等しいので，dx と dy の係数は，二つの式においてつねに等しくなければならない．よって，

$$u = \frac{\partial \psi}{\partial y}, \qquad v = -\frac{\partial \psi}{\partial x} \tag{2.40}$$

となる．

この式（2.40）より，ψ を y で微分すると x 方向の速度 u，x で微分すると y 方向の速度 $(-v)$ が得られることがわかる．式（2.40）を，連続の式（2.36）に代入すると，

$$\frac{\partial u}{\partial x} + \frac{\partial v}{\partial y} = \frac{\partial}{\partial x}\left(\frac{\partial \psi}{\partial y}\right) + \frac{\partial}{\partial y}\left(-\frac{\partial \psi}{\partial x}\right) = \frac{\partial^2 \psi}{\partial x \partial y} - \frac{\partial^2 \psi}{\partial x \partial y} = 0$$

となる．よって，流れ関数は，連続の式をつねに満たしていることがわかる．

最後に，流れ関数を用いると，二つの速度成分が一つの流れ関数を用いて表現できることより，二次元流れの記述が簡単になることを付け加えておく．なお，極座標系 (r, θ) で表すと，式（2.40）は，

$$v_r = \frac{\partial \psi}{r \partial \theta}, \qquad v_\theta = -\frac{\partial \psi}{\partial r} \tag{2.40}'$$

となる（演習問題［3］の 3.1 参照）．

2.11 流体粒子の変形と回転

前節 2.6 で，流体粒子が，圧力による力や体積力をうけた際，どのように運動するかを，ニュートンの運動の法則を適用して考察した．本節では，流体粒子が移動するに従い，どのように形を変え，あるいは回転するかを調べよう．簡単のため，非粘性，二次元流れを考える．

いま，図 2.10 に示すように，流れの中に存在する辺の長さが Δx, Δy である長方形の流体粒子 ABCD に着目し，これが移動するに従い，どのように形を変えていくかを調べる．点 A における x, y 方向の速度成分 u_A, v_A を u, v とすると，点 B, C, D における速度成分は，Δx, Δy を微小量とし，二次の微小量を無視すると，それぞれ，

$$\left.\begin{aligned}
u_A &= u, & v_A &= v \\
u_B &= u + \frac{\partial u}{\partial x}\Delta x, & v_B &= v + \frac{\partial v}{\partial x}\Delta x \\
u_C &= u + \frac{\partial u}{\partial x}\Delta x + \frac{\partial}{\partial y}\left(u + \frac{\partial u}{\partial x}\Delta x\right)\Delta y \\
&= u + \frac{\partial u}{\partial x}\Delta x + \frac{\partial u}{\partial y}\Delta y \\
v_C &= v + \frac{\partial v}{\partial x}\Delta x + \frac{\partial}{\partial y}\left(v + \frac{\partial v}{\partial x}\Delta x\right)\Delta y \\
&= v + \frac{\partial v}{\partial x}\Delta x + \frac{\partial v}{\partial y}\Delta y \\
u_D &= u + \frac{\partial u}{\partial y}\Delta y, & v_D &= v + \frac{\partial v}{\partial y}\Delta y
\end{aligned}\right\} \quad (2.41)$$

となる．点 C における速度成分を書き換えると，

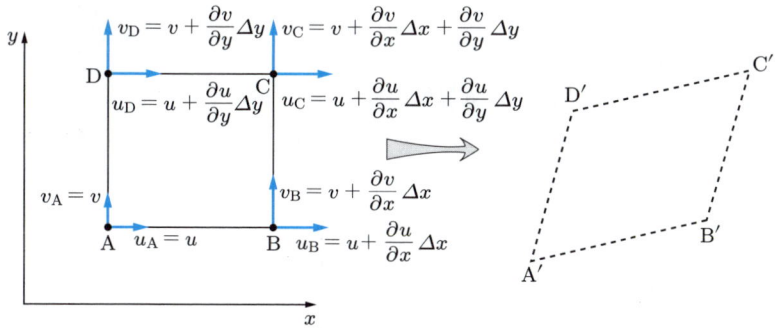

図 **2.10** 流体粒子の移動にともなう変形と回転

$$u_\mathrm{C} = u + \frac{\partial u}{\partial x}\Delta x + \frac{1}{2}\left(\frac{\partial v}{\partial x} + \frac{\partial u}{\partial y}\right)\Delta y - \frac{1}{2}\left(\frac{\partial v}{\partial x} - \frac{\partial u}{\partial y}\right)\Delta y$$
$$v_\mathrm{C} = v + \frac{\partial v}{\partial y}\Delta y + \frac{1}{2}\left(\frac{\partial v}{\partial x} + \frac{\partial u}{\partial y}\right)\Delta x + \frac{1}{2}\left(\frac{\partial v}{\partial x} - \frac{\partial u}{\partial y}\right)\Delta x \quad (2.42)$$

となる.

いま,

$$a = \frac{\partial u}{\partial x}, \qquad b = \frac{\partial v}{\partial y} \quad (2.43)$$

$$h = \frac{1}{2}\left(\frac{\partial v}{\partial x} + \frac{\partial u}{\partial y}\right) \quad (2.44)$$

$$\omega = \frac{1}{2}\left(\frac{\partial v}{\partial x} - \frac{\partial u}{\partial y}\right) \quad (2.45)$$

とおいて,流体粒子の各点 A, B, C, D における速度成分を,a, b, h, ω を用いて表すと,次式となる.

$$\left.\begin{aligned}
u_\mathrm{A} &= u, & v_\mathrm{A} &= v \\
u_\mathrm{B} &= u + a\Delta x, & v_\mathrm{B} &= v + (h+\omega)\Delta x \\
u_\mathrm{C} &= u + a\Delta x + h\Delta y - \omega\Delta y, & v_\mathrm{C} &= v + b\Delta y + h\Delta x + \omega\Delta x \\
u_\mathrm{D} &= u + (h-\omega)\Delta y, & v_\mathrm{D} &= v + b\Delta y
\end{aligned}\right\} \quad (2.46)$$

式 (2.46) からわかるように,流体粒子の各点 A, B, C, D における速度成分が異なるため,流体粒子が移動するに従い,流体粒子の形は変形することになる.また,この流体粒子の変形は,式 (2.46) より,a, b, h, ω によって生じることがわかる.次に,a, b, h, ω の物理的意味について調べよう.

(1) a, b の意味

考察をしやすくするために,a, b 以外の量 h, ω をゼロとおいて,a, b の物理的意味を考えよう.式 (2.46) において,$h = \omega = 0$ とおくと,流体粒子 ABCD の各点における速度成分は,

$$\left.\begin{aligned}
u_\mathrm{A} &= u, & v_\mathrm{A} &= v \\
u_\mathrm{B} &= u + a\Delta x, & v_\mathrm{B} &= v \\
u_\mathrm{C} &= u + a\Delta x, & v_\mathrm{C} &= v + b\Delta y \\
u_\mathrm{D} &= u, & v_\mathrm{D} &= v + b\Delta y
\end{aligned}\right\} \quad (2.47)$$

となる．

ところで，a, b は，連続の式を満たさなければならないので独立に変化させることはできない．すなわち，連続の式より，$b = -a$ となる．

さて，ある瞬間における流体粒子の形状を ABCD，それから単位時間経過した後の流体粒子の形状を A′B′C′D′ とし，点 A と点 A′ が一致するように，流体粒子 A′B′C′D′ をもとの位置に戻し，流体粒子 ABCD と重ねると，図 2.11 が得られる．この図より，流体粒子 ABCD は，単位時間に，x 方向に $a\Delta x$ 伸び，y 方向に $b\Delta y$ 縮小することがわかる．この伸びと縮小の大きさ $a\Delta x$ と $b\Delta y$ を，もとの長さ Δx と Δy でそれぞれ割ると，a, b となる．以上の考察より，

$$a = \frac{\partial u}{\partial x}, \qquad b = \frac{\partial v}{\partial y} \tag{2.43}$$

は，流体粒子が単位時間に，それぞれ x, y 方向に伸び，縮小する割合（伸縮速さ）を表すことがわかる．

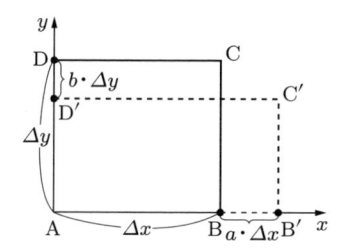

図 2.11 a, b の意味（流体粒子の伸縮変形）

（2） h の意味

（1）と同様，h 以外の量 a, b, ω をゼロとおいて考える．すると，式 (2.46) より，流体粒子各点における速度成分は，

$$\left. \begin{array}{ll} u_\mathrm{A} = u, & v_\mathrm{A} = v \\ u_\mathrm{B} = u, & v_\mathrm{B} = v + h\Delta x \\ u_\mathrm{C} = u + h\Delta y, & v_\mathrm{C} = v + h\Delta x \\ u_\mathrm{D} = u + h\Delta y, & v_\mathrm{D} = v \end{array} \right\} \tag{2.48}$$

となる．単位時間経過した後の流体粒子の形状をもとの形状に重ね合わせると，図 2.12 が得られる．この図より，単位時間に，辺 AB は反時計方向に移動し AB′ に，辺 AD は時計方向に移動し AD′ に，対角線 AC は AC′ に伸長する．すなわち，もとの長方

形の流体粒子 ABCD は，ひし形の流体粒子 A′B′C′D′ に変形すること，換言するとせん断変形することがわかる．図 2.12 に示すようなせん断変形をする際，単位時間に変化する角度 ∠BAB′ と ∠DAD′ は，図から明らかなように，ともに h となることがわかる．以上より，

$$h = \frac{1}{2}\left(\frac{\partial v}{\partial x} + \frac{\partial u}{\partial y}\right) \tag{2.44}$$

は，せん断変形する際に生じる単位時間あたりの角度変化（角速度）を表すことがわかる．

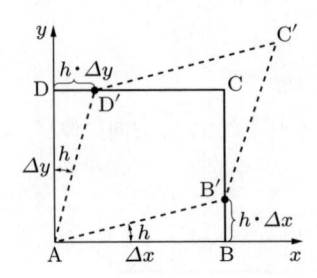

図 **2.12** h の意味（流体粒子のせん断変形）

（3） ω の意味

ω 以外の量 a, b, h をゼロとおいて考察しよう．式 (2.46) において，$a = b = h = 0$ とおくと，流体粒子の各点における速度成分は，

$$\left.\begin{array}{ll} u_A = u, & v_A = v \\ u_B = u, & v_B = v + \omega\Delta x \\ u_C = u - \omega\Delta y, & v_C = v + \omega\Delta x \\ u_D = u - \omega\Delta y, & v_D = v \end{array}\right\} \tag{2.49}$$

となる．(1) または (2) と同様，単位時間後の流体粒子の形状をもとの流体粒子の形状に重ね合わせて描くと，図 2.13 が得られる．図より，単位時間後に，辺 AB は AB′ に，辺 AD は AD′ に回転し，対角線 AC も AC′ に回転し，流体粒子全体が反時計方向に回転していることがわかる．よって，この場合，流体粒子は，形状を変えずに，反時計方向に回転していることがわかる．図 2.13 から明らかなように，単位時間あたりの回転角度は ω となる．以上より，

$$\omega = \frac{1}{2}\left(\frac{\partial v}{\partial x} - \frac{\partial u}{\partial y}\right) \tag{2.45}$$

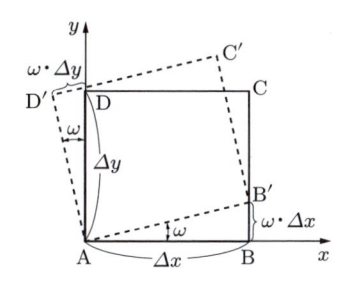

図 **2.13** ω の意味（流体粒子の回転）

は，流体粒子自体が回転（自転）する際の，単位時間あたりの回転角度の割合（角速度）を表していることがわかる．

以上をまとめると，式 (2.46) で示されるように，一般に，流れの中の流体粒子は，移動するに従い，a, b によって表される伸縮変形，h によって表されるせん断変形，あるいは ω によって表される流体粒子自体の回転をともないながら移動（流動）することがわかる．

2.12 渦度と渦，および代表的な渦モデル

前節で述べたように，流体が流動する場合，流体を構成する流体粒子は，微視的にみると，移動と変形（伸縮変形とせん断変形）および回転をともなう．本節では，流体粒子が回転を行いながら流動する場合について考える．

一般に，流体がある 1 点を中心に旋回運動している状態を**渦**（vortex）というが，実在する"渦"を数学的に厳密に定義することは難しい．ここでは，最初に，渦に関連する物理量として，渦度と循環について述べる．つぎに，渦を数学的に表した例（**渦モデル**）について述べる．

2.12.1 渦　度

x–y 面内の二次元流れ場 (u, v) において，渦の強さを表す**渦度**（vorticity）ζ（ジータ）は，次式で定義される．

$$\zeta = \frac{\partial v}{\partial x} - \frac{\partial u}{\partial y} \tag{2.50}$$

この渦度 ζ は，前節で述べた流体粒子自体の単位時間あたりの回転角度，いわゆる角速度 ω を 2 倍したものである．すなわち，

$$\zeta = 2\omega \tag{2.51}$$

の関係がある．渦度 ζ は，流体粒子自体の回転（自転）の強さを表し，$\zeta > 0$ の渦度は，通常，反時計まわり（左まわり）の回転を表す．渦度をもつ流れを**渦あり流れ**または**回転流れ**（rotational flow），流れ場のすべての領域で $\zeta = 0$ となる流れを，**渦なし流れ**または**非回転流れ**（irrotational flow）という．渦なし流れ場は，数学的には非粘性流体の流れ場と等しい．

なお，渦度は流体粒子の自転の強さを表すだけであり，この流体粒子がある 1 点を旋回運動しているかどうかは別の問題である．

次章 3.1 節で詳しく述べるが，図 3.1 に示すように，流れ場に任意の閉曲線 C をとり，この曲線上の速度 V の接線方向成分 $V\cos\theta$ を，この曲線 s に沿って線積分したものを**循環**（circulation）$\overset{\text{ガンマ}}{\Gamma}$ という．

$$\Gamma = \oint V\cos\theta ds \tag{2.52}$$

ただし，積分の方向は，通常，左まわりを正とする．一つの渦の外側を閉曲線でとり囲み，その内部の循環 Γ を求めると，3.1 節で述べるように，渦の強さを見積もることができる．

■ 2.12.2　渦の構造（速度分布と渦度分布）

流れ場のなかに，比較的小さな，自転している芯の部分（渦度の大きな領域）が存在し，そのまわりを渦度の小さな流体粒子あるいは渦度のない流体粒子が旋回運動しているとき，芯およびその周囲の運動状態を一般に**渦**とよんでいる．そして，渦中心近傍の渦度の大きな芯の部分を**渦核**（vortex core）という．台風では，いわゆる"台風の目"とよばれる領域が渦核に相当する．また，渦運動は，渦中心のまわりに質量のある流体粒子が回転している運動状態にあるので，この回転運動が起こるためには，流体粒子に向心力がはたらく必要がある．例題 2.3 で後述するように，この向心力は，渦中心に向かう負の圧力勾配が担っている．そのため，渦中心の圧力は，その周囲の圧力よりも必ず低くなる．これは，低気圧は渦を巻くことはあるが，高気圧は決して渦になることはないことからもわかる．以下に代表的な渦の例（**渦モデル**）について述べる．

（1）強制渦

図 2.14 に示すように，周速度 V_θ が渦中心からの距離 r に比例する渦を，**強制渦**（forced vortex）という．この渦の速度分布は，丸く切りとった半径 $r = a$ の円板（剛体）を渦核とみなし，これを角速度 ω で回転させたときに得られる速度分布と同様になる．そのため，強制渦は**剛体渦**（solid vortex）ともいう．強制渦では，半径 $r = a$

の渦核内部の渦度 ζ は一定 ($\zeta = 2\omega$) となり，その外部は，周速度も渦度もゼロとなる．したがって，周速度 V_θ および渦度 ζ は，次のように表される．

$$\left.\begin{array}{l} 0 \leqq r \leqq a \text{ のとき,} \quad V_\theta = r\omega, \quad \zeta = 2\omega \\ R > a \text{ のとき,} \qquad V_\theta = 0, \quad \zeta = 0 \end{array}\right\} \text{強制渦（剛体渦）}$$

この渦の循環 Γ を，渦核外縁 ($r = a$) における周速度 V_θ の線積分によって求めると，

$$\Gamma = V_\theta \cdot 2\pi r = a\omega \cdot 2\pi a = 2\pi a^2 \omega \tag{2.53}$$

となる．

強制渦は，最大周速度が渦核外縁部 ($r = a$) で得られ，a が大きくなると最大周速度も a に比例して大きくなるが，渦核外縁部を超えると周速度はゼロになる．

次に，図 2.14 中の流体の微小部分，すなわち流体粒子 ABCD に着目して調べると，流体粒子 ABCD は，時間の経過とともに移動し，流体粒子 A'B'C'D' になっているが，流体粒子の形（正方形）は変わっていない．しかし，流体粒子 A'B'C'D' の対角線 A'C'（または B'D'）の傾きは，流体粒子 ABCD の対角線 AC（または BD）の傾きと比べて変化している．すなわち，流体粒子は回転（自転）していることがわかる．

以上より，強制渦の場合，流体は巨視的（全体的）に回転（旋回）しているとともに，微視的にみると，流体粒子自体も回転（自転）している．よって，強制渦は，渦あり流れである．

（2） 自由渦

図 2.15 に示すように，周速度 V_θ が，渦中心からの距離 r に反比例する渦を，**自由渦**（free vortex）という．自由渦の周速度 V_θ および渦度 ζ は，次のように表される．

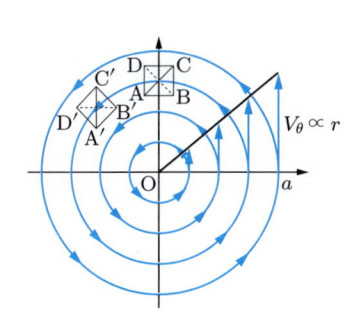

図 2.14 強制渦の速度分布と流体粒子の回転

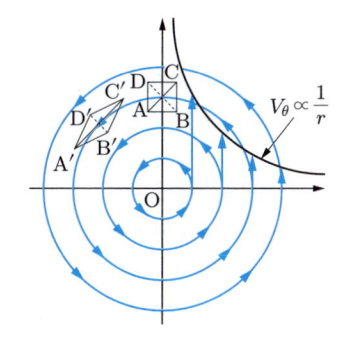

図 2.15 自由渦の速度分布と流体粒子の変形

$$\left.\begin{array}{ll} r \neq 0 \text{ のとき}, & V_\theta = \dfrac{C}{r}(C \text{ は定数}), \quad \zeta = 0 \\ r = 0 \text{ のとき}, & V_\theta = \infty, \qquad\qquad\quad \zeta = \infty \end{array}\right\} \text{自由渦}$$

自由渦は，特異点となる $r=0$ の渦中心を除き，渦度はゼロとなる．したがって，自由渦のみが存在する流れ場は，渦なし流れと考えることができる．自由渦は，渦なし流れの渦であるが，循環は存在する．半径 r における周速度の線積分から循環を求めると，

$$\Gamma = V_\theta \cdot 2\pi r = \dfrac{C}{r} \cdot 2\pi r = 2\pi C \tag{2.54}$$

となり，半径 r にかかわらず一定値となる．ここで，$C = \Gamma/(2\pi)$ より，周速度 V_θ を Γ を用いて書き換えると，$V_\theta = \Gamma/(2\pi r)$ となる．

自由渦では，特異点となる $r=0$ の渦中心では，周速度も渦度も無限大になるが，周速度は渦中心から離れるに従って減少し，十分遠方でゼロに漸近する．したがって，自由渦は，渦中心近傍の流れは実在渦と大きく異なるが，外縁部の流れは実在渦に近いといえる．

自由渦は，特異点となる渦中心の 1 点に渦度を集中させた点状の渦とみなすことができる．このような渦を**渦点**（point vortex）といい，渦点の強さは循環 Γ で与えられる．

図 2.15 を，流体粒子 ABCD に着目して調べると，

（1） 時間の経過とともに，正方形流体粒子 ABCD はひし形の流体粒子 A′B′C′D′ に変形すること，
（2） 流体粒子の対角線 AC と A′C′，および BD と B′D′ の傾きは同じで変わっていない，つまり流体粒子は変形するが，流体粒子自体は回転（自転）していないこと，

がわかる．

以上より，自由渦の場合，流体は巨視的（全体的）に回転（旋回）するが，微視的には，流体粒子自体は回転（自転）していない．よって，自由渦は渦なし流れである．

（3） ランキンの組合せ渦

前述したように，強制渦は渦核（図 2.14 で $r=a$ の円内の領域）内の渦中心近傍の流れは実在渦に近いといえるが，渦核外の流れは，実在渦と大きく異なる．

一方，自由渦は，渦中心近傍の流れは実在渦と大きく異なるが，渦中心から離れた領域の流れは実在渦に近いといえる．

そこで，渦核内の流れを強制渦，渦核外の流れを自由渦とするような渦の組み合わせ

をつくると，実在渦に近い渦構造が得られる．これを**ランキンの組合せ渦** (Rankine's combined vortex) または単に**ランキン渦**といい，周速度 V_θ および渦度 ζ は，次のように表される．

$$\left.\begin{array}{l} 0 \leqq r \leqq a \text{ のとき，} \quad V_\theta = r\omega, \qquad\qquad\quad \zeta = 2\omega \\ R > a \text{ のとき，} \qquad V_\theta = \dfrac{\varGamma}{2\pi r} = \dfrac{a^2 \omega}{r}, \quad \zeta = 0 \end{array}\right\} \text{ランキンの組合せ渦}$$

ランキン渦の流れ模様と周速度分布の概略を図 2.16 に示す．ランキン渦では，渦度の存在する領域は $r \leqq a$ の渦核内に限定され，その外部は渦なし流れとなる．ランキン渦は，実在する渦の構造に比較的近く，実在渦を最も簡便に表した渦モデルといえる．

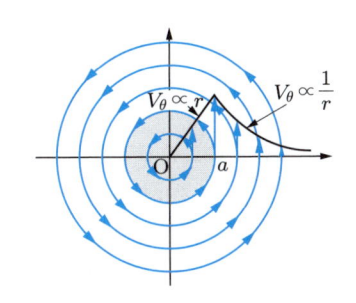

図 2.16 ランキンの組合せ渦の速度分布

例題 2.3　自由渦の特性，具体的には，（1）循環，（2）圧力分布，（3）全ヘッド分布を求め，考察せよ．

解　図 2.15 に示すように，自由渦の場合，すべての流線は原点 O を中心に円形を描く．一つの流線上では，接線方向の速度（周速）V_θ は一定であるが，流線が異なれば周速は異なる．すなわち，周速 V_θ は半径 r に反比例して変化する．

$$V_\theta = \frac{C}{r} \qquad\qquad ①$$

ここで，C は正の定数である．
　（1）循環は閉曲線に沿う速度の線積分として定義されるので，半径 r の円に沿う循環 $\varGamma$ は，

$$\varGamma = 2\pi r \times \frac{C}{r} = 2\pi C \qquad\qquad ②$$

となる．ここで，C は定数であるので，循環 $\varGamma$ は，任意の半径 r 上で一定，すなわち自由渦の場合，循環は全流れ場で一定となる．

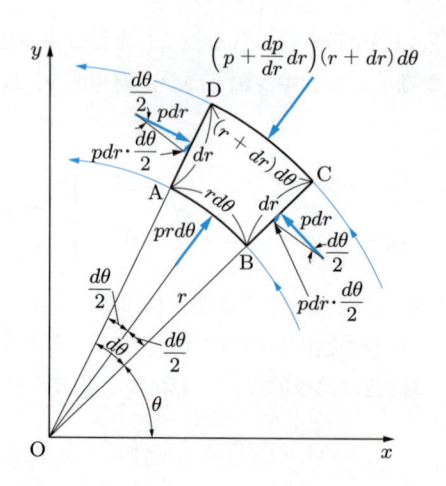

図 2.17　円運動をしている流体の微小部分 ABCD に作用する圧力による力

（2）図 2.17 に示すように，半径 r の流線と半径 $r+dr$ の流線の間にある微小な流体要素 ABCD（奥行きは単位長さとする）の流れに直角方向の運動に対し，ニュートンの運動の第二法則を適用する．流体要素の質量は $\rho \times rd\theta \times dr$ であり，流線の曲率中心（原点 O）に向かう加速度は V_θ^2/r である．非粘性流体で粘性力は作用せず，体積力が無視できるとすると，流体要素に作用する力は，圧力による力のみである．図 2.17 に示すように，この圧力による円形流線の曲率中心に向かう力（向心力）は，

$$\left(p+\frac{dp}{dr}dr\right)(r+dr)d\theta - prd\theta - 2\left(pdr\frac{d\theta}{2}\right) \cong \frac{dp}{dr}rdrd\theta \qquad ③$$

となる．よって，流体要素の r 方向の運動方程式は，

$$\rho rd\theta dr \times \frac{V_\theta^2}{r} = \frac{dp}{dr}rdrd\theta \qquad ④$$

となり，整理すると，

$$\frac{dp}{dr} = \frac{\rho V_\theta^2}{r} \qquad ⑤$$

となる．
　式⑤に自由渦の速度（周速）を表す式①を代入し，積分すると，

$$p = -\frac{\rho}{2}\frac{C^2}{r^2} + C_1 \qquad ⑥$$

となる．ここで，C_1 は積分定数である．この積分定数 C_1 を，$r \to \infty$ における圧力を p_∞ として定めると，自由渦における圧力分布は，

$$p = p_\infty - \frac{\rho}{2}\frac{C^2}{r^2} \qquad ⑦$$

と求められる．なお，自由渦の中心 ($r=0$) では，式①より $V_\theta = \infty$ となるので，自由渦の中心 ($r=0$) は特異点となる．自由渦における圧力分布を図 2.18（b）に示す．この図より，渦中心で圧力は極めて低下することが理解できる．

（3）自由渦が水平面内で発生していると仮定すると，全ヘッド H は，次式より求められる．

$$H = \frac{p}{\rho g} + \frac{V_\theta{}^2}{2g} = \frac{p_\infty}{\rho g} - \frac{1}{\rho g}\rho\frac{C^2}{2r^2} + \frac{1}{2g}\left(\frac{C}{r}\right)^2 = \frac{p_\infty}{\rho g} \qquad ⑧$$

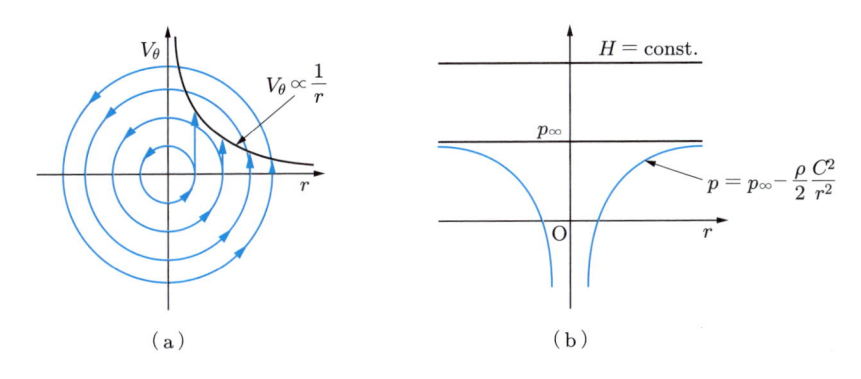

図 **2.18** 自由渦の圧力分布と全圧分布

ここで，g は重力加速度である．この式より，全ヘッドは，自由渦の中心 ($r=0$) から離れても全ヘッドは変化しなく，一定であることがわかる．すなわち，自由渦の全ヘッドは，流線に沿って一定であるばかりでなく，図2.18（b）に示すように，半径方向に流線が異なっても一定であることがわかる．

全ヘッドが変化しないことは，外部からのエネルギーの授受がないことを意味する．したがって，自由渦は，自然界において外部から回転エネルギーなどの供給を受けることなく，自らのもつエネルギーをもとに自然発生する渦の特徴をもつといえる．

■ 演習問題［2］■

2.1 二次元流れにおいて，速度成分が次式で与えられるとき，流線を求めよ．
　（1）　$u = ax, \quad v = -ay$
　（2）　$u = ay, \quad v = bx$
　ただし，a, b は定数とする．

2.2 非圧縮性二次元流れにおいて，速度成分が次式で与えられる流れは理論上可能か調べよ．
　（1）　$u = -2x + 3y, \quad v = x + 2y$

(2)　$u = 5xy + y^2, \quad v = xy + 4x$

2.3 図 2.19 に示すように，大きなタンク内に蓄えられている大気圧 Pa 下の液体を側壁の小さな出口から流出させる場合を考える．
　（1）　出口からの液面の高さが h のときの液体の流出速度を求めよ．
　（2）　液面の高さ h が 0 になるまでに要する時間を求めよ．
　ただし，液体の粘性は無視し，タンクの断面積 A は出口面積 a に比べて十分大きく，流れは定常的とみなせるとする．

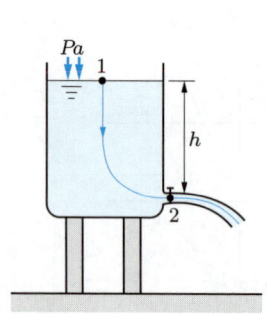

図 2.19　タンクからの液体の流出

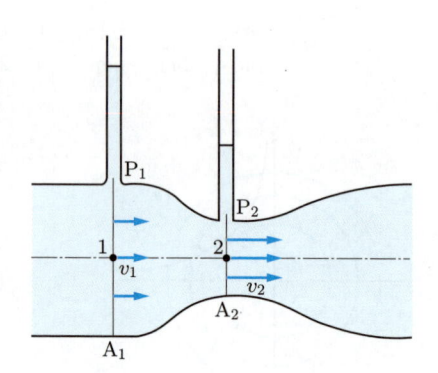

図 2.20　ベンチュリ管内の流れ

2.4 図 2.20 に示すように，管の途中に絞り部（スロート）を設け，入口部と絞り部の差圧を測定することによって流量を求める管を**ベンチュリ管**（Venturi tube）という．入口部と絞り部における諸量に添え字 1，2 をつけると，絞り部における流速は，

$$v_2 = \frac{1}{\sqrt{1 - \left(\dfrac{A_2}{A_1}\right)^2}} \sqrt{\frac{2(p_1 - p_2)}{\rho}}$$

となることを示せ．ただし，A は管の断面積，ρ は流体の密度，粘性によるエネルギー損失はないものとする．

2.5 直径 30 cm の円柱が反時計方向に 1200 rpm で回転している．円柱に接した流体は円柱とともに回転するとして，円柱まわりの循環を求めよ．

第 3 章
理想流体の流れ

　実在の流体は，粘性と圧縮性をもっているが，本章では，粘性と圧縮性がないと仮定した流体，すなわち**理想流体の流れ**（ideal fluid flow）の基礎について述べる．理想流体の流れを取り扱う理想流体力学は，流れ現象を理解する基礎として重要であるばかりか，翼理論や水面波の理論，および実在の流れの中に置かれた物体まわりの境界層（流体の粘性の影響が顕著に現れる物体近傍の薄い層）の外側の流れの解析にも有用である．

3.1 渦度と循環

　2.12 節で述べたように，二次元流れの場合，流体粒子の回転の強さ（厳密には流体粒子の回転の角速度の 2 倍）を表す**渦度**（vorticity）は，次式で定義される．

$$\zeta = \frac{\partial v}{\partial x} - \frac{\partial u}{\partial y} \tag{3.1}$$

本節では，流れの中に，渦が存在するかどうかを調べる際に利用される**循環**（circulation）の概念について述べる．図 3.1 に示すように，循環は，流れ場中の任意の閉曲線 C に沿う速度の線積分として定義される．すなわち，循環の値を $\varGamma$ とすると，

$$\varGamma = \oint V \cos\theta \, ds = \oint \boldsymbol{V} \cdot d\boldsymbol{s} \tag{3.2}$$

となる．積分の方向は，通常，反時計方向にとられる．ここで，$V\cos\theta$ は，閉曲線上の任意の点 P における速度 V の曲線の接線方向成分であり，ds はその点における線素

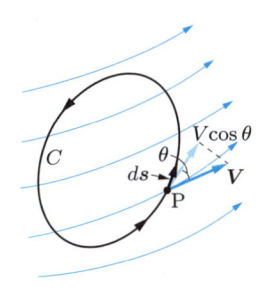

図 3.1　循環（閉曲線に沿う速度の線積分）

（曲線の微小長さ）であり，V は速度ベクトル，ds は閉曲線の線素ベクトルである．直角直交座標 x, y 方向の単位ベクトルを i, j，速度成分を u, v とすると，$V = ui + vj$，$ds = idx + jdy$ となり，式 (3.2) は，

$$\Gamma = \oint (udx + vdy) \tag{3.3}$$

となる．

次に，渦度と循環の関係を調べよう．図 3.2 に示すように，流れ場中に微小領域（長方形 ABCD）を考える．

点 A における x, y 方向の速度成分を u, v とすると，各辺の長さ dx, dy は微小であることより，辺 AB, BC, CD, DA 上の各辺に沿う速度成分は，それぞれ，

$$u, \quad v + \frac{\partial v}{\partial x}dx, \quad u + \frac{\partial v}{\partial y}dy, \quad v$$

となる．よって，微小な長方形 ABCD の周囲に沿う循環を $d\Gamma$ とすると，次式となる．

$$d\Gamma = udx + \left(v + \frac{\partial v}{\partial x}dx\right)dy - \left(u + \frac{\partial u}{\partial y}dy\right)dx - vdy$$
$$= \left(\frac{\partial v}{\partial x} - \frac{\partial u}{\partial y}\right)dxdy = \zeta dA \tag{3.4}$$

ここで，$dA = dxdy$ は，微小長方形（領域）の面積である．式 (3.4) より，微小領域を囲む閉曲線に沿う循環 $d\Gamma$ は，その領域内に存在する渦度 ζ と面積 dA の積に等しくなることがわかる．

次に，図 3.3 に示すように，任意の閉曲線 C のまわりの循環 Γ を，微小領域に対して成り立つ式 (3.4) を積分して求める．すなわち，閉曲線 C に囲まれた領域を微小な領域に分割し，この微小領域まわりの循環を加算すると，微小領域の各辺の速度の線積分は，隣接する微小領域の線積分の積分の方向が逆になり互いに打ち消され，結果として閉曲線 C に沿う速度の線積分のみとなる．このことを式を使って表現すると，

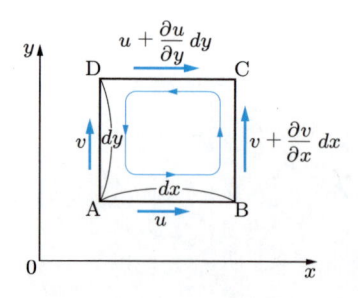

図 3.2 微小領域（長方形 ABCD）まわりの循環

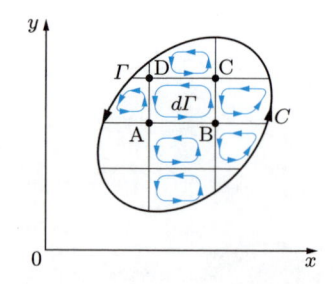

図 3.3 閉曲線 C 内の面積の分割

次のようになる.

$$\Gamma = \Sigma(各微小領域まわりの速度の線積分)$$
$$= \int d\Gamma = \iint \left(\frac{\partial v}{\partial x} - \frac{\partial u}{\partial y}\right) dxdy = \iint \zeta dA \qquad (3.5)$$

この式より，ある領域内の渦度の面積積分は，その領域の周囲に沿う循環に等しくなることがわかる．式 (3.5) を**ストークスの定理** (Stokes' theorem) という．

> **例題 3.1** (x, y) 座標系で表した x 方向と y 方向の速度成分 u, v が，
>
> $$u = \frac{y}{x^2 + y^2}, \qquad v = -\frac{x}{x^2 + y^2} \qquad ①$$
>
> で表される流れがある．次の問いに答えよ．
> （1）この流れの渦度を求めよ．
> （2）この流れの循環を求めよ．

解 例題 2.1 で示したように，式①で表される流れは，(x, y) 座標の原点を中心とした円形の旋回流れである．

（1）この流れの渦度は，式 (3.1) を用いて計算すると，次のようになる．

$$\zeta = \frac{\partial v}{\partial x} - \frac{\partial u}{\partial y} = \frac{\partial}{\partial x}\left(-\frac{x}{x^2 + y^2}\right) - \frac{\partial}{\partial y}\left(\frac{y}{x^2 + y^2}\right)$$
$$= -\frac{(x^2 + y^2) \cdot 1 - x \cdot 2x}{(x^2 + y^2)^2} - \frac{(x^2 + y^2) \cdot 1 - y \cdot 2y}{(x^2 + y^2)^2} = 0 \qquad ②$$

したがって，この円形の旋回流れは，座標の原点を除いた領域では，$\zeta = 0$（渦度ゼロ）の**非回転流れ** (irrotational flow) である．

（2）式①で表される流れは，円形の旋回流れであるので，循環を計算する場合には，図 3.4 に示す (r, θ) 座標（極座標）で取り扱うのが便利である．

図に示すように，(x, y) 座標と (r, θ) 座標の間には，

$$\left. \begin{array}{l} x = r\cos\theta, \qquad y = r\sin\theta \\ x^2 + y^2 = r^2 \end{array} \right\} \qquad ③$$

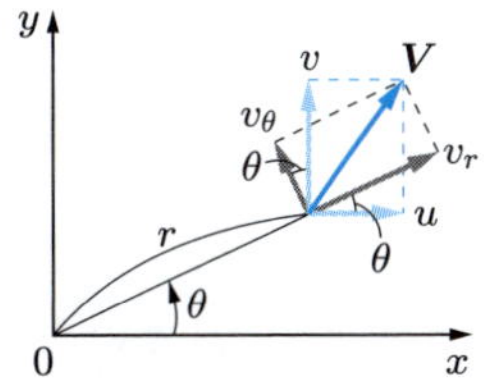

図 3.4 直角直交座標 (x, y) と極座標 (r, θ) の関係

の関係がある．r, θ 方向の速度成分を v_r, v_θ とすると，(x, y) 座標での速度成分 u, v との間には，次の関係がある．

$$v_r = u\cos\theta + v\sin\theta, \qquad v_\theta = -u\sin\theta + v\cos\theta \qquad ④$$

よって，式①で表される速度成分 u, v を (r, θ) 座標で表すと，

$$u = \frac{y}{x^2+y^2} = \frac{r\sin\theta}{r^2} = \frac{\sin\theta}{r}, \qquad v = -\frac{x}{x^2+y^2} = -\frac{r\cos\theta}{r^2} = -\frac{\cos\theta}{r}$$

⑤

となり，式⑤を式④に代入すると，

$$\left. \begin{array}{l} v_r = u\cos\theta + v\sin\theta = \dfrac{\sin\theta}{r}\cos\theta - \dfrac{\cos\theta}{r}\sin\theta = 0 \\[6pt] v_\theta = -u\sin\theta + v\cos\theta = -\dfrac{\sin\theta}{r}\sin\theta - \dfrac{\cos\theta}{r}\cos\theta = -\dfrac{1}{r} \end{array} \right\}$$

⑥

となる．この式⑥より，半径方向の速度成分 v_r はゼロで，周方向の速度成分 v_θ は半径 r に反比例していることがわかる．すなわち，この旋回流れは，前節 2.12 で述べた**自由渦**（free vortex）である．なお，式⑥で負号（−）が付いていることより，ここで扱っている自由渦の流れの向きは時計方向である．

式 (3.2) を使用し，任意の半径 r 上の循環を求めると，次のようになる（ただし，原点 $r = 0$ は除く）．線素ベクトル ds とその点での速度ベクトル v の内積は，r, θ 方向の単位ベクトルを e_r, e_θ とすると，

$$\begin{aligned} v\cdot ds &= (v_r e_r + v_\theta e_\theta)\cdot(dre_r + rd\theta e_\theta) = v_r dr + rv_\theta d\theta \\ &= 0 + r\left(-\frac{1}{r}\right)d\theta = -d\theta \end{aligned}$$

⑦

となる．よって，任意の半径 r の円形流線上の循環 Γ は，

$$\Gamma = \oint V\cdot ds = \int_0^{2\pi}(-d\theta) = -2\pi \quad [\text{m}^2/\text{s}]$$

⑧

となる．この式⑧より，循環の大きさ Γ は半径 r に無関係で，一定であることがわかる（Γ に負号がついているのは，速度の向きが時計方向であることを意味する）．

3.2 渦なし流れと速度ポテンシャル

流れ場の至るところで渦度がゼロである流れを，**渦なし流れ**（irrotational flow）あるいは非回転流れという．式 (3.5) のストークスの定理より，渦なし流れ場では，任意の閉曲線まわりの循環はゼロとなる．すなわち，図 3.5 に示すように，流れ場中の任意の 2 点 A, P を通る閉曲線を ABPCA とすると，流れ場が渦なし流れの場合には，この閉曲線に沿う速度の線積分，すなわち循環はゼロになる．

$$\Gamma = \oint_{\text{ABPCA}}(udx + vdy) = \int_{\text{ABP}}(udx + vdx) + \int_{\text{PCA}}(udx + vdy) = 0 \quad (3.6)$$

つまり，

3.2 渦なし流れと速度ポテンシャル

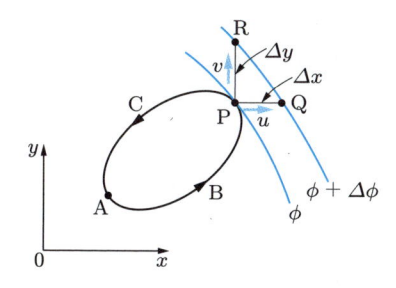

図 3.5 速度の線積分（速度ポテンシャル）の説明図

$$\int_{\mathrm{ABP}} (udx+vdy) = -\int_{\mathrm{PCA}} (udx+vdy) = \int_{\mathrm{ACP}} (udx+vdy) \quad (3.7)$$

である．経路 ABP, ACP は任意であるので，点 A, P を通る経路は無数に存在する．したがって，2 点 A, P を通る経路に沿う速度の線積分は，経路には無関係に，2 点 A, P の位置のみの関数となる．いま，点 A を固定する（あるいは基準にとる）と，AP 間の速度の線積分は，次に示すように，点 P の位置 (x, y) のみの関数となる．

$$\int \boldsymbol{V} \cdot d\boldsymbol{s} = \int (udx + vdy) = \phi(P) \quad (3.8)$$

この関数 ϕ を**速度ポテンシャル**（velocity potential）という．

次に，図 3.5 に示すように，点 P(x, y) の位置より，Δx だけ x の正の方向にずらした点を点 Q$(x + \Delta x, y)$ とする．点 P における x, y 方向の速度成分を u, v とし，Δx は十分小さいとすると，2 点 PQ 間の速度の線積分（速度ポテンシャル）は $u\Delta x$ となる．よって，この間の速度ポテンシャル ϕ の増加量 $\Delta \phi$ は，

$$\Delta \phi = u \Delta x \quad (3.9)$$

となる．同様に，点 P(x, y) より Δy だけ y 方向に位置をずらした点 R における速度ポテンシャル ϕ の増加量は，

$$\Delta \phi = v \Delta y \quad (3.10)$$

となる．よって，式 (3.9), (3.10) より，極限操作 $(\Delta x \to 0, \Delta y \to 0)$ を行うと，

$$u = \frac{\partial \phi}{\partial x}, \qquad v = \frac{\partial \phi}{\partial y} \quad (3.11)$$

となる．この式 (3.11) より，速度ポテンシャル $\phi(x, y)$ を x, y で微分すると，x, y 方向の速度成分 u, v が得られることがわかる．なお，速度ポテンシャルの次元は，(長さ)^2/時間となる．式 (3.11) を渦度の式 (3.1) に代入すると，

$$\zeta = \frac{\partial v}{\partial x} - \frac{\partial u}{\partial y} = \frac{\partial^2 \phi}{\partial x \partial y} - \frac{\partial^2 \phi}{\partial y \partial x} = 0$$

となり，ϕ が存在する場合には，流れ場は渦なし流れとなる．

以上より，速度ポテンシャルの性質について要約すると，次のようになる．
（1） 渦なし流れ場においては，速度ポテンシャルが存在する．
（2） 速度ポテンシャルを任意の方向に微分すると，その方向の速度成分が得られる．
（3） 速度ポテンシャルが存在する流れ場は，渦なし流れとなる．

このような理由で，**渦なし流れ**は，**ポテンシャル流れ**（potential flow）ともよばれる．また，式 (3.11) を連続の式 (2.36) に代入すると，

$$\frac{\partial^2 \phi}{\partial x^2} + \frac{\partial^2 \phi}{\partial y^2} = 0 \tag{3.12}$$

となり，いわゆるラプラスの方程式が得られる．これより，ϕ はラプラスの方程式を満たすことがわかる．なお，直角直交座標系で表した式 (3.11) を，極座標系 (r, θ) で表すと，r, θ 方向の速度成分 v_r, v_θ は，

$$v_r = \frac{\partial \phi}{\partial r}, \qquad v_\theta = \frac{1}{r}\frac{\partial \phi}{\partial \theta} \tag{3.13}$$

となる（演習問題［3］の 3.1 参照）．

3.3 流れ関数と速度ポテンシャル

2.10 節において，流線を表す流れ関数 $\psi(x, y)$ と x, y 方向の速度成分 u, v の間には，次の関係があることを示した．

$$u = \frac{\partial \psi}{\partial y}, \qquad v = -\frac{\partial \psi}{\partial x} \tag{2.40}$$

ところで，速度ポテンシャル $\phi(x, y)$ と u, v の間には，3.2 節で述べたように，

$$u = \frac{\partial \phi}{\partial x}, \qquad v = \frac{\partial \phi}{\partial y} \tag{3.11}$$

の関係がある．よって，$\phi(x, y)$ と $\psi(x, y)$ の間には，次の関係式が成り立つ．

$$\frac{\partial \phi}{\partial x} = \frac{\partial \psi}{\partial y}, \qquad \frac{\partial \phi}{\partial y} = -\frac{\partial \psi}{\partial x} \tag{3.14}$$

この式 (3.14) より，

$$\frac{\partial \phi}{\partial x}\frac{\partial \psi}{\partial x} + \frac{\partial \phi}{\partial y}\frac{\partial \psi}{\partial y} = \frac{\partial \phi}{\partial x}\left(-\frac{\partial \phi}{\partial y}\right) + \frac{\partial \phi}{\partial y}\frac{\partial \phi}{\partial x} = 0 \tag{3.14}'$$

が得られる．ところで，等ポテンシャル線 $\phi(x, y) = \text{const.}$ に直交するベクトル $\text{grad}\,\phi$，

$$\text{grad}\,\phi = \frac{\partial \phi}{\partial x}\boldsymbol{i} + \frac{\partial \phi}{\partial y}\boldsymbol{j}$$

と等流れ関数線に直交するベクトル $\text{grad}\,\psi$，

$$\text{grad}\,\psi = \frac{\partial \psi}{\partial x}\boldsymbol{i} + \frac{\partial \psi}{\partial y}\boldsymbol{j}$$

の内積をとり，式 (3.14)′ を考慮すると，

$$\begin{aligned}\text{grad}\,\phi\,\text{grad}\,\psi &= \left(\frac{\partial \phi}{\partial x}\boldsymbol{i} + \frac{\partial \phi}{\partial y}\boldsymbol{j}\right)\left(\frac{\partial \psi}{\partial x}\boldsymbol{i} + \frac{\partial \psi}{\partial y}\boldsymbol{j}\right) \\ &= \frac{\partial \phi}{\partial x}\frac{\partial \psi}{\partial x} + \frac{\partial \phi}{\partial y}\frac{\partial \psi}{\partial y} = 0\end{aligned}$$

となる．よって，$\text{grad}\,\phi$ と $\text{grad}\,\psi$ は直交することがわかる．また，$\text{grad}\,\phi$ と $\text{grad}\,\psi$ は，それぞれ $\phi = \text{const.}$ 線と $\psi = \text{const.}$ 線に直交することより，等ポテンシャル線 $\phi = \text{const.}$ と流線 $\psi = \text{const.}$ は直交することがわかる．

3.4 複素速度ポテンシャル

前節で述べたように，二次元渦なし流れ（ポテンシャル流れ）においては，速度ポテンシャル $\phi(x, y)$ と流れ関数 $\psi(x, y)$ が存在する．これらの間には密接な関係があり，次の関係式が成り立つ．

$$\frac{\partial \phi}{\partial x} = \frac{\partial \psi}{\partial y}, \quad \frac{\partial \phi}{\partial y} = -\frac{\partial \psi}{\partial x} \tag{3.14}$$

この関係式は，複素関数論で述べられているところの，**コーシー・リーマンの式**（Cauchy–Riemann equations）である．

本節では，複素関数論を応用して，二次元ポテンシャル流れを解析する方法について述べるが，まず複素数の性質について簡単に述べよう．

3.4.1 複素数の性質

複素数（complex number）は，通常，

$$z = x + iy \tag{3.15}$$

で表される．ここで，x, y は実数であり，i は虚数単位 $i = \sqrt{-1}$ である．x, y を複素数の**実数部**，**虚数部**という．

図 3.6 に示すように，x 軸を実数軸または実軸，y 軸を虚数軸または虚軸とする平面

をつくると，すべての複素数はこの平面上の点で表されることになる．この平面を**複素平面**（complex plane）または z 平面という．

図 3.6 より，

$$r = \sqrt{x^2 + y^2}, \qquad \theta = \tan^{-1}\left(\frac{y}{x}\right) \tag{3.16}$$

となる．ここで，r を複素数 z の絶対値，θ を**偏角**（argument）という．図 3.6 より明らかなように，

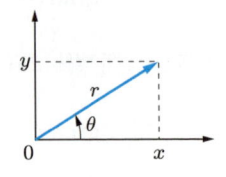

図 3.6 複素平面

$$x = r\cos\theta, \qquad y = r\sin\theta \tag{3.17}$$

であり，これを式 (3.15) に代入すると，

$$z = x + iy = r(\cos\theta + i\sin\theta) \tag{3.18}$$

となる．

ところで，

$$\cos\theta + i\sin\theta = e^{i\theta} \tag{3.19}$$

の関係があるので，式 (3.18) は，

$$z = r(\cos\theta + i\sin\theta) = re^{i\theta} \tag{3.20}$$

となり，この式 (3.20) を**極形式**（polar notation）という．

■ 3.4.2　複素関数の性質

ここでは，複素数 z の関数 $F(z)$ が微分可能な関数となるための条件について述べる．$F(z)$ の実数部を $g(x,y)$，虚数部を $h(x,y)$ とすると，

$$F(z) = g(x,y) + ih(x,y) \tag{3.21}$$

となる．$F(z)$ が微分可能であるためには微係数，

$$F'(z) = \lim_{\Delta z \to 0} \frac{F(z+\Delta z) - F(z)}{\Delta z} \tag{3.22}$$

は，複素平面上で Δz をどの方向（経路）からゼロに近づけても，有限で同一の値をもたなければならない．Δz は $\Delta z = \Delta x + i\Delta y$ となるので，ここでは次の二つの方法（経路）によって Δz をゼロに近づけ，微係数を求めることとする．

（1）　$\Delta z = \Delta x$，$\Delta y = 0$ の場合（実数軸に平行な経路に沿って Δz をゼロに近づける場合）

$$F'(z) = \lim_{\Delta x \to 0} \left\{ \frac{g(x+\Delta x, y) - g(x,y)}{\Delta x} + i\frac{h(x+\Delta x, y) - h(x,y)}{\Delta x} \right\}$$
$$= \frac{\partial g}{\partial x} + i\frac{\partial h}{\partial x} \tag{3.23}$$

（2） $\Delta z = i\Delta y$，$\Delta x = 0$ の場合（虚数軸に平行な経路に沿って Δz をゼロに近づける場合）

$$F'(z) = \lim_{\Delta y \to 0} \left\{ \frac{g(x, y+\Delta y) - g(x,y)}{i\Delta y} + i\frac{h(x, y+\Delta y) - h(x,y)}{i\Delta y} \right\}$$
$$= -i\frac{\partial g}{\partial y} + \frac{\partial h}{\partial y} \tag{3.24}$$

$F(z)$ が微分可能であるためには，式 (3.23) と式 (3.24) の値は同一でなければならない．よって，両式の実数部と虚数部をそれぞれ等しいとおくと，

$$\frac{\partial g}{\partial x} = \frac{\partial h}{\partial y}, \qquad \frac{\partial g}{\partial y} = -\frac{\partial h}{\partial x} \tag{3.25}$$

が得られる．これはコーシー・リーマンの式といわれ，複素関数 $F(z) = g(x,y) + ih(x,y)$ が微分可能な関数，すなわち**正則関数**（regular function）あるいは**解析関数**（analytic function）となるための条件式である．

3.4.3 複素速度ポテンシャル

ここで，流体力学の問題に戻ろう．いま，速度ポテンシャル $\phi(x,y)$ と流れ関数 $\psi(x,y)$ が複素関数の実数部と虚数部となるような複素関数 $W(z)$ を考える．

$$W(z) = \phi(x,y) + i\psi(x,y) \tag{3.26}$$

すると，この関数は，式 (3.14) で示したように，コーシー・リーマンの条件を満たすので，正則関数となる．この関数 $W(z)$ を，**複素速度ポテンシャル**（complex velocity potential）あるいは**複素ポテンシャル**（complex potential）という．次に，$W(z)$ の z に関する微分を行おう．$z = x + iy$ であるから，

$$\frac{\partial W}{\partial x} = \frac{dW}{dz}\frac{\partial z}{\partial x} = \frac{dW}{dz} \tag{3.27}$$
$$\frac{\partial W}{\partial y} = \frac{dW}{dz}\frac{\partial z}{\partial y} = i\frac{dW}{dz} \tag{3.28}$$

となる．よって，

$$\frac{dW}{dz} = \frac{\partial W}{\partial x} = \frac{\partial \phi}{\partial x} + i\frac{\partial \psi}{\partial x}, \qquad \frac{dW}{dz} = -i\frac{\partial W}{\partial y} = -i\frac{\partial \phi}{\partial y} + \frac{\partial \psi}{\partial y}$$

となり，式 (2.40)，および式 (3.11) を考慮すると，次式のようになる．

$$\frac{dW}{dz} = u - iv \tag{3.29}$$

この式 (3.29) より，$W(z)$ を z に関して微分すると，二つの速度成分が求められることがわかる．これが，$W(z)$ が複素速度ポテンシャルとよばれるゆえんである．

3.5 簡単な流れと複素速度ポテンシャル

本節では，非圧縮性流体の定常，二次元ポテンシャル流れの簡単な例について述べよう．これから述べる流れは非常に簡単な流れであるが，応用範囲の広い流れである．

■ 3.5.1 平行な一様流

x 軸に平行な一様流の複素速度ポテンシャルは，

$$W(z) = Uz \tag{3.30}$$

で与えられる．ここで，U は速度の大きさである．いま，この流れを調べよう．式 (3.30) に，$z = x + iy$，$W(z) = \phi(x,y) + i\psi(x,y)$ を代入し，実数部，虚数部を等しくおくと，速度ポテンシャルと流れ関数は，

$$\phi(x,y) = Ux, \qquad \psi(x,y) = Uy \tag{3.31}$$

となる．これより，x，y 方向の速度成分を求めると，

$$u = \frac{\partial \phi}{\partial x} = \frac{\partial \psi}{\partial y} = U, \qquad v = \frac{\partial \phi}{\partial y} = -\frac{\partial \psi}{\partial x} = 0 \tag{3.32}$$

となる．この場合の**流れ模様**（flow pattern）を描くと，図 3.7 のようになる．

■ 3.5.2 吹き出しと吸い込み

複素速度ポテンシャルが，

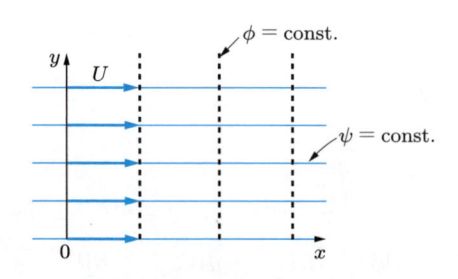

図 **3.7** x 軸に平行な一様流

$$W(z) = m \log z \tag{3.33}$$

で与えられる流れを調べよう．ここで，m は実数の定数である．この場合には極座標 (r, θ) で考えたほうが解析はより簡単である．式（3.33）に $z = re^{i\theta}$ を代入すると，

$$\phi(r, \theta) + i\psi(r, \theta) = m(\log r + i\theta)$$

となる．よって，

$$\phi(r, \theta) = m \log r, \qquad \psi(r, \theta) = m\theta \tag{3.34}$$

となり，速度成分は，式（3.13）より，

$$v_r = \frac{\partial \phi}{\partial r} = \frac{m}{r}, \qquad v_\theta = \frac{1}{r}\frac{\partial \phi}{\partial \theta} = 0 \tag{3.35}$$

となる．$m > 0$ の場合の流線と速度ポテンシャルを描くと図 3.8（a）のようになる．この場合の流れは，原点に無限小の吹き出し口があり，そこから周方向に一様に，半径方向に流れ出る流れとなる．この流れを**吹き出し流れ**（source flow）という．式（3.35）より，v_r は r に逆比例して小さくなることがわかる．次に流量を求める．半径 r の円周上で考えると，流量 q は，

$$q = 2\pi r v_r = 2\pi m \tag{3.36}$$

となる．これより，$m = q/2\pi$ となり，吹き出し強さ m は流量に比例していることがわかる．$m < 0$ の場合には，式（3.33）で与えられる流れは，原点に無限小の吸い込み口のある**吸い込み流れ**（sink flow）となる．この場合の流れ模様を図 3.8（b）に示す．ところで，$m = q/2\pi$ を式（3.33）に代入すると，

$$W(z) = \frac{q}{2\pi} \log z \tag{3.37}$$

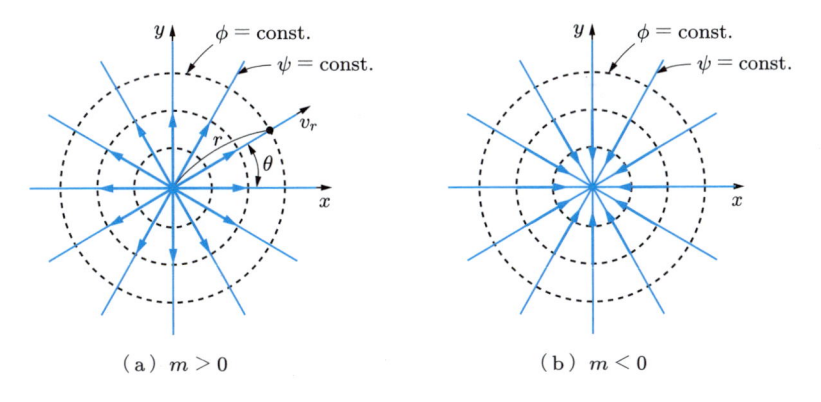

(a) $m > 0$

(b) $m < 0$

図 **3.8** 吹き出し（$m > 0$）と吸い込み（$m < 0$）

となる．この式の微係数を求めると，

$$\frac{dW}{dz} = \frac{q}{2\pi}\frac{1}{z}$$

となり，これは原点 $z=0$ で，有限確定値をもたない．これより，式 (3.37) は，原点（特異点となる）を除いた領域の流れを示すことに注意しよう．

■ 3.5.3 直線状渦糸

複素速度ポテンシャルが，

$$W(z) = -ik\log z \tag{3.38}$$

で与えられる流れを考えよう．ここで，k は実数の定数とする．式 (3.38) に $z = re^{i\theta}$ を代入し，ϕ, ψ を求めると，

$$\phi = k\theta, \qquad \psi = -k\log r \tag{3.39}$$

となる．r, θ 方向の速度成分は，

$$v_r = \frac{\partial \phi}{\partial r} = \frac{1}{r}\frac{\partial \psi}{\partial \theta} = 0, \qquad v_\theta = \frac{1}{r}\frac{\partial \phi}{\partial \theta} = -\frac{\partial \psi}{\partial r} = \frac{k}{r}$$

となる．この場合の流れは，原点を中心とする反時計まわり方向の旋回流れとなり，周方向の速度は半径 r に逆比例して小さくなることがわかる．半径 r の円周に沿う反時計まわり方向の循環を求めると，

$$\Gamma = 2\pi r v_\theta = 2\pi k$$

となる．よって，$k = \Gamma/2\pi$ となり，k は循環 Γ に比例する量であることがわかる．これを式 (3.38) に代入すると，

$$W(z) = -i\frac{\Gamma}{2\pi}\log z \tag{3.40}$$

となり，この式 (3.40) の微係数を求めると，

$$\frac{dW}{dz} = -i\frac{\Gamma}{2\pi}\frac{1}{z} \tag{3.41}$$

となり，式 (3.40) は原点を除いた領域の流れを表すことがわかる．原点を除いた領域で，渦度を計算すると，$\zeta = 0$ となり，式 (3.40) は，原点を除いた領域では渦なし流れとなることがわかる．

以上で述べたことより，式 (3.40) は，原点に渦度が集中し，原点以外では渦度のない渦なしの反時計方向の旋回流れを表すことがわかる．式 (3.40) で与えられる流

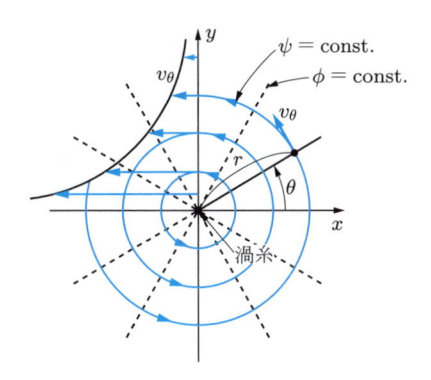

図 3.9 渦糸まわりの流れ

れは，前節 2.12 および例題 3.1 で述べたように，一定循環をもつ旋回流れである**自由渦**（free vortex），あるいは**直線状渦糸**（rectlinear vortex filament）などとよばれる．図 3.9 に，直線状渦糸まわりの流れ場を示す．なお，図 3.9 中に示す速度 (v_θ) 分布は，前章 2.12 節の図 2.15 で示した速度分布と同じである．

3.5.4 二重吹き出し

まず，図 3.10 に示すように，x 軸上の点 $(-a, 0)$ に流量 q をもつ吹き出し，点 $(a, 0)$ に q の流量をもつ吸い込みを置いた場合につくられる流れ場を考えよう．この流れ場を表す複素速度ポテンシャルは，

$$W(z) = \frac{q}{2\pi} \log(z+a) - \frac{q}{2\pi} \log(z-a) \tag{3.42}$$

となる．図 3.10 において，$z + a = r_1 e^{i\theta_1}$，$z - a = r_2 e^{i\theta_2}$ であるから，これらを式 (3.42) に代入すると，

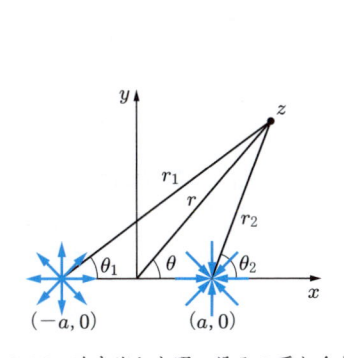

図 3.10 吹き出しと吸い込みの重ね合わせ 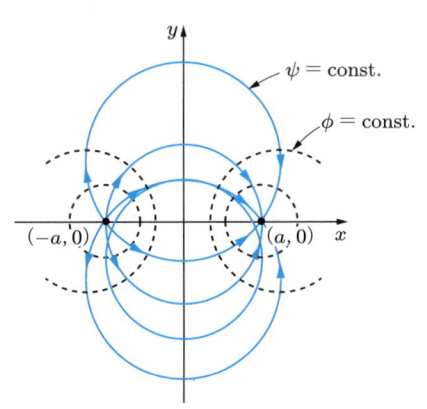　　図 3.11 吹き出しと吸い込みの重ね合わせ

$$\phi = \frac{q}{2\pi} \log \frac{r_1}{r_2}, \qquad \psi = \frac{q}{2\pi}(\theta_1 - \theta_2) \tag{3.43}$$

が得られる．流線は $\psi = m(\theta_1 - \theta_2) = \mathrm{const.}$，すなわち $\theta_2 - \theta_1 = \mathrm{const.}$ となり，点 $(-a, 0)$ と点 $(a, 0)$ を弦の両端とし，頂角を $\theta_1 - \theta_2 = \mathrm{const.}$ とする円群になる．等ポテンシャル線は $\phi = \mathrm{const.}$ より，

$$\frac{r_1}{r_2} = \frac{\sqrt{(x+a)^2 + y^2}}{\sqrt{(x-a)^2 + y^2}} = c$$

となり，これを整理すると，

$$x^2 + 2a\left(\frac{1+c^2}{1-c^2}\right)x + y^2 + a^2 = 0$$

となる．これは，点 $(-a, 0)$，点 $(a, 0)$ からの距離の比が一定の円群を表す．図 3.11 に流線と等ポテンシャル線を示す．

さて，式 (3.42) において，$2aq = \mathrm{const.}$ とし，すなわち吹き出し点と吸い込み点の間の距離 $2a$ と流量 q の積を一定とし，$a \to 0$ の極限の場合を考えよう．

$$W(z) = \frac{q}{2\pi} \log \frac{z+a}{z-a} = \frac{q}{2\pi} \log \frac{1 + \dfrac{a}{z}}{1 - \dfrac{a}{z}} \tag{3.44}$$

ここで，次の公式，

$$\log(1+x) = x - \frac{x^2}{2} + \frac{x^3}{3} - \cdots \qquad (-1 < x \leq 1)$$

を使うと，

$$W(z) = \frac{q}{2\pi}\left\{2\frac{a}{z} + \frac{2}{3}\left(\frac{a}{z}\right)^3 + \frac{2}{5}\left(\frac{a}{z}\right)^5 + \cdots\right\} = \frac{aq}{\pi}\frac{1}{z} \tag{3.45}$$

となる．ここで，$\mu = aq/\pi$ とおくと，

$$W(z) = \frac{\mu}{z} \tag{3.46}$$

となる．

　式 (3.45) または式 (3.46) によって与えられる流れを，**二重吹き出し**（doublet）といい，μ を二重吹き出しの強さという．この流れは，導出過程で明らかなように，原点に吹き出しと吸い込みが同時に存在する流れを表し，流れ場全体としては流量ゼロの流れを表す．

　式 (3.46) に $z = re^{i\theta} = x + iy$ を代入すると，

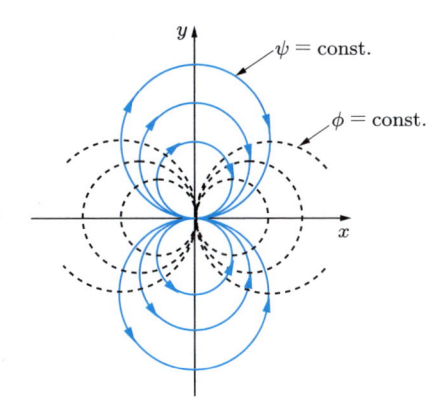

図 3.12 二重吹き出し

$$\phi = +\frac{\mu}{r}\cos\theta = +\mu\frac{x}{x^2+y^2} \tag{3.47}$$

$$\psi = -\frac{\mu}{r}\sin\theta = -\mu\frac{y}{x^2+y^2} \tag{3.48}$$

となる．等ポテンシャル線は，$\phi = \text{const.} = c$ より，

$$x^2 - \frac{\mu}{c}x + y^2 = 0$$

となり，x 軸上に中心をもち，原点を通る円となる．図 3.12 に，二重吹き出しの流線と等ポテンシャル線を示す．

3.6 円柱まわりの流れ

3.6.1 一様流中に置かれた円柱まわりの流れ

ここでは，速度 U をもつ平行流れと強さ μ をもつ二重吹き出しを組み合わせてできる流れについて考えてみよう．この流れの複素速度ポテンシャルは，次のようになる．

$$W(z) = Uz + \frac{\mu}{z} = U\left(z + \frac{\mu}{U}\frac{1}{z}\right) \tag{3.49}$$

ここで，$\mu/U = R^2$ とおくと，

$$W(z) = U\left(z + \frac{R^2}{z}\right) \tag{3.50}$$

となり，この式 (3.50) に $z = re^{i\theta}$ を代入すると，

$$\phi = U\left(r + \frac{R^2}{r}\right)\cos\theta, \qquad \psi = U\left(r - \frac{R^2}{r}\right)\sin\theta \tag{3.51}$$

となる．ここで，$\psi=0$ の流線を求めると，$r=R$ と $\sin\theta=0$，すなわち半径 R の円と $\theta=\pi$，0 の x 軸になる．いま，半径 R の円の流線を固体円筒に置き換えると，式 (3.51) は，$r\geqq R$ の範囲で，円柱の外側の流れ，すなわち円柱まわりの流れを表すことがわかる．式 (3.51) で与えられる円柱まわりの流線を図 3.13 に示す．

次に，円柱まわりの速度成分を求めると，以下のようになる．

$$\left.\begin{array}{l} v_r = \dfrac{\partial \phi}{\partial r} = \dfrac{\partial \psi}{r\partial \theta} = U\left(1 - \dfrac{R^2}{r^2}\right)\cos\theta \\[2mm] v_\theta = \dfrac{1}{r}\dfrac{\partial \phi}{\partial \theta} = -\dfrac{\partial \psi}{\partial r} = -U\left(1 + \dfrac{R^2}{r^2}\right)\sin\theta \end{array}\right\} \quad (3.52)$$

この式 (3.52) で，$r=R$ とおくと，円柱表面上の速度成分が，次のように求められる．

$$v_{rR} = 0, \qquad v_{\theta R} = -2U\sin\theta \quad (3.53)$$

この式 (3.53) より，$\theta=\pi$，0 で $v_{\theta R}=0$ となり，この 2 点はよどみ点になっていること，また $\theta=\pi/2$，$3\pi/2$ で $v_{\theta R}=2U$（最大速度）になることがわかる．

次に，円柱表面上の圧力分布を求めよう．円柱から十分上流における速度，圧力を U，p_∞，円柱表面上の速度，圧力を $v_{\theta R}$，p とすると，ベルヌーイの式から，

$$\dfrac{p_\infty}{\rho} + \dfrac{U^2}{2} = \dfrac{p}{\rho} + \dfrac{v_{\theta R}{}^2}{2}$$

となる．この式で，式 (3.53) を考慮すると，円柱表面上の圧力は，**圧力係数**（pressure coefficient）の形で表すと，次のようになる．

$$C_p = \dfrac{p - p_\infty}{\dfrac{\rho U^2}{2}} = 1 - 4\sin^2\theta \quad (3.54)$$

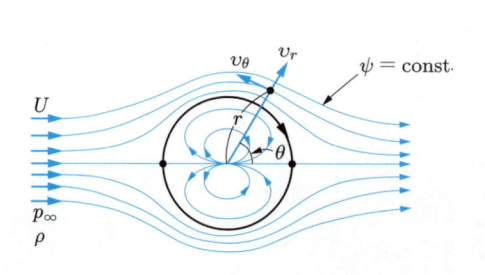

図 3.13 円柱まわりの流れ

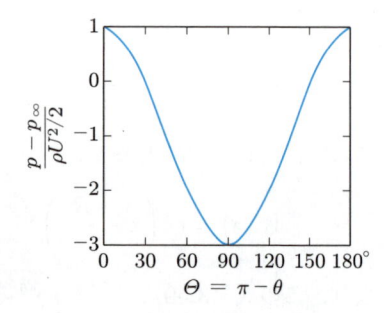

図 3.14 円柱まわりの圧力分布（理想流体の場合）

この円柱表面上の圧力分布を図 3.14 に示す．縦軸は圧力係数 C_p で，横軸は前部よどみ点から測った角度 $\Theta = \pi - \theta$ である．図 3.14 からわかるように，円柱表面上の圧力分布は，x 軸および y 軸に関して対称になり，円柱は，表面圧力の合力として，流体から力をうけないことになる．

例題 3.2 一様な平行流の中に置かれた円柱まわりの流れで，円柱表面上の圧力が，一様流の圧力と等しくなる位置を求めよ．ただし，円柱まわりの流れは，非粘性，非圧縮性，定常流れであるとする．

解 式 (3.54) において，円柱表面上の圧力を $p = p_\infty$ とおくと，$C_p = 0 = 1 - 4\sin^2\theta$ となる．この式より，$\sin\theta = \pm\frac{1}{2}$ となり，円柱表面上の圧力が $p = p_\infty$ となる位置は，円柱の上面側では，$\theta = 150°, 30°$，円柱の下面側では，$\theta = 210°, 330°$ となる．

ところで，実在流体の流れの中に物体を置くと，物体は流体から流れ方向の力，すなわち抵抗 (drag) をうける．それゆえ，ポテンシャル流れの理論から得られた上述の結論，すなわち一様流中に置かれた円柱 (物体) に抵抗がはたらかないことを，**ダランベールの背理** (d'Alembert's paradox) という．この流れの中に置かれた円柱 (物体) に抵抗がはたらかない理由は，粘性の影響を無視し，ポテンシャル流れとして扱ったことによる．このことより，ポテンシャル流れでは，抵抗の問題は取り扱えないことがわかる．

実在流体の流れの中に置かれた円柱まわりの流れの様相や，圧力分布，抵抗などに関しては，4.4 節で詳しく述べる．

3.6.2 円柱まわりに循環が加わった場合

一様流中に置かれた円柱が回転しているとすると，円柱まわりには自由渦が誘起され，円柱まわりには循環が付加される．ここでは，前項の流れに時計まわり方向の循環 Γ が加わった場合について考察しよう．循環の強さを Γ とすると，この場合の流れの複素速度ポテンシャルは，式 (3.50) と式 (3.40) より，次式となる．

$$W(z) = U\left(z + \frac{R^2}{z}\right) + \frac{i\Gamma}{2\pi}\log z \tag{3.55}$$

この式 (3.55) に $z = re^{i\theta}$ を代入して速度ポテンシャルと流れ関数を求めると，

$$\left.\begin{aligned}\phi &= U\left(r + \frac{R^2}{r}\right)\cos\theta - \frac{\Gamma}{2\pi}\theta \\ \psi &= U\left(r - \frac{R^2}{r}\right)\sin\theta + \frac{\Gamma}{2\pi}\log r\end{aligned}\right\} \tag{3.56}$$

となる．速度成分は，次のように求められる．

$$\left.\begin{array}{l} v_r = \dfrac{\partial \phi}{\partial r} = \dfrac{1}{r}\dfrac{\partial \psi}{\partial \theta} = U\left(1 - \dfrac{R^2}{r^2}\right)\cos\theta \\ v_\theta = \dfrac{\partial \phi}{r\partial \theta} = -\dfrac{\partial \psi}{\partial r} = -U\left(1 + \dfrac{R^2}{r^2}\right)\sin\theta - \dfrac{\Gamma}{2\pi r} \end{array}\right\} \quad (3.57)$$

円柱表面上の速度成分は，上式で $r = R$ とおいて，

$$v_{rR} = 0, \qquad v_{\theta R} = -2U\sin\theta - \dfrac{\Gamma}{2\pi R} \quad (3.58)$$

となる．よどみ点の位置，すなわち $v_{\theta R} = 0$ となる位置は，式 (3.58) の第2式より，

$$\sin\theta = -\dfrac{\Gamma}{4\pi RU}$$

と求められる．

ところで，Γ は反時計方向を正にとっているので，この場合には Γ は負で時計方向である．この式より，$\Gamma < 4\pi RU$ のときには円柱上に二つのよどみ点 S をもち，$\Gamma = 4\pi RU$ のときには一つのよどみ点をもつことがわかる．また，$\Gamma > 4\pi RU$ のときには，よどみ点は円柱上になく，流れの中に生じる．このようすを図 3.15 に示す．

(a) $\Gamma < 4\pi RU$ (b) $\Gamma = 4\pi RU$ (c) $\Gamma > 4\pi RU$

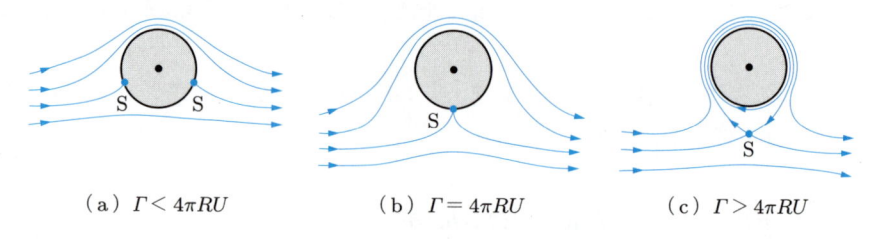

図 **3.15** 循環をもつ円柱まわりの流れ

円柱上の圧力 p は，前項と同様に，よどみ点流線にベルヌーイの式を適用して求められる．式 (3.58) の第2式を考慮すると，

$$\dfrac{p - p_\infty}{\dfrac{\rho U^2}{2}} = 1 - 4\left(\sin\theta + \dfrac{\Gamma}{4\pi RU}\right)^2 \quad (3.59)$$

となる．

次に，図 3.16 に示すように，円柱表面に作用する圧力を積分して，流れ方向の力，すなわち**抵抗** (drag) D と，流れに垂直方向の力，すなわち**揚力** (lift) L を求めよう．

$$D = -\int (p - p_\infty)\cos\theta R d\theta = 0 \quad (3.60)$$

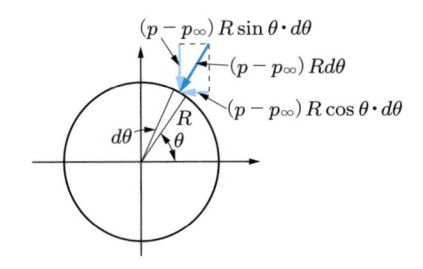

図 3.16 円柱表面に作用する圧力による力

$$L = -\int (p - p_\infty) \sin\theta R d\theta$$
$$= -\frac{\rho U^2 R}{2} \int \left\{ 1 - 4\left(\sin\theta + \frac{\Gamma}{4\pi RU}\right)^2 \right\} \sin\theta d\theta$$
$$= -\rho U \Gamma \tag{3.61}$$

この式において，時計まわり方向の循環を正にとると，

$$L = \rho U \Gamma \tag{3.62}$$

となる．これより，円柱は $\rho U \Gamma$ の揚力を流体からうけることがわかる．一般に，速度 U，密度 ρ の一様流中に置かれた循環 Γ をもつ物体には，一様流の方向と垂直に $\rho U \Gamma$ の揚力がはたらく．このことを**クッタ・ジューコフスキーの定理**（Kutta–Joukowski's theorem）という．この定理は翼理論において重要である．

　粘性のある実在流体の流れの中で円柱あるいは球を回転させると，上述の場合と同様の流れが生じ，流れに垂直方向に揚力が生じる．これを**マグナス効果**（Magnus effect）という．野球やテニスなどのボールに回転を加えて投げると，ボールはカーブするが，これはマグナス効果によるものである．

演習問題［3］

3.1 直角直交座標系 (x, y) での速度成分 u, v と速度ポテンシャル ϕ と流れ関数 ψ との関係，すなわち式 (3.11) と式 (2.40) から，図 3.4 に示す極座標系 (r, θ) での速度成分 v_r, v_θ と速度ポテンシャル ϕ と流れ関数 ψ との関係を表す次式を導け．

（1）$\quad v_r = \dfrac{\partial \phi}{\partial r}, \qquad v_\theta = \dfrac{\partial \phi}{r \partial \theta}$

（2）$\quad v_r = \dfrac{\partial \psi}{r \partial \theta}, \qquad v_\theta = -\dfrac{\partial \psi}{\partial r}$

3.2 非圧縮性，二次元流れにおいて，速度成分が，

$$u = ax + by, \qquad v = cx + dy$$

で与えられるとき，
  （1） 流れが可能であるための条件
  （2） 流れが渦なし流れとなるための条件
  （3）（1），（2）の条件を満たす場合の速度ポテンシャル ϕ と流れ関数 ψ
を求めよ．ただし，a, b, c, d は定数とする．

3.3 複素速度ポテンシャルが，
$$W(z) = az^2$$
で与えられる流れを調べよ．ただし，a は実数である．

3.4 複素速度ポテンシャルが，
$$W(z) = Uz + m \log z$$
で与えられる流れ，とくによどみ点流線の形状について調べよ．ここで，U は一様流の速度，m は吹き出しの強さである．

第4章
粘性流体流れの基礎

　この章では，粘性をもつ実在流体の流れの中の力のつり合いや，実在流体の中を運動する物体に作用する抵抗などについて述べる．物体の形状は円柱，角柱，平板，翼形などいろいろであり，また，流体の種類も気体や液体，粘性の大きな流体や小さな流体などさまざまである．物体の運動に及ぼす流体の抵抗とは何かを知り，その大きさを予測することは工学の分野で重要である．

4.1 粘性流体に作用する力とすべりなしの条件

　煙突から出る煙の運動一つをとってみても，流れは複雑で，流体粒子はそれぞれが勝手に運動しているようにみえる．個々の流体粒子には，どのような力がはたらいて運動しているのであろうか．

　粘性流体の流れを調べる際にも，流体粒子の運動に対する基本的な見方は理想流体に対するそれと変わらない．つまり，流体は無数の流体粒子からなっており，希薄な気体の場合を除けば，それらは連続的に運動していると考える．これらの流体粒子一個一個はニュートンの運動法則に従って運動する．

　粘性流体の運動が理想流体のそれと基本的に異なるのは，体積力，圧力のほかに，1.5節で述べたような粘性力が流体に作用することである．つまり，粘性流体の場合には，流体粒子の各面に接線力として粘性力が作用し，流体粒子を変形させる．このことについては第5章で詳細に述べるが，実在流体には必ず粘性力が作用し，流れに重要な影響を及ぼす．粘性流体で特徴的なことは，固体表面に直接接する流体は，その固体の物質にかかわらず，その面に相対的には滑らないことである．つまり，動かない固体物体に接触する流体の速度はゼロとなる．このことは，**すべりなしの条件**（no–slip condition）とよばれ，粘性流体の流れの重要な性質である．

4.2 レイノルズの相似則

　一般的に粘性流体において，流体粒子に作用する力は体積力，圧力による力および粘性力であるが，ここでは圧力による力と粘性力の二つの力が作用する場合を考えよう．ニュートンの運動法則によると，この二つの力の合力は，質量×加速度，つまり慣性力に等しい．したがって，これからは圧力による力，粘性力，慣性力の三つの力

が支配的な流れを考えることにする．このような流れは種々存在する．たとえば，送風機，ポンプ，タービン，パイプの中の流れのように固体壁で囲まれた流れ，また飛行機，建造物などのように物体が流体中に浸っているような流れなどである．

上で述べた，圧力による力，粘性力，慣性力の三つの力は，力学的につり合っているから，三つの力のうち二つが決まると，残りの一つは自動的に決まる．いま，U を乗り物の速度やパイプ内の平均速度のような代表速度とし，L をパイプの直径のような代表長さとする．慣性力は質量 × 加速度であり，これは密度 (ρ) × 体積 × (速度/時間) に比例する．すなわち，慣性力は $\rho L^3 U/T = \rho L^2 U^2$ に比例する．粘性力は，式 (1.6) に面積を掛けると，$(\mu U/L) \times L^2 = \mu U L$ となる．したがって，慣性力と粘性力の比は $\rho L^2 U^2 / \mu U L = \rho U L / \mu$ となる．この比は無次元量で，**レイノルズ**（Reynolds）によって円管内の流れの実験により初めて見いだされたもので，その名を用い，**レイノルズ数**（Reynolds number，以下 R_e 数と表す）とよばれる．

$$R_e = \frac{\rho U L}{\mu} = \frac{UL}{\nu} \tag{4.1}$$

ここで，μ は粘度，$\nu = \mu/\rho$ は動粘度である．

R_e 数が非常に小さいということは，粘性力が慣性力に比べてきわめて大きく，慣性力を無視してもよいことを意味する．また，R_e 数が非常に大きいということは，粘性力が慣性力に比べて無視できることを意味している．つまり，流体の粘性の大小にかかわらず，R_e 数が低い流れは粘性的な流れであって，R_e 数が高い流れは粘性の影響がわずかしかない流れを意味する．このように，R_e 数は粘性力の影響の大きさを決める重要な数値であり，R_e 数によって流れを分類できることを予想させる．

いま，R_e 数の意味をさらに考えるために，実物と幾何学的に相似な模型を用いた流れの模型実験を考える．その際，原型物体まわりの流れと R_e 数を等しくすると，作用する二つの力，つまり慣性力と粘性力の比が等しくなり，自動的に慣性力，粘性力，圧力による力の比がそれぞれ原型と模型物体で等しくなって，模型物体まわりの流れは，原型物体まわりの流れと力学的に相似な条件を満足した流れになる．したがって，模型実験を行うことによって，実際の流れの特徴を調べることができることになる．このように，R_e 数が等しい場合に，流れが相似になることを**レイノルズの相似則**（Reynolds' law of similarity）という．

4.3 層流と乱流

ここで，流体の運動のもう一つの大切な特徴について述べよう．静かな部屋ではタバコや線香の煙は，最初は細いきれいな筋をなして上昇するが，ある点からは，煙の

筋は崩れて複雑に絡み合いながら，周囲の空気に拡散していくようすをみることができる．また，水道の蛇口を少しあけた場合，水は透明で層状に流れ，大きくあけた場合には不透明な乱れた流れができることを知っている．このなめらかにみえる流れを**層流**（laminar flow），乱れて不規則に見える流れを**乱流**（turbulent flow）という．

層流と乱流の実験を最初に行ったのはレイノルズである．彼は，図 4.1 に示すようなガラス管の中を流れる水に，着色液を注入して流れを可視化した．このとき，着色液は管の最初の部分では層状に流れるが，ある距離進むと，そのまま層状に流れる場合と，まわりの水と混合して管全体に着色液が広がって流れる場合とがあることを発見した．前者の流れは層流で，後者の流れは乱流である．彼は代表速度として管断面の平均流速 u_m，代表長さとして管径 d をとったとき，レイノルズ数（$R_e = u_m d/\nu$）がある値以上になったときに乱流が発生することを発見した．このときの R_e 数を**臨界レイノルズ数**（critical Reynolds number）R_{ec} とよび，そのときの速度を**臨界速度**（critical velocity）という．また，層流から乱流に変化することを**遷移**（transition）という．

（a）層流　　　（b）乱流

図 4.1　レイノルズの実験

円管内の流れの R_{ec} 数の値は，管の入り口の形状や，流れ込む流体のもつ乱れの程度によって異なり，乱れを非常に小さくおさえた場合は $R_e = 5 \times 10^4$ まで層流を保つという報告もある．しかし，$R_e = 2300$ 以下では，はじめに大きな乱れを与えても，乱れは粘性のため減衰して層流の状態になる．したがって，2300 という数値は円管の流れが層流から乱流に遷移する臨界レイノルズ数の最小値とされている．

さて，各点における速度の大きさが同じで平行な流れを**一様流**（uniform flow）というが，ここで，一様流の中に流れ方向に平行に置かれた平板上の流れをみてみよう．大部分の流れは一定の速度で平板上を通過するが，平板に接する流体粒子はすべりなしの条件によって動かない．したがって，動かない流体と一定速度で運動する流体の間には，流速がゼロから外側の平行流の速度まで変化する速度勾配をもった流れ領域が存在する．この領域のことを**境界層**（boundary layer）とよぶ．境界層内の流れは粘性流れの性質をもち，境界層外側の流れは**主流**（main flow）とよばれ，非粘性流れとみなしてよい．平板に近づく平行な流れは，まず平板の前縁付近に接触し，接触した流体粒子は減速され，境界層を形成しはじめる．減速された粒子は，すぐその外側の粒子に粘性抵抗を及ぼし，その速度を遅くさせる．次々と隣の粒子に影響を及ぼし，速度の

減小領域が外側に向かって拡散していく．このように，境界層は平板に沿ってその厚さが増大していく．平板前縁から形成しはじめる境界層内の流れは層流であり，**層流境界層**（laminar boundary layer）とよばれる．ある程度下流にいくと，遷移領域が現れ，その後，境界層内の流れは乱流になり，**乱流境界層**（turbulent boundary layer）へと変化する．図 4.2 は，境界層が遷移するようすを模式的に描いたものである．

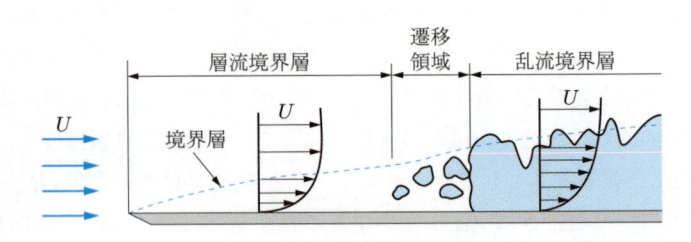

図 4.2 平板表面の境界層

遷移領域では，**乱流はん点**（turbulent spot）とよばれる乱流の塊（かたまり）が，はん点のように不規則に発生し，下流に進むに従い広がりを増し，合体して，最終的には乱流はん点が境界層を埋めつくして乱流境界層となる．乱流境界層では，流体粒子による混合が激しく行われ，層流に比べて流体粒子のもつ運動量の交換が活発になり，さらに境界層の厚さを増す．速度の遅い粒子は速度の速い粒子と混合され加速し，逆に速い粒子は遅い粒子により減速される．この混合による運動量が活発に交換されるメカニズムが乱流の重要な特徴である．図 4.1 の円管内の流れの場合も管壁に発生する境界層が厚さを増し，R_e 数が十分大きい場合には乱流に遷移し，管全面が乱流境界層で満たされる．平板に沿う層流境界層が遷移を開始するまでの距離 x_l は，平板表面の粗さや主流の乱れによって異なるが，一様流の速度を U_∞ とすると，通常，次式で与えられる．

$$\frac{U_\infty x_l}{\nu} = 3.2 \times 10^5 \sim 10^6 \tag{4.2}$$

ここで，層流境界層と乱流境界層の一般的な特徴を図 4.3 を用いて説明すると，次のようになる．
（1） 層流境界層では，図 4.3 の左に示すように速度分布はやせて鋭い形をしている．乱流境界層では，乱流混合により，層流よりも一様な分布となり，図 4.3 の右に示すように太った鈍い形をしている．したがって，物体表面近くの流体粒子の速度は，乱流の場合のほうが大きい．
（2） 乱流の場合は，混合の結果，外側の主流を取り込み拡散しやすいので，乱流遷移後の境界層の厚さは，層流境界層に比べて厚くなる．

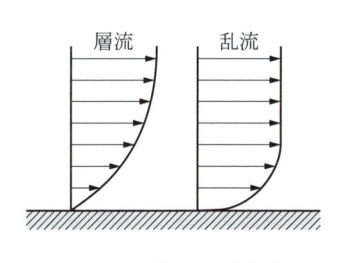

図 4.3 境界層内の速度分布   図 4.4 乱流境界層

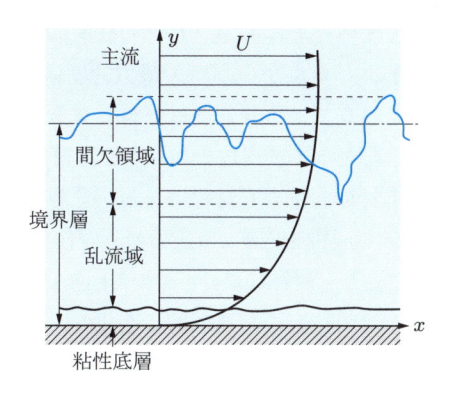

乱流の構造をもう少し詳しく調べよう．管内の十分に発達した乱流では，管内の流れのすべてが境界層で満たされて主流は存在しないが，図 4.4 に示すように，平板に沿う乱流では，主流と境界層の境界には，流れが完全に乱流になっている部分と，乱流と層流が間欠的に入り交じっている間欠領域が存在する．また，平板，円管内流れとも，境界層の壁面のごく近くでは，壁面によって流体粒子の混合作用が抑制されて，速度変動が小さくなる薄い層ができる．この領域を，粘性力が支配的な層という意味で，**粘性底層**（viscous sublayer）とよぶ．

図 4.3 に示したように，乱流境界層では，層流境界層に比べて壁面近くの平均的な速度が大きいため，粘性底層内の速度勾配は必然的に大きくなる．したがって，R_e 数が同じであれば，式 (1.6) により，壁面に作用する摩擦力は，層流に比べて乱流のほうが大きくなると推察される．しかし，乱流の場合は，構造が複雑であるために，速度分布を求める過程は層流に比べて簡単ではない．このことは 4.5 節で説明する．

4.4 円柱まわりの流れ

物体まわりの流れの代表的な例として，一様な流れの中に置かれた円柱まわりの流れを取り上げる．飛行機の翼のように緩やかな，いわゆる流線形物体に対して，流線形でない物体を，流体力学的に，**鈍い物体**（blunt body）とよぶ．円柱は鈍い物体の代表で，レイノルズ数によって流れの状態はダイナミックに変化する．この変化のようすを調べることは，流れの中の物体に作用する抵抗力などを理解するうえで重要である．

4.4.1 はく離流れ

すでに 3.6 節で学んだように，理想流体の非回転流れの場合は，一様な速度で円柱

に近づく流体粒子は減速され，円柱前部よどみ点で速度はゼロになり，その後加速され，前部よどみ点から 90°で最大速度になり，再び減速され，さらに 90°まわって，後部よどみ点では再び速度はゼロとなる．その後加速して，一様流の速度になり流れ去る．したがって，円柱まわりの流れ模様と圧力分布は，図 4.5（a）に示すように完全に上下対称，左右も対称になる．理想流体では粘性がない（$\mu = 0$）ために壁面せん断力はなく，円柱表面には圧力のみが作用する．圧力の分布は流れの対称性のために，上下，左右とも対称になり，結局，円柱には力が作用しない．図 3.14 で示したように，圧力分布は円柱表面で連続的に変化し，前部よどみ点で最大値になり，前部よどみ点から 90°で最小値となり，後部よどみ点では再び最大値となる．壁面付近の流体粒子が，90°から後部よどみ点までの間を，減速しながらも圧力の上昇に逆らって運動できるのは，壁面摩擦がないためである．

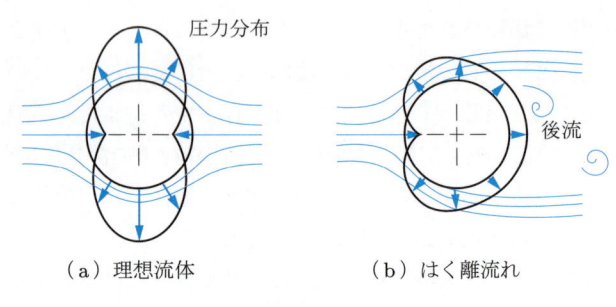

（a）理想流体　　　　（b）はく離流れ

図 4.5　はく離がある場合と理想流体の場合の圧力分布と流れ模様

一方，粘性流体の場合，壁面近くの速度の小さい流体粒子は，運動に逆らう粘性応力と圧力勾配に打ち勝って前方に運動することになる．圧力勾配が大きすぎると，流体粒子は急激に速度を減じてゼロになり，それより後の流れは圧力勾配によって運動の方向が逆転し，大きな渦領域をつくる（図 4.6 参照）．この壁近くの逆流によって，上流からの流れは物体表面からはがれる．これを流れの**はく離**（separation）といい，はがれはじめる点を**はく離点**（separation point）という．主流は，このはく離領域を迂回して，速い速度で流れるようになる．はく離領域の圧力は，迂回して流れる主流によって決定されるが，これは低圧となり，はく離領域内でほぼ等しい圧力分布をとる．このように，円柱まわりの圧力分布は，図 4.5（b）に示すように前面と背面で非対称となり，大きな力（抵抗力）が円柱に作用する．物体後方には，境界層や境界層のはく離によって渦をともなった速度の遅い領域が形成される．この領域を**後流**（wake）という．前節で述べたように，乱流境界層では，層流境界層に比べて壁面近くの流体粒子の速度が大きいために，流体粒子は圧力勾配や粘性応力に打ち勝ってより下流ま

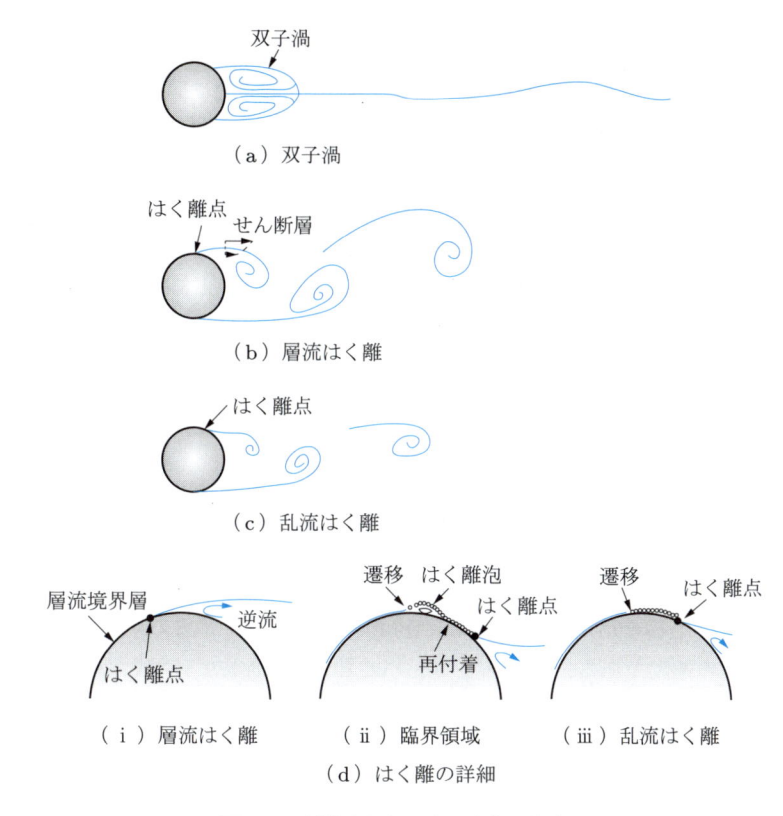

図 4.6 円柱まわりの流れ変化の模式図

で進むことができる．したがって，乱流境界層のはく離点は下流に移って後流の幅が小さくなり，抵抗は小さくなる．

4.4.2 レイノルズ数と円柱まわりの流れ

ここでは，図 4.6 に示すように，粘性流体中における円柱まわりの流れが，R_e 数によって変化するようすをみてみよう．R_e 数（$U_\infty d/\nu$，U_∞ は一様流の速度，d は円柱直径）をゼロから増加させると，R_e 数が 7 より少し小さい間では，流れは定常で，時間的に変化せず，前後左右にほとんど対称な流れ模様が観察される．この状態を過ぎると，後部よどみ点の近くにはく離が現れ，その下流に一対の渦が形成される．この渦は定常で互いに反対方向に回転しており，**双子渦**（twin vortex）とよばれる．さらに R_e 数を上げていくと，はく離点は上流側に移動し，また，双子渦の長さは増加する．図 4.6（a）に示すように，$R_e = 30 \sim 40$ においては，双子渦のある程度下流で，それまで直線状だったよどみ点流線は波状になる．これまでは円柱付近の流れは上下

対称を保っているが，$R_e = 50 \sim 60$ では，流れはもはや上下対称ではなくなり，円柱表面の下流側上下 2 点から周期的な渦の放出が行われ，下流には規則正しく並んだ 2 本の渦列が形成される．これを**カルマン渦列**（Karman vortex street）という．

　$R_e = 100$ 付近では，渦は円柱表面から直接放出される．この状態は $R_e = 3 \times 10^5$ まで続く．この間，$R_e = 200$ よりやや小さい間は渦列後流は層流であるが，$R_e = 200 \sim 400$ において，それまで層流だった後流渦列内で，乱流への遷移が現れ，渦放出の周期が多少不規則になる．$R_e = 400$ を超えると，図 4.6（b）に示すように，円柱表面からはく離した境界層（せん断層）が渦に巻き上がる以前に，せん断層は乱流に遷移しはじめ，渦の放出はきわめて周期的に行われる．このときのはく離点は，前部よどみ点から約 80°の位置である．この状態では，はく離点の位置はほぼ一定で，規則的に渦放出が行われるので，流れ模様もほぼ一定となる．ところで，渦が放出される周波数を f とするとき，無次元化された周波数を，

$$S_t = \frac{fd}{U_\infty} \tag{4.3}$$

で表し，S_t を**ストローハル数**（Strouhal number）という．ここで，d は円柱直径で，U_∞ は一様流の速度である．このストローハル数が R_e 数によっていかに変わるかを表したのが図 4.7 である．R_e 数 50 くらいから後流が振動しはじめるが，$R_e = 400 \sim 3 \times 10^5$ 付近までの広い範囲において，ストローハル数は $0.19 \sim 0.21$ の範囲でほぼ一定値を示しており，規則的な渦放出が行われていることがわかる．この間は図 4.6（d）（i）に示すように，境界層が層流のままはく離するので**層流はく離**（laminar separation）とよばれる．$R_e = 3 \times 10^5$ 付近では，層流はく離した流れはただちに乱流に遷移して拡散し，円柱表面に**再付着**（reattachment）する．再付着した流れは乱流境界層となり，やがて乱流の状態ではく離する．図 4.6（d）（ii）に示すように，この層流はく離点から再付着する間にできる局所的なはく離領域を，**はく離泡**（separation bubble）という．このはく離泡は，円柱上下で必ずしも対称ではない．そのために渦

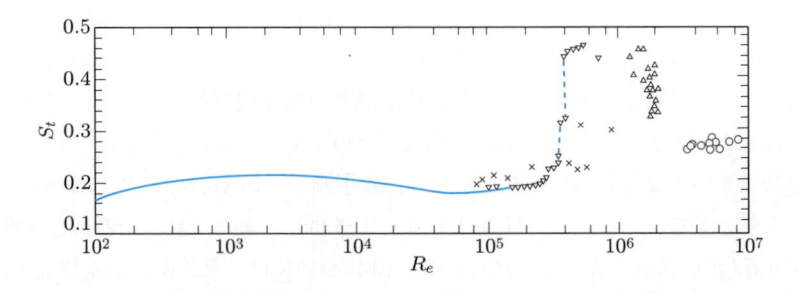

図 **4.7**　円柱まわりの流れのストローハル数

放出は不規則になる．したがって，ストローハル数の測定値にばらつきがでてくるが，$S_t \fallingdotseq 0.45$ である．この状態は $R_e = 3 \times 10^6$ 付近まで続く．R_e 数がさらに大きくなると，図 4.6（c），（d）(iii) に示すように，境界層ははく離泡を形成せずに，円柱表面で乱流境界層に遷移し，$100° \sim 120°$ 付近ではく離（**乱流はく離**：turbulent separation）する．この状態になると，再び規則的な渦放出が行われ，流れ模様も安定し，S_t 数も約 0.27 とほぼ一定値となる．以上が，R_e 数によって変化する円柱まわりの流れの概略である．

なお，はく離現象がカルマン渦列発生の必要条件ではないことを付け加える．たとえば，流れに平行に置かれた平板のように，はく離をともなわない流れでもカルマン渦は発生する．つまり，後流において，互いに平行で反対向きの循環をもつ二つのせん断層が存在すれば，カルマン渦列の発生は可能になる．

■ 4.4.3　円柱まわりの圧力分布と抗力係数

流れの中の物体に作用する力は，流れと平行な方向の力，いわゆる**抗力**（drag force）D と，流れと直角方向の力，いわゆる**揚力**（lift force）L に分けて考えることができる．この二つの力を考える際，次の式で定義されるそれぞれを無次元化した**抗力係数**（drag coefficient）C_D と，**揚力係数**（lift coefficient）C_L が用いられる．

$$C_D = \frac{D}{\left(\dfrac{1}{2}\right)\rho U_\infty^2 S} \tag{4.4}$$

$$C_L = \frac{L}{\left(\dfrac{1}{2}\right)\rho U_\infty^2 S} \tag{4.5}$$

ここで，U_∞ は一様流の速度，ρ は流体の密度，S は流れに直角な面への物体の投影面積である．

粘性流体中の物体には，一般に，壁面摩擦による**摩擦抵抗**（frictional drag）と，圧力分布による**圧力抵抗**（pressure drag）がはたらく．しかし，流れに平行に置かれた平板の場合のように境界層はく離をともなわない場合には，摩擦抵抗のみがはたらき，はく離をともなう円柱のような物体（鈍い物体）では，圧力抵抗が抵抗の大部分を占める．したがって，流れがはく離し，周期的渦放出が行われる $R_e = 100$ 以上の場合の円柱に作用する力を求める際には，円柱表面に作用する圧力分布を調べることが重要になる．物体のまわりの圧力を表す際には，通常，式 (3.54) に示したように，次の式で定義される無次元化された**圧力係数**（pressure coefficient）C_p が用いられる．

$$C_p = \frac{p - p_\infty}{\left(\dfrac{1}{2}\right)\rho U_\infty{}^2} \tag{4.6}$$

ここで，p_∞ は一様流の圧力，p は物体表面の圧力である．この圧力係数の流れ方向成分を物体表面に沿って積分して求められる抵抗は，**形状抵抗**（form drag）ともよばれている．

図 4.8 は，図 3.14 に示した理想流体の場合と，実在流体における層流はく離，乱流はく離および臨界領域の場合の円柱表面の平均圧力分布を示している．平均圧力分布は上下対称であるため，上半分（$\theta = 0°\sim180°$）を示してある．粘性のある実在流体の場合には，いずれの R_e 数の場合でも，円柱の前面では理想流体の場合に近い圧力分布になっている．層流はく離する $R_e = 1.1\times10^5$ の場合には，$\theta \fallingdotseq 70°$ 付近で圧力は最小値を示し，$\theta \fallingdotseq 80°$ 付近ではく離したあとは，ほぼ一定の圧力となっている．臨界領域の $R_e = 6.7\times10^5$ では，$\theta \fallingdotseq 100°$ で再付着し，$\theta \fallingdotseq 130°$ で乱流はく離している．この間急激に圧力は上昇し，はく離点以降はほぼ一定の圧力になっている．乱流はく離領域の $R_e = 8.4\times10^6$ では，$\theta \fallingdotseq 103°$ ではく離し，はく離点以降はほぼ一定の圧力となっている．

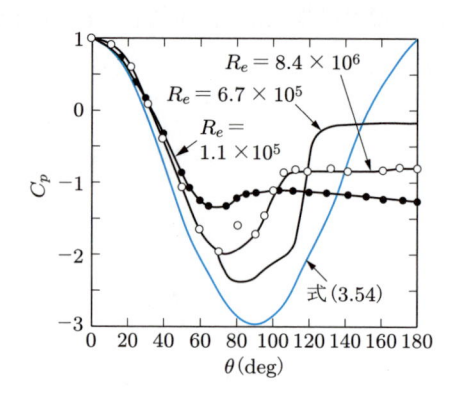

図 4.8 円柱まわりの圧力分布

境界層がはく離することによって，円柱下流には後流領域がつくられ，主流は後流外側領域を迂回して流れる．円柱のように角をもたない鈍い物体では，R_e 数によってはく離点が移動し，このことなどによって流れは大きく変動する．このことは，圧力分布の測定結果からも確かめられている．

この実験結果の特徴をまとめると，次のようになる．
（1）はく離点後方の円柱表面圧力は，ほぼ一定値になる．

(2) 層流はく離する場合よりも，乱流はく離する場合のほうが，はく離点は後方に移動する．
(3) はく離点が後方であるほど，円柱表面の圧力の回復が進み，はく離領域の圧力は高くなる．

この結果，図 4.8 からわかるように，乱流はく離する場合のほうが理想流体の場合の圧力分布に近い分布をしており，したがって，圧力係数を積分した形状抵抗は乱流はく離する場合のほうが小さくなる．

次に，図 4.9 で抗力係数の変化を調べよう．周期的な渦放出が起こると，抗力係数も揚力係数も微小な範囲で周期的に変動する．したがって，図 4.9 の抗力係数は，厳密にいえば，平均抗力係数である．なお，このとき揚力係数の平均値はゼロである．R_e 数がきわめて小さいときは抗力係数は大きいが，渦放出する領域になると急激に減少し，$R_e = 100$ では，C_D は約 1.3 程度であり，その後，$R_e = 400$ から 10^5 までの広い範囲で $C_D = 1.0 \sim 1.2$ とほぼ一定値となる．$R_e = 3 \times 10^5$ 程度に達すると，はく離泡の形成と乱流遷移のため，はく離点は後方にずれ，抗力係数は急激に減少し，$C_D \fallingdotseq 0.3$ となる．このときの R_e 数を円柱の**臨界レイノルズ数** (critical Reynolds number) という．この状態の圧力分布は，図 4.8 に示したように，理想流体の場合にもっとも近くなり，形状抵抗は最小値となる．$R_e \geqq 3.5 \times 10^6$ で乱流はく離が安定すると，流れ模様は落ちつき，抗力係数 $C_D \fallingdotseq 0.7$ と再びほぼ一定値をとる．

いままで述べたことは円柱表面がなめらかな場合である．いま，レイノルズ数が臨界レイノルズ数より小さい流れにおいて，物体表面の層流境界層の中に，流れと直角に図 4.10 に示すような細い円柱（ワイヤー）を張って円柱の抵抗係数を測定すると，

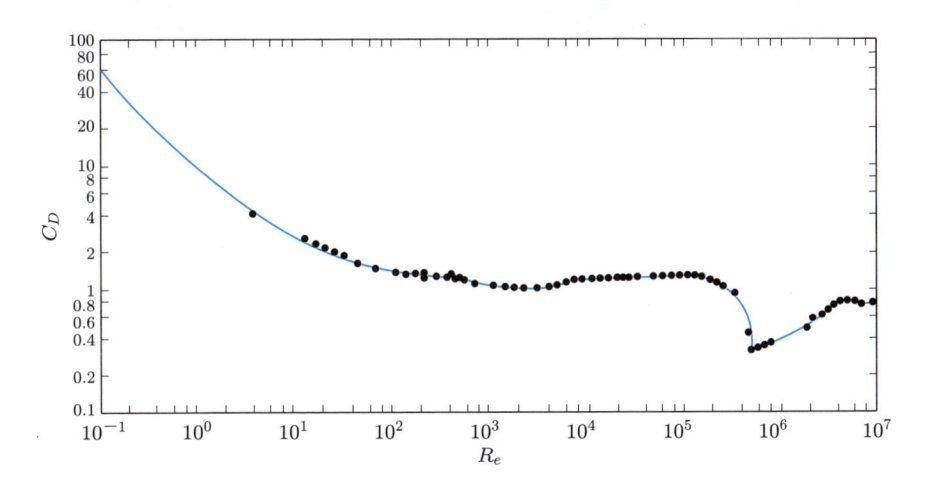

図 4.9 円柱の抗力係数

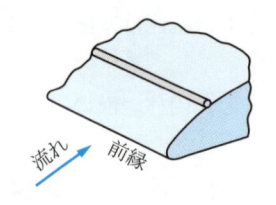

図 **4.10** トリッピングワイヤー

C_D は 1.2 であったものが 0.8 程度になる．これは，円柱表面の層流境界層が，小円柱（ワイヤー）のために強制的に乱流に遷移し，はく離点が後退したためである．この表面に張られた小円柱のことを**トリッピングワイヤー** (tripping wire) という．球のまわりの流れも同様で，臨界レイノルズ数 $(R_e \fallingdotseq 3 \times 10^5)$ 以下で抗力係数が $C_D = 0.48$ だったものが 0.2 程度になる．図 4.11 は，球前面に針金ではちまきを巻いて，流れを観察したもので，球の後流の幅が狭くなっているようすがわかる．ゴルフボールのディンプル（凸凹）も境界層を乱流にして抵抗を減らす役割をしている．ちなみに，ゴルフコースの実験では，230 ヤード飛ばすスウィングでも，なめらかなボールの場合の飛距離は，50 ヤード程度といわれている．

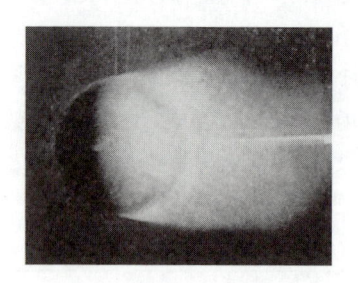

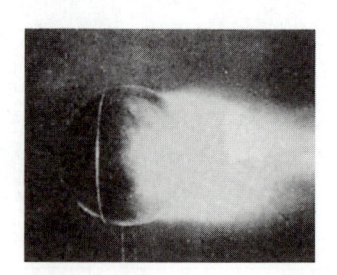

（a）層流はく離流れ　　（b）針金で境界層を乱したときの流れ

図 **4.11** 球のまわりの流れ

以上，円柱まわりの流れの変化は，とくに境界層の発達や，流れのはく離位置に依存していること，また，それと対応して圧力分布，抗力係数，ストローハル数が変化し，それらがレイノルズ数とともにいかに変化するかを学んだ．

例題 4.1 木枯らしが吹く季節に，電線がピューと鳴ることがある．この理由を説明せよ．

解 木枯らしによって電線の後ろにできるカルマン渦がその原因である．先に述べたように，周期的な渦放出が行われるとき，それにともない，流れも周期的に変動する．図 4.12 (a) に示すように，流れ模様は半周期後の流れ模様と上下対称になる．したがって，図 4.12 (b) に示すように，流れ方向に作用する変動力（変動抗力係数）は，渦放出の半周

期を周期として変動する．一方，流れと直角方向の変動力（変動揚力係数）は半周期ごとに同じ大きさの力が反対向きに作用するから，平均値はゼロとなるが，渦放出と同じ周期で規則的に変動する．この周期的な変動によって，電線はギターの弦のように振動し，音となって聞こえるのである．

このように，周期的な渦放出によって流れが周期的に変化するため，圧力係数も周期的に変動する．したがって，図 4.8 の圧力分布はその平均値を表していることになる．

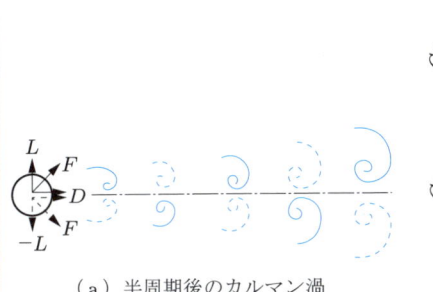

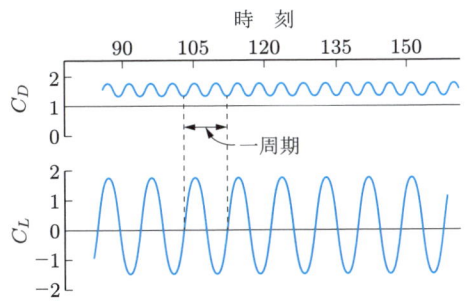

（a）半周期後のカルマン渦　　（b）抗力係数 C_D と揚力係数 C_L の周期的変動

図 4.12

4.5 円管内の粘性流れ

本節では，まっすぐな円管内の流れを通して，粘性流れの基本的な性質を学ぶ．円管内の流れや，ポンプなどの流体機械の内部の流れのように，周囲を固体壁で囲まれた流れを**内部流れ**（internal flow）という．まっすぐな円管内の流れは，実際上多く見られるだけでなく，流れが比較的簡単で，理論的および実験的研究が進んでおり，層流，乱流，また境界層，流体摩擦などの基礎知識を理解するうえで重要である．

4.5.1 圧力損失

図 4.13 に示すような丸味の角を有する管の入り口では，速度分布は管断面全体に

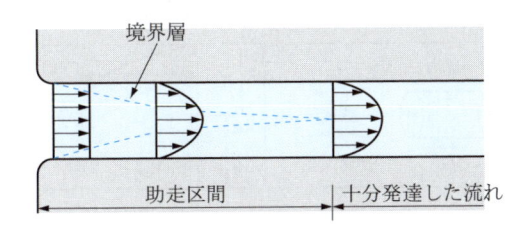

図 4.13 助走区間の流れ

わたってほぼ一様になる．しかし，下流に進むに従い，境界層が発達し，速度分布が変化していき，やがて管全体が境界層で覆われて，速度分布や圧力の損失などが一定の状態になる．この一定の状態になった流れを**十分に発達した流れ**（fully developed flow）といい，この状態になるまでの管入り口からの区間を**助走区間**（inlet region），この区間の距離を**助走距離**（inlet length）とよぶ．

4.3 節で説明したように，代表長さを管径 d，代表速度を管内の平均速流 u_m としたとき，臨界レイノルズ数（$Re_c = 2300$）以下の流れの場合には，助走区間内の流れも，十分発達した流れもともに層流になるが，十分大きいレイノルズ数では，助走区間で乱流境界層に遷移し，十分発達した流れは乱流になる．ここでは，十分発達した流れについて考える．いま，図 4.14 に示すように，水平管の軸を x として，半径 R の管内の流れの中に，半径 r で長さ dx の微小流体円柱を考える．この微小円柱の左側端面に作用する圧力を p とすると，右側端面からの圧力は $p + (dp/dx)dx$ となる．微小円柱表面に作用するせん断応力を τ とすると，力のつり合い式は，次のようになる．

$$\pi r^2 p - \pi r^2 \left(p + \frac{dp}{dx}dx\right) - 2\pi r \cdot dx \cdot \tau = 0 \tag{4.7}$$

したがって，

$$\tau = -\frac{r}{2} \cdot \frac{dp}{dx} \tag{4.8}$$

となる．管中心では $r = 0$ より $\tau = 0$ となり，壁面では $r = R$ であり，$\tau = \tau_w$ とすれば，τ_w は最大値をとる．壁面から管中心まで，せん断応力は直線的に変化するので，以下のようになる．

$$\tau_w = -\frac{R}{2} \cdot \frac{dp}{dx} \tag{4.9}$$

これは，層流，乱流に関係なく成り立つ式である．したがって，十分発達した流れの壁面せん断応力は，圧力勾配（dp/dx）がわかれば算定できることになる．ここで，

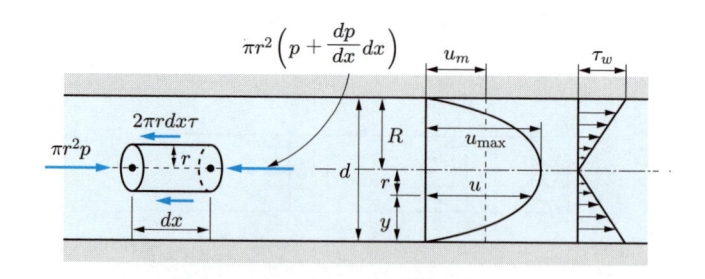

図 4.14 円管内の層流

(dp/dx) を $(-\Delta p/L)$ と書き直すと，

$$\tau_w = \frac{R}{2} \cdot \frac{\Delta p}{L} \tag{4.10}$$

となる．

ここで，Δp は区間 L の圧力降下（圧力損失）と考えられるが，レイノルズはもう一つの実験を行って，流れが層流と乱流では圧力損失の特性が異なり，乱流の場合に圧力降下が大きいことを示した．その理由は，層流と乱流ではそれぞれのせん断応力の発生機構が相違するためである．つまり，式 (1.6) は層流に対しては成り立つが，乱流に対しては，次項で述べるように，せん断応力が流体粒子の不規則な変動の影響をうけるので，成り立たないのである．

これらのことをすべて考慮した式を導くことは困難である．**ダルシー・ワイスバッハ**（Darcy–Weisbach）は，**管摩擦係数**（coefficient of pipe friction）λ を用いて，圧力損失 Δp を次式で表した．

$$\Delta p = \lambda \cdot \frac{L}{d} \cdot \rho g \cdot \frac{u_m^2}{2g} \tag{4.11}$$

式 (4.10) と式 (4.11) より，τ_w と u_m の関係は，次式で表される．

$$\tau_w = \frac{\lambda \rho u_m^2}{8} \tag{4.12}$$

管摩擦係数 λ は，圧力損失を見積もるうえで重要であるが，これはレイノルズ数および管壁の粗さの関数となる．これについては，4.5.4 項で詳しく述べる．

4.5.2 層流の場合の速度分布

せん断応力は，一般に $\tau = \mu(du/dy)$ と記述されるが，図 4.14 に示すように，y の方向と r の方向は反対であるから，次式で表される．

$$\tau = -\mu \frac{du}{dr} \tag{4.13}$$

式 (4.8) を式 (4.13) に代入し，r について積分し，u を求めると，

$$u = \frac{1}{2\mu} \frac{dp}{dx} \int r dr = \frac{r^2}{4\mu} \frac{dp}{dx} + C \tag{4.14}$$

となる．ここで，$r = R$ のとき $u = 0$ であるから，これを式 (4.14) に代入すると，積分定数は $C = -(R^2/4\mu)(dp/dx)$ となる．したがって，次式のようになる．

$$u = -\frac{1}{4\mu}(R^2 - r^2)\frac{dp}{dx} \tag{4.15}$$

式 (4.15) は放物線を表すから，速度分布は回転放物面となる．管中心 ($r=0$) で速度は最大値 $u_{\max}$ となる．

$$u_{\max} = -\frac{R^2}{4\mu}\frac{dp}{dx} \tag{4.16}$$

ところで，流量を Q，円管の断面積を A とすると，平均流速 u_m は Q/A で求められる．したがって，式 (4.15) より，次式のようになる．

$$u_m = \frac{Q}{A} = \frac{1}{\pi R^2}\int_0^R u \cdot 2\pi r\, dr = -\frac{R^2}{8\mu}\frac{dp}{dx} = -\frac{d^2}{32\mu}\frac{dp}{dx} \tag{4.17}$$

したがって，u_m は $u_{\max}$ の 1/2 になる．ここで，d は管径である．

円管に沿う 2 点間の圧力損失は，その距離を l とすれば，式 (4.17) から $-(dp/dx)$ を求め，x について積分すると，次式となる．

$$-\int_{p_1}^{p_2} dp = \int_0^l \frac{32\mu u_m}{d^2}\, dx \tag{4.18}$$

したがって，以下の関係が求められる．

$$p_1 - p_2 = \frac{32\mu l u_m}{d^2} \tag{4.19}$$

流量 $Q = u_m \pi d^2/4$ であるから，式 (4.19) は，

$$Q = \frac{\pi d^4}{128\mu}\frac{p_1 - p_2}{l} \tag{4.20}$$

と表される．式 (4.20) は，流量 Q が単位長さあたりの圧力損失 $(p_1-p_2)/l$ と管径 d の 4 乗に比例することを意味し，**ハーゲン・ポアズイユの式** (Hagen–Poiseuille formula) とよばれる．式 (4.15)～(4.20) で表されるような流れをハーゲン・ポアズイユの流れ (Hagen–Poiseuille flow) という．

■ 4.5.3 乱流の場合の速度分布

円管内の層流の速度分布が理論的に求められたのに対し，乱流の場合には，乱流運動をモデル化して考える必要がある．

（1） 乱流のせん断応力

乱流は，各点における速度が時間的に不規則な変動をともなう流れである．いま，図 4.15（a）に示すように，壁面に沿って x 軸，それに垂直に y 軸をとり，y 方向に速度勾配をもつ二次元せん断流れを考える．x 方向の速度の瞬間値 u を，十分長い時間間隔 T についての平均速度 $\bar{u}$ と変動速度 u' の和で表すと，次のようになる．

4.5 円管内の粘性流れ

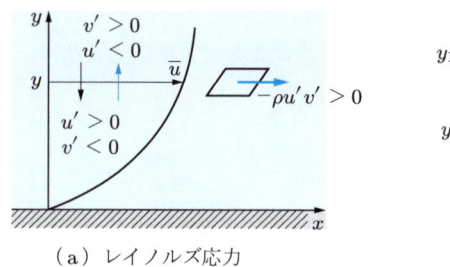

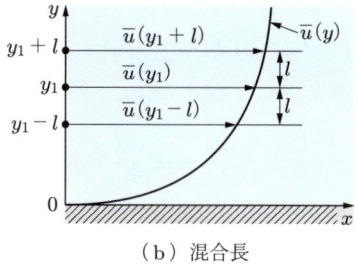

(a) レイノルズ応力

(b) 混合長

図 4.15

$$u = \bar{u} + u' \tag{4.21}$$

ここで，$\bar{u} = (1/T)\int_0^T u \cdot dt$ であり，$\bar{u}$ は y 方向に増加するものとする．y 方向の速度の瞬間値を v とすると，時間平均値は $\bar{v} = 0$ であるから，v は変動速度 v' のみとなる．

$$v = v' \tag{4.22}$$

図 4.15 (a) に示すように，流体中の任意の位置 y に，x 軸に平行な単位面積を考えると，この面を通して単位時間に y 方向に流れる質量流量は $\rho v'$ である．これが x 方向に u で移動するから，乱れ運動により，x 方向の運動量は $\rho v' u$ だけ変化することになる．運動量の法則から，単位面積の平面上に x 方向の力，すなわちせん断応力が生じることになる．ここで，$\rho v' u$ の時間平均値をとると，

$$\overline{\rho v' u} = \overline{\rho v'(\bar{u} + u')} = \overline{\rho u' v'} \tag{4.23}$$

となる．

ここで，u'，v' の符号について考える．乱れ運動により，流体粒子が上方に移動するときは $v' > 0$ で，遅い速度をもった流体粒子がより速い速度をもった領域に入るので，結果として負の速度変動 ($u' < 0$) が生じることになる．また逆に，下方に移動する流体粒子は $v' < 0$ であって，速い速度をもった流体粒子が遅い速度をもった領域に入るので，正の速度変動 ($u' > 0$) が生じることになる．このように現象論的に考えると，u' と v' の符号が反対になり，$u'v'$ は負になる．したがって，このとき乱れによる運動量の変化によって x 方向に生じるせん断応力は，符号を考慮すると，以下のようになる．

$$\tau' = -\overline{\rho u' v'} \tag{4.24}$$

このせん断応力を**レイノルズ応力**（Reynolds stress）という．

レイノルズ応力は，現在のところ理論的に与えることはできないが，式 (4.24) を形式的に $\tau' = \rho\varepsilon(d\bar{u}/dy)$ と表すことができる．粘性によるせん断応力（粘性応力）を平均速度を用いて $\mu(d\bar{u}/dy)$ と表すと，せん断応力は，

$$\tau = \mu\frac{d\bar{u}}{dy} + \rho\varepsilon\frac{d\bar{u}}{dy} = \rho(\nu + \varepsilon)\frac{d\bar{u}}{dy} \tag{4.25}$$

となる．ここで，ν は動粘度である．ε は**渦動粘性係数**または**渦動粘度** (eddy kinematic viscosity) とよばれ，流れの不規則運動が激しい場所では値が大きく，場所によって変化する．一般に，壁近くを除いて $\varepsilon > \nu$ である．この表現は噴流や後流の計算においてしばしば用いられる．

ところで，プラントルは，気体分子運動論における平均自由行程の考え方を乱流の流れ場に適用し，混合長理論とよばれる乱流のせん断応力を表す式を導出した．次に，これについて説明しよう．

ここで，再び二次元せん断流れを考える．図 4.15（b）に示すように，$\bar{u}$ を y の関数とし，流体粒子が y 方向に l だけ移動し，ほかの流体粒子と衝突したとき，その部分の性質と同じになると考える．いま，$y_1 - l$ における流体粒子が $+v'$ で，上方に距離 l だけ移動し，y_1 に到達するものとする．この間，流体粒子はもとの速度を維持すると考えると，y_1 における速度 $\bar{u}(y_1)$ と，$y_1 - l$ における速度 $\bar{u}(y_1 - l)$ との差は，

$$u'_1 = \bar{u}(y_1) - \bar{u}(y_1 - l) \fallingdotseq l\frac{d\bar{u}}{dy} \tag{4.26}$$

となり，同様に，$y_1 + l$ における流体粒子が $-v'$ で y_1 に到達すると，

$$u'_2 = \bar{u}(y_1 + l) - \bar{u}(y_1) \fallingdotseq l\frac{d\bar{u}}{dy} \tag{4.27}$$

となる．この速度差が速度変動 u' を生じさせると考えると，u' の絶対値は，

$$|u'| \fallingdotseq \frac{1}{2}(|u'_1| + |u'_2|) \fallingdotseq l\left|\frac{d\bar{u}}{dy}\right| \tag{4.28}$$

となる．

ところで，速い速度領域 $y_1 + l$ 層の流体粒子と，遅い速度領域 $y_1 - l$ 層の流体粒子が相前後して y_1 層に到達する場合，どちらが先に y_1 層に到達するかによって，二つの粒子は速度差 $2u'$ で衝突したり，離れて空間が生じたりすると考えられる．空間ができる場合は図 4.16（a）のように上下方向から流体粒子が流入し，衝突する場合は，図 4.16（b）のようにその間にある流体粒子が上下方向に流出する．その結果として，y 方向の速度変動 v' が生じると考えられる．したがって，u', v' には何らかの比例関

係が存在することになる．すなわち，

$$\overline{|v'|} \propto \overline{|u'|} \fallingdotseq l \left|\frac{d\bar{u}}{dy}\right| \tag{4.29}$$

であり，u' と v' の符号を考えると，$v' > 0$ のとき $u' < 0$，$v' < 0$ のとき $u' > 0$ となるから，$\overline{u'v'}$ は，

$$\overline{u'v'} \propto -\overline{|u'|}\,\overline{|v'|} \propto -l^2 \left(\frac{d\bar{u}}{dy}\right)^2 \tag{4.30}$$

と表される．ここで，未知の長さ l と比例定数を含めていたものを l と再定義し直すと，レイノルズ応力 τ' は，以下のように表される．

$$\tau' = -\overline{\rho u'v'} = \rho l^2 \left|\frac{d\bar{u}}{dy}\right| \left(\frac{d\bar{u}}{dy}\right) \tag{4.31}$$

ここで，$(du/dy)^2$ を $|d\bar{u}/dy|(d\bar{u}/dy)$ で表したのは，τ' の符号と，速度勾配 $(d\bar{u}/dy)$ の符号が同符号であることを考慮したためである．上式の関係は，乱流のせん断応力を表す式で，l を**混合距離** (mixing length) とよび，この関係は，プラントルの**混合長理論** (mixing length theory)，または**運動量輸送理論** (momentum transfer theory) とよばれる．

乱流場の全体のせん断応力は，式 (4.31) を用いると，

$$\tau = \mu \frac{d\bar{u}}{dy} + \rho l^2 \left|\frac{d\bar{u}}{dy}\right| \left(\frac{d\bar{u}}{dy}\right) \tag{4.32}$$

と表される．

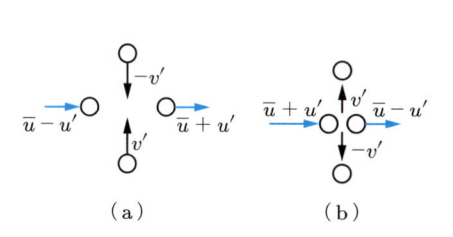

図 **4.16** u' と v' の大きさの関係

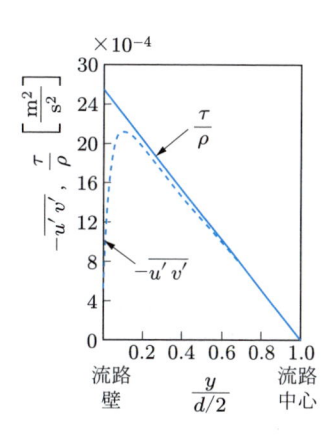

図 **4.17** せん断応力の分布

（2） 対数法則と指数法則

円管内の十分に発達した乱流について，管軸を含む断面内のせん断応力分布を測定した結果を図 4.17 に示す．図中の破線はレイノルズ応力 ($-\overline{\rho u'v'}$) で，実線は，粘性応力を含めたせん断応力 τ である．τ は流路中心ではゼロであり，壁面近傍の粘性底層では粘性応力の影響が大きく，それ以外では τ はレイノルズ応力とほぼ等しい．なお，以後の議論では時間平均値 $\bar{u}$ を u で表す．

壁面近傍の粘性底層内ではレイノルズ応力は無視できるから，

$$\tau = \mu \frac{du}{dy} = \tau_w \tag{4.33}$$

とおくことができる．ここで，$y = 0$ のとき $u = 0$ であるから，式 (4.33) を積分すると，

$$u = \frac{\tau_w}{\mu} y = \frac{\dfrac{\tau_w}{\rho}}{\dfrac{\mu}{\rho}} y = \frac{u_*^2 y}{\nu} \tag{4.34}$$

となる．ここで，$u_* = \sqrt{\tau_w/\rho}$ は，摩擦の大きさを速度の次元で表したもので**摩擦速度**（friction velocity）とよばれ，6.7 節で詳しく述べる．したがって，粘性底層内の速度分布は，

$$\frac{u}{u_*} = \frac{u_* y}{\nu} \tag{4.35}$$

となる．

さて，次に壁から離れたところでのせん断応力 τ を考える．ここではレイノルズ応力のみが存在すると考えてよいから，$\tau = \tau'$ となる．プラントルは，混合距離 l は壁面からの距離に比例するとして，$l = ky$ とした．k は実験から定められる定数である．粘性底層内の速度分布は直線的に変化するとみなしてよいから，せん断応力は一定で τ_w と考えられる．したがって，壁近くの流れに注目して，粘性底層の厚さを δ_s とし，$y = \delta_s$ におけるせん断応力を τ_w とおくと，以下のようになる．

$$\tau' = \rho l^2 \left(\frac{du}{dy}\right)^2 = \rho k^2 y^2 \left(\frac{du}{dy}\right)^2 = \tau_w, \quad \frac{du}{dy} = \frac{1}{k} \frac{\sqrt{\dfrac{\tau_w}{\rho}}}{y} = \frac{1}{k} \frac{u_*}{y} \tag{4.36}$$

式 (4.36) を積分し，積分定数を C とすると，次式となる．

$$\frac{u}{u_*} = \frac{1}{k} \ln y + C \tag{4.37}$$

4.5 円管内の粘性流れ

この式はレイノルズ応力のみを考慮しているから，$y=0$ では成り立たない．したがって，式 (4.35) と式 (4.37) が接続するように定数 C を求める必要がある．ここで，式 (4.35) より粘性底層の厚さ δ_s は ν/u_* の定数倍と考えられるから，β を定数として $\delta_s = \beta\nu/u_*$ とし，式 (4.35)，(4.37) に $y=\delta_s$ を代入すると，

$$C = \beta - \frac{1}{k}\ln\frac{\beta\nu}{u_*} \tag{4.38}$$

と求められる．したがって，式 (4.37) は，

$$\frac{u}{u_*} = \frac{1}{k}\ln\frac{u_* y}{\nu} + \beta - \frac{1}{k}\ln\beta = \frac{2.303}{k}\log\frac{u_* y}{\nu} + C' \tag{4.39}$$

となる．

速度分布の実験結果を u/u_* と $u_* y/\nu$ の関係として整理すると，図 4.18 に示すように，$u_* y/\nu > 70$ では直線分布が得られる．これより k と C' を求めれば，$k=0.4$，$C'=5.5$ が得られ，式 (4.39) は，

$$\frac{u}{u_*} = 5.75\log\frac{u_* y}{\nu} + 5.5 \tag{4.40}$$

となる．

この関係式はプラントルによってはじめて導かれたもので，**プラントルの壁法則**（wall law），あるいは**対数法則**（log law）とよばれる．式 (4.40) はレイノルズ数の値に関係なく表され，壁近くだけでなく管中心まで成り立つ特徴がある．ここで，u/u_* を $u_* y/\nu$ で整理すると，$u_* y/\nu < 5$ の粘性底層では式 (4.35) が成立し，$u_* y/\nu > 70$ の乱流域では式 (4.40) が成立する．また，その中間領域では粘性応力とレイノルズ応

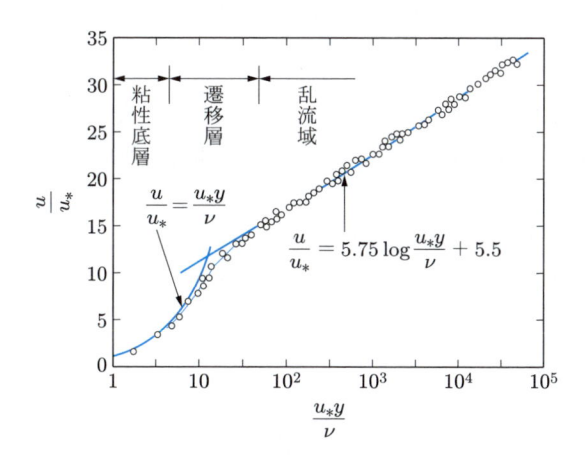

図 **4.18** 円管内速度分布と壁法則

力が同程度作用するといえる．

また，円管内の乱流の速度分布に対する実用的な式として，**指数法則**（power law）とよばれるものがある．円管の半径を R，壁からの距離を y，最大速度を $u_{\max}$ とするとき，速度分布 u は，

$$\frac{u}{u_{\max}} = \left(\frac{y}{R}\right)^{\frac{1}{n}} \tag{4.41}$$

で与えられる．この場合，最大速度と平均速度 u_m との関係は，次のようになる．

$$\frac{u_m}{u_{\max}} = \frac{2n^2}{(n+1)(2n+1)} \tag{4.42}$$

この n の値は R_e 数によって変化するが，**ニクラゼ**（Nikuradse）の実験によると，表 4.1 に示す数値となる．

表 **4.1** レイノルズ数による n の変化

R_e	4×10^3	$10^4 \sim 10^5$	$10^5 \sim 5 \times 10^5$	$5 \times 10^5 \sim 10^6$
n	6	7	8	9

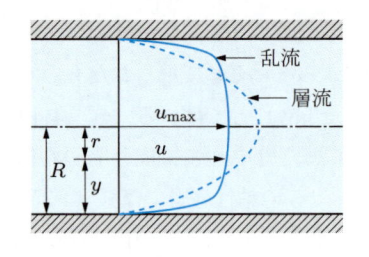

図 **4.19** 円管内の速度分布

このように，円管内の乱流速度分布は，図 4.19 に示すように，層流の場合の放物線形状に比べて偏平になり，レイノルズ数が大きくなるほどその傾向が強くなる．平均流速は，層流の場合は最大流速の 1/2 であったが，レイノルズ数が約 10^5 では 0.81 となる．この指数法則は，式が簡単なためよく用いられるが，速度勾配（du/dy）は管の中心ではゼロにならないこと，速度勾配は管壁では無限大となり，壁面せん断応力 τ_w を求めることができないなどの欠点をもつ．

■ 4.5.4　管摩擦係数

（1）　層流の場合

円管内で十分に発達した層流における管摩擦係数 λ を求めよう．この場合の圧力損失は，$R_e = u_m d/\nu$ とすると，式（4.20）により，

$$\Delta p = 128 \cdot \frac{\mu l}{\pi d^4} \cdot Q = 32 \frac{\mu l}{d^2} u_m = \frac{64}{R_e} \frac{l}{d} \cdot \frac{\rho u_m{}^2}{2} \tag{4.43}$$

となる．これを式（4.11）と比較すると，

$$\lambda = \frac{64}{R_e} \tag{4.44}$$

となる．この式は実験とよく一致し，λ はレイノルズ数のみの関数となり，管壁の表面粗さには関係しない．

（2） 乱流の場合

なめらかな円管内の乱流速度分布には，プラントルの壁法則が適用されるから，速度分布は，次式で表される．

$$\frac{u}{u_*} = 5.75 \log \frac{u_* y}{\nu} + 5.5$$

ここで，最大速度 $u_{\max}$ は，管中心 $y = R$ で得られるから，次式のようになる．

$$\frac{u_{\max}}{u_*} = 5.75 \log \frac{u_* R}{\nu} + 5.5 \tag{4.45}$$

これから前の式を引くと，

$$\frac{u_{\max} - u}{u_*} = 5.75 \log \frac{R}{y} \tag{4.46}$$

を得る．この式（4.46）を管全面について積分すると，次式になる．

$$\frac{u_m}{u_*} = \frac{u_{\max}}{u_*} - 3.75 = 5.75 \log \frac{u_* R}{\nu} + 1.75 \tag{4.47}$$

ここで，式（4.12）より，

$$\frac{\tau_w}{\rho} = u_*{}^2 = \frac{\lambda}{8} u_m{}^2 \tag{4.48}$$

となるから，次の関係式を得る．

$$\frac{u_m}{u_*} = \frac{2\sqrt{2}}{\sqrt{\lambda}}, \qquad u_* = \frac{u_m \sqrt{\lambda}}{2\sqrt{2}} \tag{4.49}$$

この関係を式（4.47）に代入すると，

$$\frac{1}{\sqrt{\lambda}} = 2.03 \log(R_e \sqrt{\lambda}) - 0.91 \tag{4.50}$$

となる．しかし，壁法則は，粘性底層の領域には適用できないので，実験値との一致

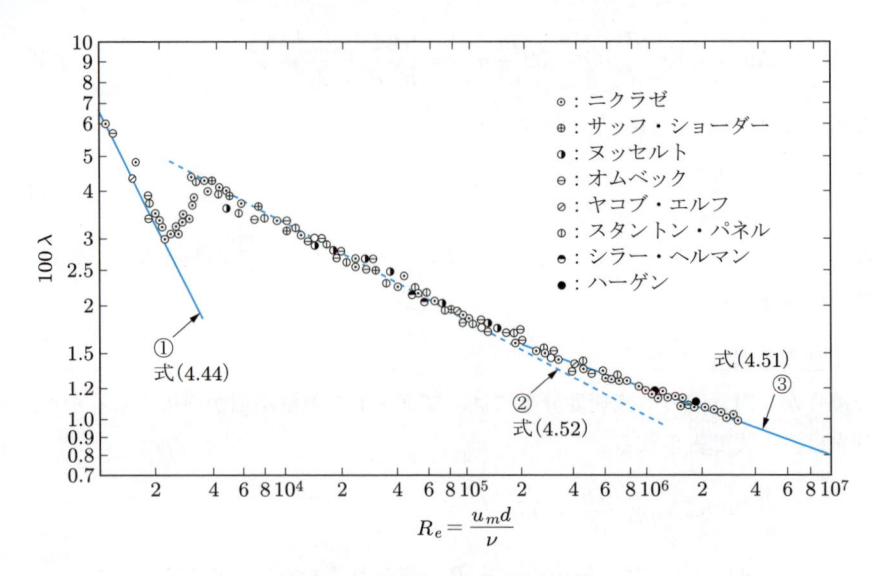

図 4.20 滑面円管の管摩擦係数

をよくするため，式 (4.50) の定数 2.03, 0.91 をそれぞれ 2.0, 0.8 とすると，

$$\frac{1}{\sqrt{\lambda}} = 2.0 \log(R_e \sqrt{\lambda}) - 0.8 \tag{4.51}$$

となる．これは**プラントル・カルマン**（Prandtl–Karman）**の式**とよばれ，図 4.20 に示すように，広い範囲のレイノルズ数に対して実験値とよく一致する．

管摩擦係数 λ を求める簡便な式としては，**ブラジウス**（Blasius）**の式**がある．ブラジウスは $R_e = 3 \times 10^3 \sim 10^5$ の範囲内の実験結果から，次式を得た．

$$\lambda = \frac{0.3164}{R_e^{1/4}} \tag{4.52}$$

表面が粗い管の場合でも，壁面の凹凸が粘性底層に埋まってしまう程度であれば，粗さの影響はうけない．式 (4.35) の右辺 $u_* y/\nu$ の y の代わりに，管内壁面の凹凸の平均高さ ε とすると，$u_* \varepsilon/\nu < 5$ のとき，管摩擦係数 λ は式 (4.51) または式 (4.52) で求められる．ここで，$u_* \varepsilon/\nu$ を粗さレイノルズ数とよぶ．ε が粘性底層より小さい管を流体力学的になめらかな管という．しかし，管内の突起部分が粘性底層より大きくなると，粗さの影響が出てくる．$5 < u_* \varepsilon/\nu < 70$ に対して，**コールブルック**（Colebrook）は，レイノルズ数 R_e と粗さ ε/d の関数として管摩擦係数 λ を実験的に求めた．これを次式に示す．

$$\frac{1}{\sqrt{\lambda}} = -2 \log \left(\frac{\varepsilon/d}{3.71} + \frac{2.51}{R_e \sqrt{\lambda}} \right) \tag{4.53}$$

また，$u_*\varepsilon/\nu > 70$ に対して，**カルマン・ニクラゼ**（Karman–Nikuradse）は，粗さのみの関数として，次の λ の実験式を示した．

$$\frac{1}{\sqrt{\lambda}} = -2\log\left(\frac{\varepsilon}{d}\right) + 1.14 \tag{4.54}$$

ムーディ（Moody）は，これらの式をもとにして，図 4.21 に示すような実際の円管の λ を，レイノルズ数と ε/d の値から求めるための線図を作成した．この線図は，**ムーディ線図**（Moody diagram）とよばれ，実際の円管の λ を求める際によく用いられている．

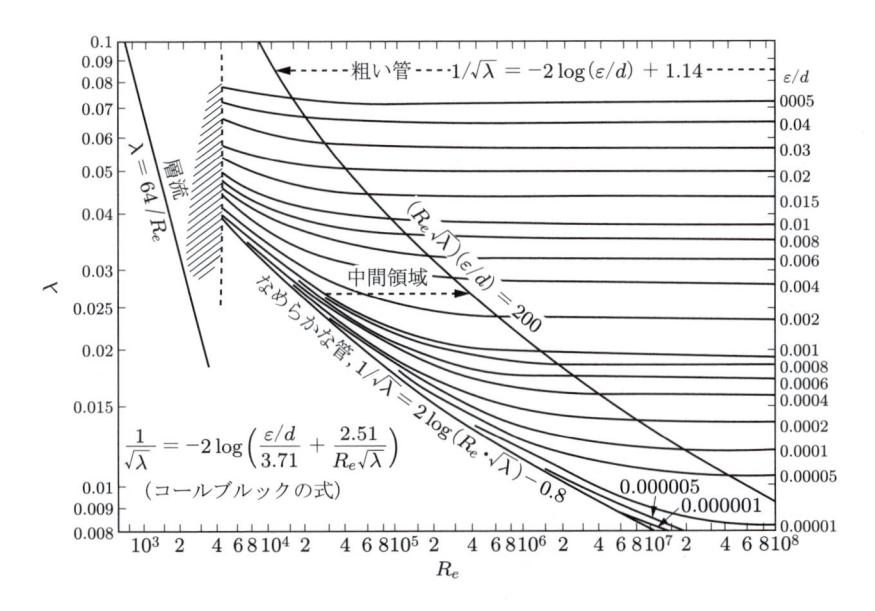

図 **4.21** ムーディ線図

> **例題 4.2** ブラジウスの式（4.52）は，式（4.41）で示される指数法則の n の値が 7 に対応していることを確かめよ．

解 式（4.12）とブラジウスの式（4.52）より，

$$\tau_w = \frac{\lambda\rho u_m{}^2}{8} = 0.03955\rho u_m{}^2 \left(\frac{\nu}{u_m d}\right)^{\frac{1}{4}}$$

となり，この式に $\tau_w = \rho u_*{}^2$，$d = 2R$ を代入すると，次の関係が得られる．

$$\frac{u_m}{u_*} = 6.99\left(\frac{u_* R}{\nu}\right)^{\frac{1}{7}}$$

ここで, u_m と $u_{\max}$ は, ほぼ $u_m/u_{\max} = 0.8$ と考えられるから,

$$\frac{u_{\max}}{u_*} = 8.74 \left(\frac{u_* R}{\nu}\right)^{\frac{1}{7}}$$

となる. したがって, 壁からの距離 y の位置の流速は, 次式となる.

$$\frac{u}{u_*} = 8.74 \left(\frac{u_* y}{\nu}\right)^{\frac{1}{7}}$$

以上の関係から,

$$\frac{u}{u_{\max}} = \left(\frac{y}{R}\right)^{\frac{1}{7}}$$

となり, ブラジウスの式は, 指数法則の n が 7 のときに対応していることがわかる.

例題 4.3 図 4.22 のように, AB 間が 3 本の円管①, ②, ③で連結されている管路がある. 管の径はそれぞれ $d_1 = 80\,\mathrm{mm}$, $d_2 = 120\,\mathrm{mm}$, $d_3 = 160\,\mathrm{mm}$, また管の長さは $L_1 = 15\,\mathrm{m}$, $L_2 = 12\,\mathrm{m}$, $L_3 = 30\,\mathrm{m}$ である. 点 A での流入量 $Q = 0.15\,\mathrm{m^3/s}$ のとき, 各管路を流れる流量 Q_1, Q_2, Q_3 を求めよ. ただし, 管摩擦係数はそれぞれ $\lambda_1 = 0.0213$, $\lambda_2 = 0.0200$, $\lambda_3 = 0.0195$ であり, 管摩擦損失以外の損失は無視できるものとする.

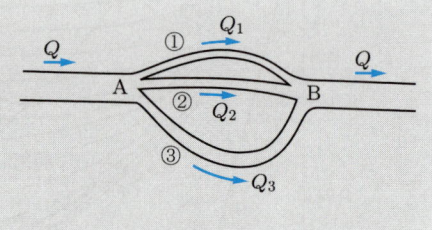

図 4.22

解 式 (4.11) を整理して, 損失水頭 h は,

$$h = \frac{\Delta p}{\rho g} = \lambda \frac{L}{d} \frac{1}{2g} u_m{}^2 = \frac{\lambda}{2g} \frac{L}{d} \frac{Q^2}{\left(\frac{\pi d^2}{4}\right)^2} = \frac{8}{g\pi^2} \frac{\lambda L}{d^5} Q^2 = kQ^2$$

となる. ここで, $k = \dfrac{8}{g\pi^2} \dfrac{\lambda L}{d^5}$ である.

地点 A, 地点 B の圧力は一価であるから, ①, ②, ③それぞれの管における流れの圧力損出水頭は等しくならなければならない. つまり, 圧力損失水頭が等しくなるように, 流量 Q_1, Q_2, Q_3 が配分されることになる.

ここで, 並列部分 AB 間を 1 本の仮想管を考え, 流量を Q, 圧力損失水頭を h とすると, $h = h_1 = h_2 = h_3$ より,

$$h = kQ^2 = k_1 Q_1{}^2 = k_2 Q_2{}^2 = k_3 Q_3{}^2 \qquad ①$$

となり, $Q = Q_1 + Q_2 + Q_3$ に, 式①から Q, Q_1, Q_2, Q_3 を代入すると,

$$\sqrt{\frac{h}{k}} = \sqrt{\frac{h_1}{k_1}} + \sqrt{\frac{h_2}{k_2}} + \sqrt{\frac{h_3}{k_3}} = \sqrt{\frac{h}{k_1}} + \sqrt{\frac{h}{k_2}} + \sqrt{\frac{h}{k_3}}$$

$$\sqrt{\frac{1}{k}} = \sqrt{\frac{1}{k_1}} + \sqrt{\frac{1}{k_2}} + \sqrt{\frac{1}{k_3}}$$

となる．したがって，

$$k = \frac{1}{\left(\sqrt{\frac{1}{k_1}} + \sqrt{\frac{1}{k_2}} + \sqrt{\frac{1}{k_3}}\right)^2} \qquad ②$$

となる．各管の k を計算すると，

管①　$k_1 = \dfrac{8\lambda_1 L_1}{g\pi^2 d_1{}^5} = 0.0827 \times 0.0213 \times 15/0.08^5 = 8063$

管②　$k_2 = 0.0827 \times 0.0200 \times 12/0.120^5 = 797$

管③　$k_3 = 0.0827 \times 0.0195 \times 30/0.160^5 = 461$

となる．したがって，式②より，$k = 115$ と求められる．式①より，

$$Q_1 = Q\sqrt{\frac{k}{k_1}} = 0.0179\,\mathrm{m^3/s}$$

$$Q_2 = Q\sqrt{\frac{k}{k_2}} = 0.0570\,\mathrm{m^3/s}$$

$$Q_3 = Q\sqrt{\frac{k}{k_3}} = 0.0749\,\mathrm{m^3/s}$$

と求められる．

演習問題 [4]

4.1　翼弦長が $1\,\mathrm{m}$ であるグライダーが時速 $72\,\mathrm{km}$ で飛行している．いま，翼弦長が $12.5\,\mathrm{cm}$ の模型を用いて，相似な流れをつくるためには，気流の速度をいくらにすればよいか．また，水で実験をする場合には，流速をいくらにすればよいか．ただし，空気と水の動粘度をそれぞれ $1.466 \times 10^{-5}\,\mathrm{m^2/s}$，$1.146 \times 10^{-6}\,\mathrm{m^2/s}$ とする．

4.2　時速 $90\,\mathrm{km}$ で走る自動車に作用する抗力を求めよ．ただし，抗力係数 C_D は 0.3，自動車の前面投影面積は $2.25\,\mathrm{m^2}$，空気の密度 ρ は $1.2\,\mathrm{kg/m^3}$ である．また，この自動車に長さ $2\,\mathrm{m}$，直径 $25\,\mathrm{mm}$ の円柱断面をもつアンテナを流れに垂直に取り付けた．このとき，自動車全体の抗力係数を求めよ．なお，アンテナの抗力係数 C_D を 1.0 とせよ．

4.3　直径 $2\,\mathrm{mm}$ の電線が風速 $10\,\mathrm{m/s}$ にさらされているとき，電線後方にできるカルマン渦の周波数を求めよ．

4.4　式 (4.42) を導け．

4.5　式 (4.47) を導け．

4.6 円管内の乱流の速度分布が対数法則に従うとき，壁面から y_1 および y_2 における速度を u_1, u_2 とすれば，壁面における摩擦応力 τ_w は，

$$\tau_w = \rho \left(\frac{u_1 - u_2}{5.75 \log \dfrac{y_1}{y_2}} \right)^2$$

となることを証明せよ．

4.7 直径 200 mm の円管に，毎秒 290 L の空気を流すとき，速度分布が指数法則に従うとすれば，
 （1） 平均流速と最大流速の比
 （2） 平均流速を与える半径
の値を求めよ．なお，このときの空気の動粘度は $1.502 \times 10^{-5} \mathrm{m^2/s}$ である．

4.8 動粘度 $0.83 \times 10^{-3} \mathrm{m^2/s}$，密度 $930 \mathrm{kg/m^3}$ の油が内径 150 mm，長さ 840 m の水平管を流量 850 L/min で流れている．このときの圧力損失を求めよ．

4.9 20°C の水が平均流速 1.50 m/s で内径 300 mm の鋳鉄管を流れるとき，長さ 200 m の損失水頭を求めよ．ただし，管内の絶対粗さは 0.2 mm とする．

第 5 章
粘性流体流れの基礎方程式と解析例

　流れ場全体のようすを詳しく調べるためには，**流体粒子**（fluid particle）の運動を詳しく調べなければならない．流体粒子のもつ 6 個の物理量，すなわち 3 個の速度成分 u, v, w，密度 ρ，圧力 p および温度 T を求めることにより，流れのようすを調べることができる．これらの物理量は，流体の運動を支配する三つの法則，すなわち，（1）質量保存の法則，（2）運動量保存の法則，（3）エネルギー保存の法則，（4）状態方程式から求められる．

　水や空気のようなもっとも一般的な流体でも，その運動が音速に比べて速いか遅いか，時間とともに変化するかしないかなどの条件により，取り扱い方は異なる．実際，多く見られる音速と比べて遅い流れにおいては，圧縮性の影響は省略され，流れは非圧縮性流れとして取り扱うことができる．本章では，流体の密度が変化しない場合について，すなわち**非圧縮性，粘性流体**（incompressible, viscous fluid）の運動の基礎方程式と解析例について述べる．

　温度一定の非圧縮性流体では，密度 ρ は一定であり，粘性係数 μ も一定としてよい．したがって，状態方程式やエネルギー保存則とは無関係に流体の運動を調べることができる．つまり，流れは流体粒子がもつ三つの速度成分 u, v, w と圧力 p の 4 個の物理量で決定され，それらは（1），（2）の法則から導かれる連続の式と三つの運動方程式から求められる．

5.1 連続の式

　流体が運動することによって，新たに物質が生成されたり消滅したりすることはない．つまり，質量保存の法則が流体運動に適用されることは 2.9 節で述べた．式 (2.34) を三次元流れに拡張して示すと，

$$\frac{\partial \rho}{\partial t} + \frac{\partial (\rho u)}{\partial x} + \frac{\partial (\rho v)}{\partial y} + \frac{\partial (\rho w)}{\partial z} = 0 \tag{5.1}$$

となり，これを**連続の式**（equation of continuity）という．定常流れにおいては $\partial \rho/\partial t = 0$ であるから，式 (5.1) は，次式のようになる．

$$\frac{\partial (\rho u)}{\partial x} + \frac{\partial (\rho v)}{\partial y} + \frac{\partial (\rho w)}{\partial z} = 0 \tag{5.2}$$

また，非圧縮性流れの場合には，$\rho = $ 一定となるから，定常，非定常流れに関係なく，連続の式は，次式のようになる．

$$\frac{\partial u}{\partial x} + \frac{\partial v}{\partial y} + \frac{\partial w}{\partial z} = 0 \tag{5.3}$$

例題 5.1 連続の式を円柱座標で表せ．

解 図 5.1 のように，検査体積 ABCDEFGH を考える．

中点 P の半径を r とし，点 P の密度 ρ，速度 (v_r, v_θ, v_z) とする．ABFE 面の平均半径は $r - dr/2$，CDHG 面の平均半径は $r + dr/2$ である．r 方向，θ 方向，z 方向の流入質量①，③，⑤と，流出質量②，④，⑥について考える．

r 方向：流入質量①

$$\left(\rho - \frac{dr}{2}\frac{\partial \rho}{\partial r}\right) \times \left(v_r - \frac{dr}{2}\frac{\partial v_r}{\partial r}\right) \times \left(r - \frac{dr}{2}\right) d\theta dz$$

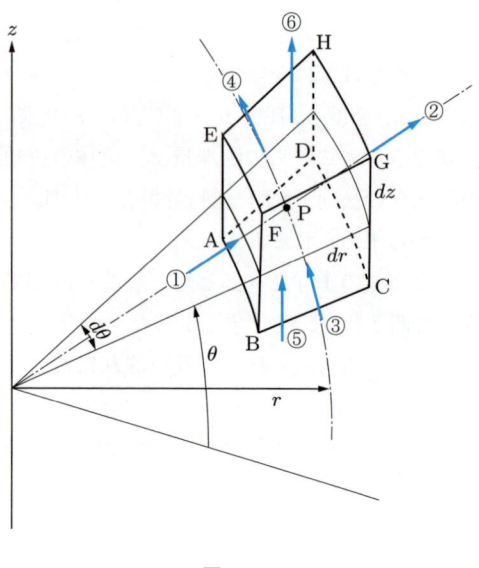

図 5.1

r 方向：流出質量②

$$\left(\rho + \frac{dr}{2}\frac{\partial \rho}{\partial r}\right)\left(v_r + \frac{dr}{2}\frac{\partial v_r}{\partial r}\right)\left(r + \frac{dr}{2}\right) d\theta dz$$

θ 方向：流入質量③

$$\left(\rho - \frac{d\theta}{2}\frac{\partial \rho}{\partial \theta}\right)\left(v_\theta - \frac{d\theta}{2}\frac{\partial v_\theta}{\partial \theta}\right) dr dz$$

θ 方向：流出質量④

$$\left(\rho + \frac{d\theta}{2}\frac{\partial \rho}{\partial \theta}\right)\left(v_\theta + \frac{d\theta}{2}\frac{\partial v_\theta}{\partial \theta}\right) dr dz$$

z 方向：流入質量⑤

$$\left(\rho - \frac{dz}{2}\frac{\partial \rho}{\partial z}\right)\left(v_z - \frac{dz}{2}\frac{\partial v_z}{\partial z}\right) r d\theta dr$$

z 方向：流出質量⑥

$$\left(\rho + \frac{dz}{2}\frac{\partial \rho}{\partial z}\right)\left(v_z + \frac{dz}{2}\frac{\partial v_z}{\partial z}\right) r d\theta dr$$

ここで，dt 時間に検査体積から流出する質量 q は，検査体積内の質量の減少量に等しいので，次式を得る．

$$q = \{(②-①)+(④-③)+(⑥-⑤)\}dt = -\frac{\partial \rho}{\partial t} r d\theta dr dz dt$$

$$\left(\rho\frac{\partial v_r}{\partial r} + v_r\frac{\partial \rho}{\partial r}\right) r d\theta dr dz dt + \left(2\rho v_r + \left[\frac{dr}{2}\right]^2 \frac{\partial \rho}{\partial r}\frac{\partial v_r}{\partial r}\right)\frac{dr}{2} d\theta dz dt$$

$$+ \left(\rho\frac{\partial v_\theta}{\partial \theta} + v_\theta\frac{\partial \rho}{\partial \theta}\right) d\theta dr dz dt + \left(\rho\frac{\partial v_z}{\partial z} + v_z\frac{\partial \rho}{\partial z}\right) d\theta r d\theta dz dt$$

$$= -\frac{\partial \rho}{\partial t} r d\theta dr dz dt$$

ここで，上の式の高次の項を省略して整理すると，

$$\left(r\frac{\partial \rho v_r}{\partial r} + \rho v_r + \frac{\partial \rho v_\theta}{\partial \theta} + r\frac{\partial \rho v_z}{\partial z}\right) dr d\theta dz dt = -\frac{\partial \rho}{\partial t} r d\theta dr dz dt$$

$$\frac{\partial \rho v_r}{\partial r} + \frac{\rho v_r}{r} + \frac{1}{r}\frac{\partial \rho v_\theta}{\partial \theta} + \frac{\partial \rho v_z}{\partial z} + \frac{\partial \rho}{\partial t} = 0$$

となり，さらに，

$$\frac{1}{r}\frac{\partial \rho r v_r}{\partial r} + \frac{1}{r}\frac{\partial \rho v_\theta}{\partial \theta} + \frac{\partial \rho v_z}{\partial z} + \frac{\partial \rho}{\partial t} = 0$$

と求められる．

5.2 運動方程式

運動量保存の法則を書き表したもので，運動方程式はニュートンの運動の第 2 法則を流体粒子に適用して求められる．

5.2.1 流体粒子の加速度と変形

三次元流れの流体粒子の加速度を 2.5 節で述べた粒子微分を用いて表すと，以下のようになる．

$$\frac{Du}{Dt} = \frac{\partial u}{\partial t} + u\frac{\partial u}{\partial x} + v\frac{\partial u}{\partial y} + w\frac{\partial u}{\partial z} \tag{5.4}$$

$$\frac{Dv}{Dt} = \frac{\partial v}{\partial t} + u\frac{\partial v}{\partial x} + v\frac{\partial v}{\partial y} + w\frac{\partial v}{\partial z} \tag{5.5}$$

$$\frac{Dw}{Dt} = \frac{\partial w}{\partial t} + u\frac{\partial w}{\partial x} + v\frac{\partial w}{\partial y} + w\frac{\partial w}{\partial z} \tag{5.6}$$

この右辺の第 2 項以下は非線形性をもつために，解析的取り扱いを困難にしている．流体粒子の加速度を式（2.42）と同様の操作をほどこし，変形すると，

$$\frac{Du}{Dt} = \frac{\partial u}{\partial t} + u\frac{\partial u}{\partial x} + v\frac{\partial u}{\partial y} + w\frac{\partial u}{\partial z}$$

$$= \frac{\partial u}{\partial t} + u\frac{\partial u}{\partial x} + \frac{1}{2}v\frac{\partial u}{\partial y} + \frac{1}{2}v\frac{\partial u}{\partial y} + \frac{1}{2}v\frac{\partial v}{\partial x} - \frac{1}{2}v\frac{\partial v}{\partial x}$$

$$+ \frac{1}{2}w\frac{\partial u}{\partial z} + \frac{1}{2}w\frac{\partial u}{\partial z} + \frac{1}{2}w\frac{\partial w}{\partial x} - \frac{1}{2}w\frac{\partial w}{\partial x}$$

$$= \frac{\partial u}{\partial t} + u\frac{\partial u}{\partial x} + \frac{1}{2}v\left(\frac{\partial v}{\partial x} + \frac{\partial u}{\partial y}\right) + \frac{1}{2}w\left(\frac{\partial u}{\partial z} + \frac{\partial w}{\partial x}\right)$$

$$+ \frac{1}{2}w\left(\frac{\partial u}{\partial z} - \frac{\partial w}{\partial x}\right) - \frac{1}{2}v\left(\frac{\partial v}{\partial x} - \frac{\partial u}{\partial y}\right)$$

$$= \frac{\partial u}{\partial t} + u\varepsilon_x + (v\gamma_z + w\gamma_y) + (w\omega_y - v\omega_z) \tag{5.7}$$

となり，同様に，

$$\frac{Dv}{Dt} = \frac{\partial v}{\partial t} + v\varepsilon_y + (w\gamma_x + u\gamma_z) + (u\omega_z - w\omega_x) \tag{5.8}$$

$$\frac{Dw}{Dt} = \frac{\partial w}{\partial t} + w\varepsilon_z + (u\gamma_y + v\gamma_x) + (v\omega_x - u\omega_y) \tag{5.9}$$

となる．ここで，

$$\varepsilon_x = \frac{\partial u}{\partial x}, \qquad \varepsilon_y = \frac{\partial v}{\partial y}, \qquad \varepsilon_z = \frac{\partial w}{\partial z} \tag{5.10}$$

$$\gamma_x = \frac{1}{2}\left(\frac{\partial w}{\partial y} + \frac{\partial v}{\partial z}\right), \quad \gamma_y = \frac{1}{2}\left(\frac{\partial u}{\partial z} + \frac{\partial w}{\partial x}\right), \quad \gamma_z = \frac{1}{2}\left(\frac{\partial v}{\partial x} + \frac{\partial u}{\partial y}\right) \tag{5.11}$$

$$\omega_x = \frac{1}{2}\left(\frac{\partial w}{\partial y} - \frac{\partial v}{\partial z}\right), \quad \omega_y = \frac{1}{2}\left(\frac{\partial u}{\partial z} - \frac{\partial w}{\partial x}\right), \quad \omega_z = \frac{1}{2}\left(\frac{\partial v}{\partial x} - \frac{\partial u}{\partial y}\right) \tag{5.12}$$

である．ここで，$(\varepsilon_x, \varepsilon_y, \varepsilon_z)$，$(\gamma_x, \gamma_y, \gamma_z)$，$(\omega_x, \omega_y, \omega_z)$ は，それぞれ 2.11 節で述べた a または b，h，ω に相当する．つまり，ε は伸縮による変形速度，γ はせん断変形による角速度，ω は回転運動の角速度を意味している．

■ 5.2.2 流体の内部応力

　粘性流体が流動する場合，流体粒子の伸縮，せん断変形などによって，流体中に内部応力が発生する．いま，流体の中に図 5.2 に示すような各辺の長さが dx, dy, dz の微小六面体を考える．このとき，微小六面体に作用する外力は重力のような流体に均等に作用する**体積力**（body force）であるのに対し，内部応力は流体粒子の単位面積あたりに作用する**表面力**（surface force）であり，これは各面に垂直な**垂直応力**（normal stress）と面に平行な二つの**せん断応力**（shear stress）とに分けられる．これらの応

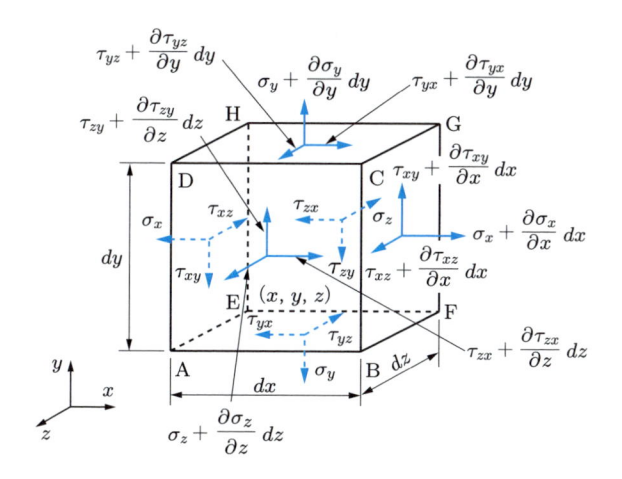

図 **5.2** 流体粒子の面に作用する応力

力の x, y, z 方向成分は σ_x, σ_y, σ_z, τ_{xy}, τ_{yx}, τ_{yz}, τ_{zy}, τ_{zx}, τ_{xz} の 9 つである．せん断応力の最初の添え字 x, y, z は応力が作用している面に垂直な軸を示し，次の添え字は応力の作用する方向を表す．これらの応力が，微小六面体の各面に作用した結果生じる力を 3 方向成分について整理すると，x 方向については，

$$\left(\frac{\partial \sigma_x}{\partial x} + \frac{\partial \tau_{yx}}{\partial y} + \frac{\partial \tau_{zx}}{\partial z}\right) dxdydz \tag{5.13}$$

となり，y, z 方向も同様に，

$$\left(\frac{\partial \tau_{xy}}{\partial x} + \frac{\partial \sigma_y}{\partial y} + \frac{\partial \tau_{zy}}{\partial z}\right) dxdydz \tag{5.14}$$

$$\left(\frac{\partial \tau_{xz}}{\partial x} + \frac{\partial \tau_{yz}}{\partial y} + \frac{\partial \sigma_z}{\partial z}\right) dxdydz \tag{5.15}$$

となる．

ここで，単位質量に作用する体積力の x, y, z 方向の成分をそれぞれ X, Y, Z とし，ニュートンの第 2 法則を流体粒子に適用すると，次式が得られる．

$$\rho \frac{Du}{Dt} = \rho X + \left(\frac{\partial \sigma_x}{\partial x} + \frac{\partial \tau_{yx}}{\partial y} + \frac{\partial \tau_{zx}}{\partial z}\right) \tag{5.16}$$

$$\rho \frac{Dv}{Dt} = \rho Y + \left(\frac{\partial \tau_{xy}}{\partial x} + \frac{\partial \sigma_y}{\partial y} + \frac{\partial \tau_{zy}}{\partial z}\right) \tag{5.17}$$

$$\rho \frac{Dw}{Dt} = \rho Z + \left(\frac{\partial \tau_{xz}}{\partial x} + \frac{\partial \tau_{yz}}{\partial y} + \frac{\partial \sigma_z}{\partial z}\right) \tag{5.18}$$

これは，粘性流体の運動に対して一般的に成立する方程式で，**ナビエ・ストークスの運動方程式**（Navier–Stokes' equation of motion）とよばれる．

■ 5.2.3 ひずみ速度と応力

ここでは，これまで求められた内部応力について詳しく調べる．いま，図 5.2 の面 ABCD の中心を通り，z 軸に平行な軸のまわりのトルクを考える．トルクを生じさせる力としては，$\tau_{xy} dydz$ と $\{\tau_{xy} + (\partial \tau_{xy}/\partial x)dx\}dydz$ とが対になって作用するが，$(\partial \tau_{xy}/\partial x)dx$ は $dx \to 0$ の極限をとって考えると省略されるので，これらについては最初から無視して考えることにする．$\tau_{yx} dxdz$ と $\{\tau_{yx} + (\partial \tau_{yx}/\partial y)dy\}dxdz$ の対についても同様に考える．トルクは慣性モーメント I_z と角加速度 $d\omega_z/dt$ の積に等しいから，

$$(2\tau_{xy} dydz)\frac{dx}{2} - (2\tau_{yx} dzdx)\frac{dy}{2} = I_z \frac{d\omega_z}{dt} \tag{5.19}$$

となる．ここで，$I_z = \rho dxdydz\{(dx)^2 + (dy)^2\}/12$ であるから，

$$\tau_{xy} - \tau_{yx} = \rho \frac{(dx)^2 + (dy)^2}{12} \frac{d\omega_z}{dt} \tag{5.20}$$

となる．したがって，$dx, dy \to 0$ の極限においては右辺はゼロとなり，$\tau_{xy} = \tau_{yx}$ となる．ほかのせん断応力についても同様に $\tau_{yz} = \tau_{zy}$, $\tau_{zx} = \tau_{xz}$ となる．

次に，粘性流体中の微小正方形が変形する場合について考えよう．図 5.3 は，図 2.12 を再び示したもので，このとき，正方形の二辺 AB, AD のなす角の**変形速度**（**ひずみ速度**），つまり角速度を $\partial l_1/\partial t = u$, $\partial l_2/\partial t = v$ とおくと，

$$\frac{\partial h_1}{\partial t} + \frac{\partial h_2}{\partial t} = \frac{\partial \left(\frac{\partial l_1}{\partial y}\right)}{\partial t} + \frac{\partial \left(\frac{\partial l_2}{\partial x}\right)}{\partial t} = \frac{\partial \left(\frac{\partial l_1}{\partial t}\right)}{\partial y} + \frac{\partial \left(\frac{\partial l_2}{\partial t}\right)}{\partial x} = \frac{\partial u}{\partial y} + \frac{\partial v}{\partial x} \tag{5.21}$$

で表される．せん断応力 τ_{xy} はせん断変形の角速度に比例し，式 (1.6) と同様に，次式で表される．

$$\tau_{xy} = \tau_{yx} = \mu \left(\frac{\partial v}{\partial x} + \frac{\partial u}{\partial y}\right) \tag{5.22}$$

$$\tau_{yz} = \tau_{zy} = \mu \left(\frac{\partial w}{\partial y} + \frac{\partial v}{\partial z}\right) \tag{5.23}$$

$$\tau_{zx} = \tau_{xz} = \mu \left(\frac{\partial u}{\partial z} + \frac{\partial w}{\partial x}\right) \tag{5.24}$$

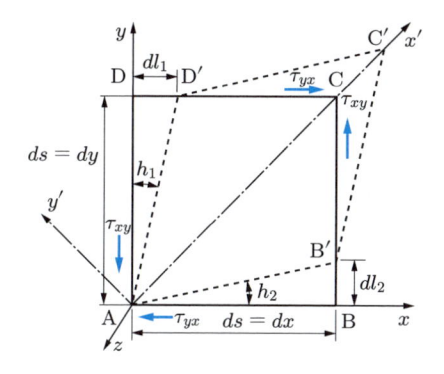

図 5.3 せん断による変形

　図 5.3 の変形はせん断変形であるが，対角線 AC，BD の面には各面に垂直な応力のみが作用しているから，座標軸を対角線 AC，BD の方向，すなわち x'，y' にとると，この変形は伸縮変形であるとみなすことができる．このことを利用し，垂直応力と変形の関係を調べてみる．いま，図 5.4 に示すように，一辺の長さ δs の正方形 ABCD が σ'_x，σ'_y の作用により，δt 時間に四辺形 A′B′C′D′ に変形したと考える．このとき，斜辺には τ'_{xy}，τ'_{yx} が作用する．∠DCB の変化の大きさを求めるため，D′ から DC と平行線を引き，x' 軸との交点を E，E から D′C′ に下ろした垂線の足を F とする．δt 時間に ∠DCB が ∠D′C′B′ に変化したことになるから，角度の変化量は，

$$\angle DCB - \angle D'C'B' = 2(\angle DCO - \angle D'C'O) = 2\angle ED'F \tag{5.25}$$

である．また，∠ED′F = EF/D′E, EF = EC′/$\sqrt{2}$, D′E = DC−2(DD′/$\sqrt{2}$), EC′ = EC + CC′ であり，EC(= DD′)，CC′ は，次のように表される．

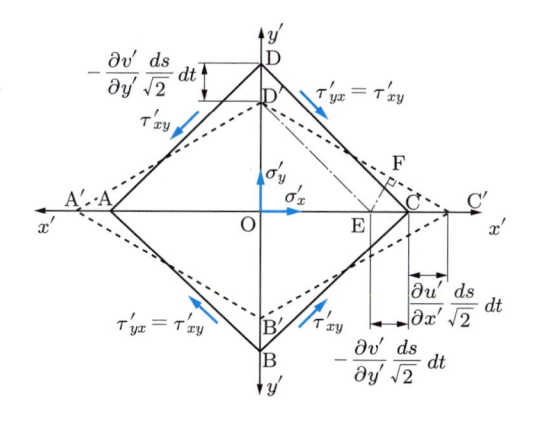

図 5.4 垂直応力と変形

$$\mathrm{EC} = \mathrm{DD}' = -\frac{\partial v'}{\partial y'}\frac{\mathrm{BD}}{2}\delta t = -\frac{\partial v'}{\partial y'}\frac{\delta s}{\sqrt{2}}\delta t \tag{5.26}$$

$$\mathrm{CC}' = \frac{\partial u'}{\partial x'}\frac{\mathrm{AC}}{2}\delta t = \frac{\partial u'}{\partial x'}\frac{\delta s}{\sqrt{2}}\delta t \tag{5.27}$$

したがって，

$$\angle \mathrm{ED'F} = \frac{\left(\dfrac{\partial u'}{\partial x'}\dfrac{\delta s}{\sqrt{2}}\delta t - \dfrac{\partial v'}{\partial y'}\dfrac{\delta s}{\sqrt{2}}\delta t\right)\dfrac{1}{\sqrt{2}}}{\delta s + 2\left(\dfrac{\partial v'}{\partial y'}\dfrac{\delta s}{\sqrt{2}}\delta t\right)\dfrac{1}{\sqrt{2}}} = \frac{\left(\dfrac{\partial u'}{\partial x'} - \dfrac{\partial v'}{\partial y'}\right)\delta t}{2 + 2\dfrac{\partial v'}{\partial y'}\delta t} \tag{5.28}$$

となる．ここで，$\delta t \to 0$ の極限をとると，変形速度は，

$$\lim_{\delta t \to 0}\frac{1}{\delta t}(\angle \mathrm{DCB} - \angle \mathrm{D'C'B'}) = \frac{\partial u'}{\partial x'} - \frac{\partial v'}{\partial y'} \tag{5.29}$$

となり，この変形速度に対するせん断応力 τ'_{xy} は，ニュートンの粘性法則より，

$$\tau'_{xy} = \mu\left(\frac{\partial u'}{\partial x'} - \frac{\partial v'}{\partial y'}\right) \tag{5.30}$$

と表される．一方，正方形 ABCD に作用する力のつり合いから，

$$2\mathrm{DC}\tau'_{xy}\left(\frac{1}{\sqrt{2}}\right) = \sqrt{2}\mathrm{DC}\sigma'_x \tag{5.31}$$

$$2\mathrm{DC}\tau'_{xy}\left(\frac{1}{\sqrt{2}}\right) = -\sqrt{2}\mathrm{DC}\sigma'_y \tag{5.32}$$

となる．したがって，$\sigma'_x = \tau'_{xy}$，$\sigma'_y = -\tau'_{xy}$ となり，

$$\sigma'_x - \sigma'_y = 2\tau'_{xy} = 2\mu\left(\frac{\partial u'}{\partial x'} - \frac{\partial v'}{\partial y'}\right) \tag{5.33}$$

となる．ここで，σ'_x, σ'_y を σ_x, σ_y で置き換えると，一般的に，

$$\sigma_x - \sigma_y = 2\mu\left(\frac{\partial u}{\partial x} - \frac{\partial v}{\partial y}\right) \tag{5.34}$$

となり，同様に，

$$\sigma_y - \sigma_z = 2\mu\left(\frac{\partial v}{\partial y} - \frac{\partial w}{\partial z}\right) \tag{5.35}$$

$$\sigma_z - \sigma_x = 2\mu\left(\frac{\partial w}{\partial z} - \frac{\partial u}{\partial x}\right) \tag{5.36}$$

となる．これより，次式が導かれる．

$$\sigma_x = \frac{1}{3}(\sigma_x + \sigma_y + \sigma_z) + 2\mu\frac{\partial u}{\partial x} - \frac{2}{3}\mu\left(\frac{\partial u}{\partial x} + \frac{\partial v}{\partial y} + \frac{\partial w}{\partial z}\right) \tag{5.37}$$

ここで，垂直応力 σ_x, σ_y, σ_z は，必ずしも圧力だけではなく互いに等しくはないが，その平均値は圧力 p として定義される．つまり，式 (5.37) の右辺第 1 項は，

$$p = -\frac{1}{3}(\sigma_x + \sigma_y + \sigma_z) \tag{5.38}$$

と表される．この式において，右辺の負の符号は，圧力 p が垂直方向に対して負の向きに作用することを示している．したがって，式 (5.37) は，

$$\sigma_x = -p + 2\mu\frac{\partial u}{\partial x} - \frac{2}{3}\mu\left(\frac{\partial u}{\partial x} + \frac{\partial v}{\partial y} + \frac{\partial w}{\partial z}\right) \tag{5.39}$$

となり，y, z 方向についても同様に，

$$\sigma_y = -p + 2\mu\frac{\partial v}{\partial y} - \frac{2}{3}\mu\left(\frac{\partial u}{\partial x} + \frac{\partial v}{\partial y} + \frac{\partial w}{\partial z}\right) \tag{5.40}$$

$$\sigma_z = -p + 2\mu\frac{\partial w}{\partial z} - \frac{2}{3}\mu\left(\frac{\partial u}{\partial x} + \frac{\partial v}{\partial y} + \frac{\partial w}{\partial z}\right) \tag{5.41}$$

となる．以上のように，応力と流体の変形速度，つまりひずみ速度との関係式が導かれる．

式 (5.22)，(5.24) と式 (5.39) を式 (5.16) に代入すると，x 方向については，次のようになる．

$$\rho\frac{Du}{Dt} = \rho X + \frac{\partial}{\partial x}\left\{-p + 2\mu\frac{\partial u}{\partial x} - \frac{2}{3}\mu\left(\frac{\partial u}{\partial x} + \frac{\partial v}{\partial y} + \frac{\partial w}{\partial z}\right)\right\}$$
$$+ \frac{\partial}{\partial y}\left\{\mu\left(\frac{\partial v}{\partial x} + \frac{\partial u}{\partial y}\right)\right\} + \frac{\partial}{\partial z}\left\{\mu\left(\frac{\partial u}{\partial z} + \frac{\partial w}{\partial x}\right)\right\} \tag{5.42}$$

これを整理して，y, z 方向についても同様に表すと，ナビエ・ストークス方程式は，次のように表される．

$$\rho\frac{Du}{Dt} = \rho X - \frac{\partial p}{\partial x} + \mu\left(\frac{\partial^2 u}{\partial x^2} + \frac{\partial^2 u}{\partial y^2} + \frac{\partial^2 u}{\partial z^2}\right) + \frac{1}{3}\mu\frac{\partial}{\partial x}\left(\frac{\partial u}{\partial x} + \frac{\partial v}{\partial y} + \frac{\partial w}{\partial z}\right) \tag{5.43}$$

$$\rho\frac{Dv}{Dt} = \rho Y - \frac{\partial p}{\partial y} + \mu\left(\frac{\partial^2 v}{\partial x^2} + \frac{\partial^2 v}{\partial y^2} + \frac{\partial^2 v}{\partial z^2}\right) + \frac{1}{3}\mu\frac{\partial}{\partial y}\left(\frac{\partial u}{\partial x} + \frac{\partial v}{\partial y} + \frac{\partial w}{\partial z}\right) \tag{5.44}$$

$$\rho \frac{Dw}{Dt} = \rho Z - \frac{\partial p}{\partial z} + \mu \left(\frac{\partial^2 w}{\partial x^2} + \frac{\partial^2 w}{\partial y^2} + \frac{\partial^2 w}{\partial z^2} \right) + \frac{1}{3}\mu \frac{\partial}{\partial z}\left(\frac{\partial u}{\partial x} + \frac{\partial v}{\partial y} + \frac{\partial w}{\partial z} \right) \tag{5.45}$$

5.3 ナビエ・ストークス方程式の簡略化

非圧縮性流体の場合には次の連続の式,

$$\frac{\partial u}{\partial x} + \frac{\partial v}{\partial y} + \frac{\partial w}{\partial z} = 0$$

が成立するので,

$$\rho \frac{Du}{Dt} = \rho X - \frac{\partial p}{\partial x} + \mu \left(\frac{\partial^2 u}{\partial x^2} + \frac{\partial^2 u}{\partial y^2} + \frac{\partial^2 u}{\partial z^2} \right) \tag{5.46}$$

$$\rho \frac{Dv}{Dt} = \rho Y - \frac{\partial p}{\partial y} + \mu \left(\frac{\partial^2 v}{\partial x^2} + \frac{\partial^2 v}{\partial y^2} + \frac{\partial^2 v}{\partial z^2} \right) \tag{5.47}$$

$$\rho \frac{Dw}{Dt} = \rho Z - \frac{\partial p}{\partial z} + \mu \left(\frac{\partial^2 w}{\partial x^2} + \frac{\partial^2 w}{\partial y^2} + \frac{\partial^2 w}{\partial z^2} \right) \tag{5.48}$$

となる.これが非圧縮性流体に対するナビエ・ストークス方程式である.非粘性流体の場合は,圧縮性の有無によらず,

$$\rho \frac{Du}{Dt} = \rho X - \frac{\partial p}{\partial x}, \qquad \rho \frac{Dv}{Dt} = \rho Y - \frac{\partial p}{\partial y}, \qquad \rho \frac{Dw}{Dt} = \rho Z - \frac{\partial p}{\partial z} \tag{5.49}$$

となる.これを**オイラーの運動方程式**(Euler's equation of motion)という.この式は 2.6 節で導出した式 (2.13), (2.14) と同じものである.ここで,非回転流れの運動方程式を導くために,流体粒子の回転を強調した形で加速度を表すと,式 (5.4) は,次のようになる.

$$\begin{aligned}
\frac{Du}{Dt} &= \frac{\partial u}{\partial t} + u\frac{\partial u}{\partial x} + v\frac{\partial u}{\partial y} + w\frac{\partial u}{\partial z} \\
&= \frac{\partial u}{\partial t} + u\frac{\partial u}{\partial x} + v\frac{\partial u}{\partial y} + v\frac{\partial v}{\partial x} - v\frac{\partial v}{\partial x} + w\frac{\partial u}{\partial z} + w\frac{\partial w}{\partial x} - w\frac{\partial w}{\partial x} \\
&= \frac{\partial u}{\partial t} + u\frac{\partial u}{\partial x} + v\frac{\partial v}{\partial x} + w\frac{\partial w}{\partial x} - v\left(\frac{\partial v}{\partial x} - \frac{\partial u}{\partial y}\right) + w\left(\frac{\partial u}{\partial z} - \frac{\partial w}{\partial x}\right) \\
&= \frac{\partial u}{\partial t} + \frac{\partial}{\partial x}\left(\frac{1}{2}u^2 + \frac{1}{2}v^2 + \frac{1}{2}w^2\right) + 2(w\omega_y - v\omega_z)
\end{aligned} \tag{5.50}$$

いま,$V^2 = u^2 + v^2 + w^2$ で表すと,

$$\frac{Du}{Dt} = \frac{\partial u}{\partial t} + \frac{\partial}{\partial x}\left(\frac{1}{2}V^2\right) + 2(w\omega_y - v\omega_z) \tag{5.51}$$

となり，y, z 方向も同様に，次式で表される．

$$\frac{Dv}{Dt} = \frac{\partial v}{\partial t} + \frac{\partial}{\partial y}\left(\frac{1}{2}V^2\right) + 2(u\omega_z - w\omega_x) \tag{5.52}$$

$$\frac{Dw}{Dt} = \frac{\partial w}{\partial t} + \frac{\partial}{\partial z}\left(\frac{1}{2}V^2\right) + 2(v\omega_x - u\omega_y) \tag{5.53}$$

したがって，定常（$\partial/\partial t = 0$），非粘性，非回転（$\omega_x = \omega_y = \omega_z = 0$）流れにおいて，体積力として z 方向に重力が作用する場合（重力ポテンシャル $U = gz$）のオイラーの運動方程式は，次式のように表される．

$$\rho\frac{\partial}{\partial x}\left(\frac{1}{2}V^2\right) = -\rho\frac{\partial}{\partial x}(gz) - \frac{\partial p}{\partial x} \tag{5.54}$$

$$\rho\frac{\partial}{\partial y}\left(\frac{1}{2}V^2\right) = -\rho\frac{\partial}{\partial y}(gz) - \frac{\partial p}{\partial y} \tag{5.55}$$

$$\rho\frac{\partial}{\partial z}\left(\frac{1}{2}V^2\right) = -\rho\frac{\partial}{\partial z}(gz) - \frac{\partial p}{\partial z} \tag{5.56}$$

上式は，$(\rho V^2/2 + p + \rho gz)$ の微分が，すべての方向に対して 0 であることを意味しているから，流れ場全体に対にして，次式が成立する．

$$\frac{1}{2}\rho V^2 + p + \rho gz = 一定 \tag{5.57}$$

この式（5.57）は，**ベルヌーイの式**（Bernoulli's equation）とよばれており，2.7 節で導出した式（2.24）と同様のものである．

5.4 ナビエ・ストークス方程式の無次元化

ナビエ・ストークスの方程式は，流れの慣性力と流体に作用する粘性力，圧力による力および体積力とのつり合いを示している．幾何学的に相似である二つの物体が，流速や粘性の異なる 2 種類の流れの中に置かれたとき，どのような条件のもとで両者の流れが力学的に相似になるのかを考える．このことは，水槽や風洞を用いた模型実験によって，本物の物体，たとえばリニアモーターカーのまわりの流れを調べたり，同じ物体であっても，異なる条件のもとで得られた結果を比較する場合，非常に重要になってくる．

力学的相似とは「二つの流れの中の幾何学的相似の位置にある 2 点で，それぞれの単位体積に作用する種々の力の間に同一の比例関係が成立する」ということである．

ここでは，体積力が作用しない二次元，非圧縮性，粘性流体の流れについて調べることにする．この場合，ナビエ・ストークス方程式および連続の式は，式 (5.43)，(5.44) および式 (5.3) より，次式で示される．

$$\frac{\partial u}{\partial t}+u\frac{\partial u}{\partial x}+v\frac{\partial u}{\partial y}=-\frac{1}{\rho}\frac{\partial p}{\partial x}+\nu\left(\frac{\partial^2 u}{\partial x^2}+\frac{\partial^2 u}{\partial y^2}\right) \tag{5.58}$$

$$\frac{\partial v}{\partial t}+u\frac{\partial v}{\partial x}+v\frac{\partial v}{\partial y}=-\frac{1}{\rho}\frac{\partial p}{\partial y}+\nu\left(\frac{\partial^2 v}{\partial x^2}+\frac{\partial^2 v}{\partial y^2}\right) \tag{5.59}$$

$$\frac{\partial u}{\partial x}+\frac{\partial v}{\partial y}=0 \tag{5.60}$$

（ただし，ν は動粘度で μ/ρ である）

いま，流れの中の，たとえば物体の長さとか流路の幅を代表長さ L とし，近寄り流れの流速などを代表速度 U とすると，長さ，時間，流速，圧力は，次のように無次元化して表される．

$$\left.\begin{array}{ccc} x^*=\dfrac{x}{L}, & y^*=\dfrac{y}{L}, & t^*=\dfrac{t}{\dfrac{L}{U}} \\[2mm] u^*=\dfrac{u}{U}, & v^*=\dfrac{v}{U}, & p^*=\dfrac{p}{\rho U^2} \end{array}\right\} \tag{5.61}$$

ここで，たとえば L を物体の長さ，U を物体外側の一様流の速度とするとき，L/U は，流れが物体を通過する実際の時間を表すから，$t^*=1$ は物体の大きさに関係なく，流体粒子が物体を通過する時間を意味することになる．式 (5.61) から得られる x，y，t，u，v，p を式 (5.58)〜(5.60) に代入すると，次式が得られる．

$$\frac{\partial u^*}{\partial t^*}+u^*\frac{\partial u^*}{\partial x^*}+v^*\frac{\partial u^*}{\partial y^*}=-\frac{\partial p^*}{\partial x^*}+\frac{1}{R_e}\left(\frac{\partial^2 u^*}{\partial x^{*2}}+\frac{\partial^2 u^*}{\partial y^{*2}}\right) \tag{5.62}$$

$$\frac{\partial v^*}{\partial t^*}+u^*\frac{\partial v^*}{\partial x^*}+v^*\frac{\partial v^*}{\partial y^*}=-\frac{\partial p^*}{\partial y^*}+\frac{1}{R_e}\left(\frac{\partial^2 v^*}{\partial x^{*2}}+\frac{\partial^2 v^*}{\partial y^{*2}}\right) \tag{5.63}$$

$$\frac{\partial u^*}{\partial x^*}+\frac{\partial v^*}{\partial y^*}=0 \tag{5.64}$$

（ただし，R_e は UL/ν で表されるレイノルズ数である）

式 (5.62)〜(5.64) は無次元化されているが，これらを解く際の境界条件も無次元量で与えられる．たとえば，物体表面では $u^*=0$，$v^*=0$ として与えられる．

これらの式からわかるように，二つの物体の形状が相似で，R_e 数が同じであれば，境界条件も同じであり，二つの流れにおいて u^*，v^*，p^* は x^*，y^*，t^* について同一の解となる．したがって，R_e 数が同じであれば二つの流れは幾何学的にまったく相似

な流れとなる．このように，R_e 数が等しい場合に流れが相似になることを**レイノルズの相似則**という．これらのことにより，4.2 節で述べた R_e 数の意味の重要性がさらに明らかになった．

このように，非圧縮性の粘性流体においては，慣性力と粘性力の比，つまり R_e 数を一致させることが，流れの力学的相似性を規定する重要な条件となる．ここでは詳しく述べないが，ほかにも流れの相似性を規定する値として，たとえば，圧縮性流れでは，代表速度と音速の比である**マッハ数**（$M = U/a$, a：音速）が，船の造波抵抗を求める場合のように自由表面のある流れでは，慣性力と重力の比を表す**フルード数**（$F_r = U^2/gL$, g：重力の加速度）が重要な無次元パラメータとなる．

5.5 粘性流れの基礎方程式の変換

前節の無次元化された二次元非圧縮流れの基礎方程式 (5.62)〜(5.64) は，三つの方程式から 3 個の未知数 u, v, p を求めるものであったことに注目し，ここでは未知数を減らす方法について考えよう．

式 (5.62)〜(5.64) の u^*, v^*, p^*, x^*, y^*, t^* を u, v, p, x, y, t と置き換えて，両辺をそれぞれ y, x で偏微分すると，以下のようになる．

$$\frac{\partial^2 u}{\partial y \partial t} + \frac{\partial u}{\partial y}\frac{\partial u}{\partial x} + u\frac{\partial^2 u}{\partial y \partial x} + \frac{\partial v}{\partial y}\frac{\partial u}{\partial y} + v\frac{\partial^2 u}{\partial y^2} = -\frac{\partial^2 p}{\partial y \partial x} + \frac{1}{R_e}\frac{\partial}{\partial y}\left(\frac{\partial^2 u}{\partial x^2} + \frac{\partial^2 u}{\partial y^2}\right) \tag{5.65}$$

$$\frac{\partial^2 v}{\partial x \partial t} + \frac{\partial u}{\partial x}\frac{\partial v}{\partial x} + u\frac{\partial^2 v}{\partial x^2} + \frac{\partial v}{\partial x}\frac{\partial v}{\partial y} + v\frac{\partial^2 v}{\partial x \partial y} = -\frac{\partial^2 p}{\partial x \partial y} + \frac{1}{R_e}\frac{\partial}{\partial x}\left(\frac{\partial^2 v}{\partial x^2} + \frac{\partial^2 v}{\partial y^2}\right) \tag{5.66}$$

ここで，式 (5.66) から式 (5.65) を引いて整理すると，

$$\begin{aligned}
&\frac{\partial}{\partial t}\left(\frac{\partial v}{\partial x} - \frac{\partial u}{\partial y}\right) + \frac{\partial u}{\partial x}\left(\frac{\partial v}{\partial x} - \frac{\partial u}{\partial y}\right) + u\frac{\partial}{\partial x}\left(\frac{\partial v}{\partial x} - \frac{\partial u}{\partial y}\right) \\
&\quad + \frac{\partial v}{\partial y}\left(\frac{\partial v}{\partial x} - \frac{\partial u}{\partial y}\right) + v\frac{\partial}{\partial y}\left(\frac{\partial v}{\partial x} - \frac{\partial u}{\partial y}\right) \\
&= \frac{1}{R_e}\left\{\frac{\partial^2}{\partial x^2}\left(\frac{\partial v}{\partial x} - \frac{\partial u}{\partial y}\right) + \frac{\partial^2}{\partial y^2}\left(\frac{\partial v}{\partial x} - \frac{\partial u}{\partial y}\right)\right\}
\end{aligned} \tag{5.67}$$

となり，これに式 (2.50) を代入し，式 (5.67) の左辺第 2 項と第 4 項をまとめると，

$$\frac{\partial \zeta}{\partial t} + \left(\frac{\partial u}{\partial x} + \frac{\partial v}{\partial y}\right)\zeta + u\frac{\partial \zeta}{\partial x} + v\frac{\partial \zeta}{\partial y} = \frac{1}{R_e}\left(\frac{\partial^2 \zeta}{\partial x^2} + \frac{\partial^2 \zeta}{\partial y^2}\right) \tag{5.68}$$

となる．さらに，連続の式 $\partial u/\partial x + \partial v/\partial y = 0$ と，式 (2.40) の $u = \partial \psi/\partial y$, $v = $

$-\partial \psi/\partial x$ を代入すると，次式になる．

$$\frac{\partial \zeta}{\partial t} + \frac{\partial \psi}{\partial y}\frac{\partial \zeta}{\partial x} - \frac{\partial \psi}{\partial x}\frac{\partial \zeta}{\partial y} = \frac{1}{R_e}\left(\frac{\partial^2 \zeta}{\partial x^2} + \frac{\partial^2 \zeta}{\partial y^2}\right) \tag{5.69}$$

ここで，渦度 ζ を流れ関数 ψ を用いて表すと，

$$\zeta = \frac{\partial v}{\partial x} - \frac{\partial u}{\partial y} = -\frac{\partial^2 \psi}{\partial x^2} - \frac{\partial^2 \psi}{\partial y^2}$$

となり，したがって，次式を得る．

$$\frac{\partial^2 \psi}{\partial x^2} + \frac{\partial^2 \psi}{\partial y^2} = -\zeta \tag{5.70}$$

式 (5.69) と式 (5.70) は 2 個の未知数 ζ と ψ で表された非圧縮性，粘性流れの基礎方程式である．3 個の未知数 u, v, p を求めるのがよいのか，2 個の未知数 ζ と ψ を求めるのがよいかは，求める物理量が何かという問題に依存する．どちらでもよい場合は，未知数の少ないほうを用いるのが一般に有利といえよう．

5.6 乱流の運動方程式

乱流は，図 5.5 に示すように不規則変動をともなう複雑な流れである．しかし，層流の場合と同様に，流体粒子に着目して運動を調べることができるはずである．したがって，乱流を調べる際も，ナビエ・ストークス方程式を直接解けばよいことになる．しかし，乱流現象を調べる際，時間とともに激しく変化する速度や圧力を，各時刻あるいは各空間で詳細に知ることよりも，実際的には，時間平均的な流れの性質がわかればよいことが多い．このような場合，乱流を念頭においたモデル方程式を導き，解く方法がある．ここでは，4.5 節で説明したレイノルズ応力を考慮した方程式を考える．

乱流中の速度や圧力を，時間平均部分（記号 ̄ で示す）と変動成分（記号 ′ で示す）

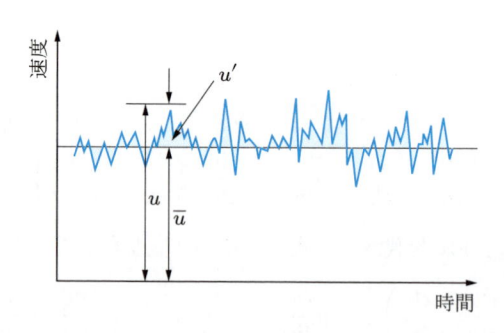

図 5.5 速度変動

との和で，次のように表すことにする．

$$u = \bar{u} + u', \qquad v = \bar{v} + v', \qquad p = \bar{p} + p'$$

ここで，記号 ‾ は，不規則変動を平均化するのに十分な時間間隔 T についての平均値を意味し，たとえば u については，

$$\bar{u} = \frac{1}{T}\int_t^{t+T} u\,dt, \qquad \bar{u}' = \frac{1}{T}\int_t^{t+T} u'\,dt = 0 \tag{5.71}$$

となり，変動成分の時間平均値はゼロとなる．ここで，5.2 節で導いた式 (5.16), (5.17) を，次のように書き換える．

$$\rho\left\{\frac{\partial u}{\partial t} + \frac{\partial(uu)}{\partial x} + \frac{\partial(uv)}{\partial y}\right\} = \left(\frac{\partial \sigma_x}{\partial x} + \frac{\partial \tau_{yx}}{\partial y}\right) \tag{5.72}$$

$$\rho\left\{\frac{\partial v}{\partial t} + \frac{\partial(uv)}{\partial x} + \frac{\partial(vv)}{\partial y}\right\} = \left(\frac{\partial \tau_{xy}}{\partial x} + \frac{\partial \sigma_y}{\partial y}\right) \tag{5.73}$$

ここで，

$$\sigma_x = -p + 2\mu\frac{\partial u}{\partial x} \tag{5.74}$$

$$\sigma_y = -p + 2\mu\frac{\partial v}{\partial y} \tag{5.75}$$

$$\tau_{xy} = \tau_{yx} = \mu\left(\frac{\partial v}{\partial x} + \frac{\partial u}{\partial y}\right) \tag{5.76}$$

である．上式を式 (5.72) に代入すれば，次のようになる．

$$\rho\left\{\frac{\partial(\bar{u}+u')}{\partial t} + \frac{\partial(\bar{u}+u')^2}{\partial x} + \frac{\partial(\bar{u}+u')(\bar{v}+v')}{\partial y}\right\}$$
$$= \frac{\partial(\bar{\sigma}_x + \sigma'_x)}{\partial x} + \frac{\partial(\bar{\tau}_{yx} + \tau'_{yx})}{\partial y} \tag{5.77}$$

ここで，

$$\left.\begin{array}{l}\bar{\sigma}_x = -\bar{p} + 2\mu\dfrac{\partial \bar{u}}{\partial x}, \qquad \sigma'_x = -p' + 2\mu\dfrac{\partial u'}{\partial x} \\[6pt] \bar{\tau}_{yx} = \mu\left(\dfrac{\partial \bar{v}}{\partial x} + \dfrac{\partial \bar{u}}{\partial y}\right), \qquad \tau'_{yx} = \mu\left(\dfrac{\partial v'}{\partial x} + \dfrac{\partial u'}{\partial y}\right)\end{array}\right\} \tag{5.78}$$

である．式 (5.77) の時間平均値を求めると，左辺の各項は微分と平均化の順序を逆にして，次のようになる．

$$\overline{\frac{\partial(\bar{u}+u')}{\partial t}} = \frac{\partial \bar{u}}{\partial t} \tag{5.79}$$

$$\frac{\overline{\partial(\bar{u}+u')^2}}{\partial x} = \frac{\partial(\overline{\bar{u}^2} + \overline{2u'\bar{u}} + \overline{u'^2})}{\partial x} = \frac{\partial(\bar{u}\bar{u} + \overline{u'^2})}{\partial x} \tag{5.80}$$

$$\frac{\overline{\partial(\bar{u}+u')(\bar{v}+v')}}{\partial y} = \frac{\partial(\bar{u}\bar{v} + \overline{u'v'})}{\partial y} \tag{5.81}$$

その他の項にも同様の操作をほどこせば，乱流の平均流れに対する次の運動方程式が得られる．

$$\rho\left(\frac{\partial \bar{u}}{\partial t} + \frac{\partial(\bar{u}\bar{u})}{\partial x} + \frac{\partial(\bar{u}\bar{v})}{\partial y}\right) = \frac{\partial}{\partial x}(\bar{\sigma}_x - \overline{\rho u'^2}) + \frac{\partial}{\partial y}(\overline{\tau_{yx}} - \rho\overline{u'v'}) \tag{5.82}$$

y 方向についても同様な操作をほどこせば，次のようになる．

$$\rho\left(\frac{\partial \bar{v}}{\partial t} + \frac{\partial(\bar{u}\bar{v})}{\partial x} + \frac{\partial(\bar{v}\bar{v})}{\partial y}\right) = \frac{\partial}{\partial x}(\bar{\tau}_{xy} - \rho\overline{u'v'}) + \frac{\partial}{\partial y}(\bar{\sigma}_y - \overline{\rho v'^2}) \tag{5.83}$$

連続の式は，次式で表される．

$$\frac{\partial \bar{u}}{\partial x} + \frac{\partial \bar{v}}{\partial y} = 0 \tag{5.84}$$

式 (5.84) を式 (5.72)，(5.73)，(5.60) と比較すると，連続の式については，u, v が $\bar{u}$, $\bar{v}$ におき換わったのみで，平均流れに対してまったく同じ式である．一方，運動方程式については，粘性応力のほかに，$-\overline{\rho u'^2}$, $-\overline{\rho u'v'}$, $-\overline{\rho v'^2}$ が付加されている．これらはレイノルズによって見いだされたもので，**レイノルズ応力** (Reynolds stress) とよばれる．この方程式はナビエ・ストークス方程式から直接求められたものであるが，レイノルズ応力が新たな未知量として現れてくるために，方程式の数よりも未知量の数が多くなる．したがって，レイノルズ応力に対して，4.5 節で述べた混合長理論のようなモデルを導入して，不足の方程式を補う関係式を新たに求める必要がある．

5.7 粘性流体方程式の厳密解

粘性流体流れの解析に用いられる方程式は，ナビエ・ストークス方程式と連続の式である．ナビエ・ストークス方程式が非線形方程式であるために，厳密解は非常に限られた境界条件の場合に限られてしまう．ここでは，層流の場合の代表的な厳密解の例を紹介する．

5.7.1 平行平板間の流れ

ここでは，比較的小さい間隔 h 離れて置かれた平行な 2 枚の平板が，速度 U_1, U_2 で運動するとき，その間を流れる二次元，非圧縮性流体の定常流れを考える．図 5.6 に示すように，x, y 軸をとり，流れは層流で，速度の y 方向成分 v は無視でき，任意

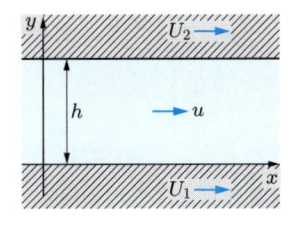

図 5.6 平行な 2 枚の平板の間の流れ

の x において速度分布は同一であるとし,外力は作用しないものとする.この場合,連続の式は式 (5.60) より,

$$\frac{\partial u}{\partial x} = 0 \tag{5.85}$$

となる.流れの加速度は,

$$\frac{Du}{Dt} = u\frac{\partial u}{\partial x} = 0 \tag{5.86}$$

となる.したがって,ナビエ・ストークス方程式 (5.58),(5.59) は簡略化されて,

$$\frac{\partial p}{\partial x} = \mu \frac{\partial^2 u}{\partial y^2}, \qquad \frac{\partial p}{\partial y} = 0 \tag{5.87}$$

となる.式 (5.85) と式 (5.87) の第 2 式より,u は y のみ,p は x のみの関数となるから,式 (5.87) の偏微分方程式は,常微分方程式に書き換えられて,

$$\frac{dp}{dx} = \mu \frac{d^2 u}{dy^2} \tag{5.88}$$

となる.ここで,境界条件を $y = 0$ で $u = U_1$,$y = h$ で $u = U_2$ として,式 (5.88) を積分すると,速度分布は,以下の式で表される.

$$u = U_1 + \frac{U_2 - U_1}{h}y - \frac{h^2}{2\mu}\frac{dp}{dx}\left\{\left(\frac{y}{h}\right) - \left(\frac{y}{h}\right)^2\right\} \tag{5.89}$$

また,流量 Q は,

$$Q = \int_0^h u\,dy = U_1 h + (U_2 - U_1)\frac{h}{2} - \frac{h^3}{12\mu}\frac{dp}{dx} \tag{5.90}$$

である.壁面におけるせん断応力は,

$$(\tau_w)_{1,2} = \mu\left(\frac{du}{dy}\right)_{y=0,h} = \mu\frac{U_2 - U_1}{h} \mp \frac{h}{2}\frac{dp}{dx} \tag{5.91}$$

である.ここで,複号 $\mp$ の $-$ は $y = 0$ の場合,$+$ は $y = h$ の場合に対応する.平行

な平板が固定されているときは，$U_1 = U_2 = 0$ であるから，速度分布は，

$$u = -\frac{h^2}{2\mu}\frac{dp}{dx}\left\{\left(\frac{y}{h}\right) - \left(\frac{y}{h}\right)^2\right\} \tag{5.92}$$

となる．u と dp/dx の符号が異なるから，流体は圧力が降下する方向に流れ，速度分布は放物線形状となる．この速度分布は円管内の層流，すなわちハーゲン・ポアズイユの流れ（4.5節参照）に対応し，**二次元ポアズイユ流れ**（Poiseuille flow）ともいわれる．また，平板の一方が固定され，他方が x 方向に運動する場合の流れを，一般に**クエット流れ**（Couette flow）という．いま，$U_1 = 0$，$U_2 = U$ の場合の速度分布は，

$$u = U\frac{y}{h} - \frac{h^2}{2\mu}\frac{dp}{dx}\left\{\left(\frac{y}{h}\right) - \left(\frac{y}{h}\right)^2\right\} = U\left[\frac{y}{h} - \frac{h^2}{2\mu U}\frac{dp}{dx}\left\{\left(\frac{y}{h}\right) - \left(\frac{y}{h}\right)^2\right\}\right] \tag{5.93}$$

となる．図5.7に，クエット流れの速度分布の無次元表示を示す．速度分布は，$dp/dx = 0$ であれば直線，$dp/dx < 0$ のときは右に凸，$dp/dx > 0$ のときは左に凸の二次曲線になる．ここで，下壁面上 $y = 0$ における速度勾配（du/dy）を調べると，

$$\left(\frac{du}{dy}\right)_{y=0} = \frac{U}{h}\left(1 - \frac{h^2}{2\mu U}\frac{dp}{dx}\right) \tag{5.94}$$

となるから，$(h^2/2\mu U)(dp/dx) > 1$ のときには，速度勾配は負となる．

したがって，このような場合は，図5.7に示したように $u < 0$ となる領域があり，逆流が生じる．

ここで，クエット流の例として，ギアポンプの歯先すきまの最適値を求めてみよう．この場合，歯先すきまを漏れて流れる油の量が，最小値となるすきまの間隔 h を求めればよい．図5.8に示すように，歯の両側の圧力差を Δp，歯厚を b，歯幅を a とすれ

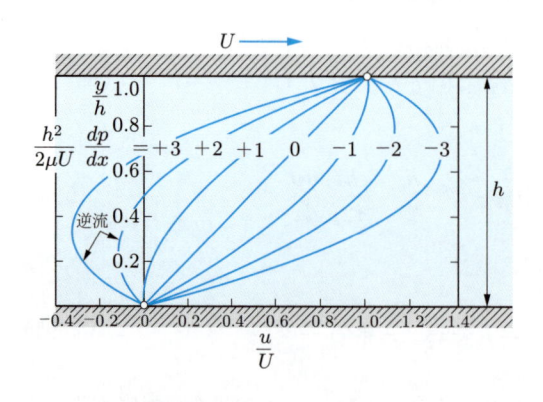

図 5.7 クエットの流れ

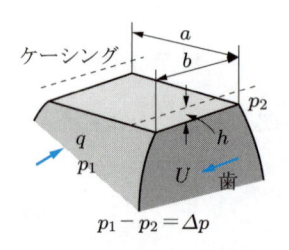

図 5.8 歯車ポンプの歯先

ば，漏れ流量 q は式（5.90）に $U_1 = U$, $U_2 = 0$ を代入し，歯幅 a を掛けて次式となる．

$$q = \left(U\frac{h}{2} - \frac{h^3}{12\mu}\frac{\Delta p}{b} \right) a \tag{5.95}$$

この q の最小値を与える h の値 h_0 を，$dq/dh = 0$ によって求めればよい．

$$\left(\frac{dq}{dh} \right)_{h=h_0} = \left(\frac{U}{2} - \frac{h_0{}^2}{4\mu b}\frac{\Delta p}{} \right) a = 0$$

したがって，

$$h_0 = \left(\frac{2\mu U b}{\Delta p} \right)^{\frac{1}{2}} \tag{5.96}$$

を得る．ここで，U は歯先の周速度に相当する．なお，このときの漏れ流量 q は，

$$q = \frac{1}{3}ah_0 U \tag{5.97}$$

となり，U と同じ方向に歯先によってもち込む流量である．

■ 5.7.2　すきま幅が一定でない場合の流れ

図 5.9 のように，2 枚の平板が向かい合っていて，流路の間隔が流れに沿って緩やかに変化している場合を考える．これはクエット流れの拡張であるが，二平面が油膜をはさんでくさび状のすきまをなしている状態，いわゆるスラスト軸受けの潤滑問題を考える．いま，上の平面は x 軸に対して α だけ傾いている長さ l の静止平面で，下の平面は x 方向に一定速度 U で動く無限に長い平面とする．下の平面が動くことにより，この平面に付着した油がくさびの中に引き込まれ，内部の圧力が高くなって，上面を押し上げ，二平面が接触しないようになる．これが軸受けの原理である．すきま

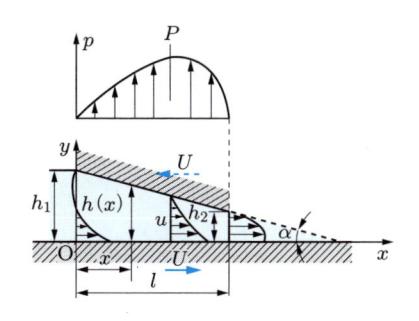

図 5.9　潤滑面内の流れと圧力

間隔 h は緩やかに変化しているので，任意の断面 x に対して式 (5.89) が成立すると考えてよい．したがって，式 (5.90) に $U_1 = U$, $U_2 = 0$ を代入すると，単位流路幅の流量 q は，

$$q = U\frac{h}{2} - \frac{h^3}{12\mu}\frac{dp}{dx} \tag{5.98}$$

となる．

任意の断面位置 x において $h = h_1 - \alpha x$ であるから，式 (5.98) に代入すると，以下のようになる．

$$\frac{dp}{dx} = \frac{6\mu U}{(h_1 - \alpha x)^2} - \frac{12\mu q}{(h_1 - \alpha x)^3} \tag{5.99}$$

式 (5.99) を積分すると，

$$p = \frac{6\mu U}{\alpha(h_1 - \alpha x)} - \frac{6\mu q}{\alpha(h_1 - \alpha x)^2} + C \tag{5.100}$$

となる．ここで，$x = 0$, $x = l$ のとき $p = 0$（大気圧を基準としている）とすると，

$$q = \frac{h_1 h_2}{h_1 + h_2}U, \qquad C = -\frac{6\mu U}{\alpha(h_1 + h_2)} \tag{5.101}$$

となり，式 (5.100) は，次のようになる．

$$p = \frac{6\mu U(h - h_2)}{(h_1 + h_2)h^2}x \tag{5.102}$$

ここで，$h > h_2$ だから，$p > 0$ となる．したがって，上面を浮き上がらせる圧力が作用する．この p を積分すると，軸受けの単位幅あたりの支持加重 P が，次式のように求められる．

$$\begin{aligned}
P &= \int_0^l p\,dx = \frac{6\mu U l^2}{(h_1 - h_2)^2}\left(\ln\frac{h_1}{h_2} - 2\frac{h_1 - h_2}{h_1 + h_2}\right) \\
&= \frac{6\mu U l^2}{h_2^2(k-1)^2}\left(\ln k - 2\frac{k-1}{k+1}\right)
\end{aligned} \tag{5.103}$$

（ここで，$k = h_1/h_2$ である）

すべり面のせん断応力は，式 (5.91) に $U_1 = U$, $U_2 = 0$ を代入して，さらに $h = h_1 - \alpha x$ と式 (5.99)，(5.101) を代入すると，

$$(\tau_w)_2 = -\mu\frac{U}{h} - \frac{h}{2}\frac{dp}{dx} = -\frac{4\mu U}{h_1 - \alpha x} + \frac{6\mu U}{(h_1 - \alpha x)^2}\frac{h_1 h_2}{h_1 + h_2} \tag{5.104}$$

となる．また，すべり面の単位幅あたりに作用する x 方向の抵抗力 F は，式 (5.104)

を積分して，次式となる．

$$F = -\int_0^l \tau_w dx = \frac{2\mu U}{\alpha}\left(2\ln\frac{h_1}{h_2} - 3\frac{h_1-h_2}{h_1+h_2}\right) = \frac{2\mu Ul}{(k-1)h_2}\left(2\ln k - 3\frac{k-1}{k+1}\right) \quad (5.105)$$

ここで，加重 P を最大にする k を求めるため，$dP/dk = 0$ を計算すると，$k = h_1/h_2 = 2.2$ となる．最大加重 $P_{\max}$ と，そのときの抵抗力 F は，次式となる．

$$P_{\max} \fallingdotseq \frac{0.16\mu Ul^2}{h_2{}^2} \quad (5.106)$$

$$F \fallingdotseq \frac{0.75\mu Ul}{h_2} \quad (5.107)$$

式 (5.106) が示すように，$P_{\max}$ はすきま h_2 が最小のとき最大になる．

━━━━━━━━━━━━━━ ■ 演習問題 [5] ■ ━━━━━━━━━━━━━━

5.1 速度成分が $u = Ax$, $v = -Ay$（A は定数）で与えられる二次元粘性流れがある．このとき，τ_{xy}, τ_{yx}, σ_x, σ_y を求めよ．また，$x = y = 0$ のときの圧力を p_0 とするとき，圧力分布を求めよ．ただし，外力は作用しないものとする．

5.2 水平と角度 θ だけ傾斜した斜面に沿って，厚さ h の薄い液体層が定常状態で流れている．流れの方向 x，斜面に垂直な方向を y，大気圧を p_0 とし，流れは x 方向に変化しないものとする．このとき，y 方向の速度分布 u と圧力分布 p は，次式で表されることを示せ．

$$u = \frac{g}{2\nu}(2hy - y^2)\sin\theta, \qquad p = \rho g(h-y)\cos\theta + p_0$$

5.3 断面が $x^2/a^2 + y^2/b^2 = 1$ で表されるだ円管内を，非圧縮性の粘性流体が圧力勾配のもとで定常状態で流れている．このときの速度分布が，

$$w = -\frac{1}{2\mu}\frac{dp}{dz}\left(1 - \frac{x^2}{a^2} - \frac{y^2}{b^2}\right)\frac{a^2b^2}{a^2+b^2}$$

となることを示せ．ただし，外力は作用しないものとする．

5.4 式 (2.50) で表される渦度を三次元に拡張して表すと，

$$(\xi, \eta, \zeta) = \left(\frac{\partial w}{\partial y} - \frac{\partial v}{\partial z},\ \frac{\partial u}{\partial z} - \frac{\partial w}{\partial x},\ \frac{\partial v}{\partial x} - \frac{\partial u}{\partial y}\right)$$

となる．このとき，ナビエ・ストークス方程式は，次のように表されることを示せ．

$$\rho\frac{D\xi}{Dt} = \rho\left(\xi\frac{\partial u}{\partial x} + \eta\frac{\partial u}{\partial y} + \zeta\frac{\partial u}{\partial z}\right) + \mu\left(\frac{\partial^2\xi}{\partial x^2} + \frac{\partial^2\xi}{\partial y^2} + \frac{\partial^2\xi}{\partial z^2}\right)$$

上式を順次に置換することによって，ほかの二つの式を求めよ．この式は**渦度輸送方程式** (vorticity transport equation) とよばれ，左辺は渦度の変化，右辺は渦度が流れによっ

て引き伸ばされるための変化と拡散を表している．

5.5 図 5.10 に示すような円柱座標を用いて，非圧縮性流れのナビエ・ストークス方程式を表すと，次式のようになる．

$$\frac{\partial V_r}{\partial t} + V_r\frac{\partial V_r}{\partial r} + \frac{V_\theta}{r}\frac{\partial V_r}{\partial \theta} - \frac{V_\theta^2}{r} + V_z\frac{\partial V_r}{\partial z}$$
$$= -\frac{1}{\rho}\frac{\partial p}{\partial r} + \nu\left[\frac{\partial}{\partial r}\left\{\frac{1}{r}\frac{\partial}{\partial r}(rV_r)\right\} + \frac{1}{r^2}\frac{\partial^2 V_r}{\partial \theta^2} - \frac{2}{r^2}\frac{\partial V_\theta}{\partial \theta} + \frac{\partial^2 V_r}{\partial z^2}\right] + F_r$$

$$\frac{\partial V_\theta}{\partial t} + V_r\frac{\partial V_\theta}{\partial r} + \frac{V_\theta}{r}\frac{\partial V_\theta}{\partial \theta} + \frac{V_r V_\theta}{r} + V_z\frac{\partial V_\theta}{\partial z}$$
$$= -\frac{1}{\rho r}\frac{\partial p}{\partial \theta} + \nu\left[\frac{\partial}{\partial r}\left\{\frac{1}{r}\frac{\partial}{\partial r}(rV_\theta)\right\} + \frac{1}{r^2}\frac{\partial^2 V_\theta}{\partial \theta^2} + \frac{2}{r^2}\frac{\partial V_r}{\partial \theta} + \frac{\partial^2 V_\theta}{\partial z^2}\right] + F_\theta$$

$$\frac{\partial V_z}{\partial t} + V_r\frac{\partial V_z}{\partial r} + \frac{V_\theta}{r}\frac{\partial V_z}{\partial \theta} + V_z\frac{\partial V_z}{\partial z}$$
$$= -\frac{1}{\rho}\frac{\partial p}{\partial z} + \nu\left[\frac{1}{r}\frac{\partial}{\partial r}\left(r\frac{\partial V_z}{\partial r}\right) + \frac{1}{r^2}\frac{\partial^2 V_z}{\partial \theta^2} + \frac{\partial^2 V_z}{\partial z^2}\right] + F_z$$

ただし，V_r, V_θ, V_z は r, θ, z 方向の速度成分，F_r, F_θ, F_z は単位質量あたりの体積力を表す．これらを用いて，

（1）円管内を管軸方向に流体が定常状態で流れている場合について速度分布（ハーゲン・ポアズイユの式）を求めよ．

（2）水平な同心の二重円管内（外半径 R_2，内半径 R_1）を定常流れが層流状態で軸方向に流れているとき，二重円管内の速度分布を求めよ．

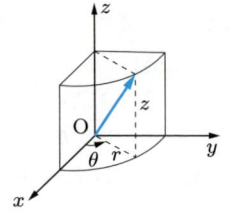

図 **5.10** 円筒座標

5.6 無限に長い半径 a の円柱が軸を中心に角速度 ω_0 で回転している．このときの流れは定常で軸対称であるとし，速度分布と円柱の単位長さに作用するトルクを求めよ．

5.7 速度の変動成分 u' が $u' = a\sin\omega t$ で表されるとき，$\overline{u'^2}$ の一周期の平均値を求めよ．ここで，ω は角速度である．

5.8 式 (5.82)，(5.83) と式 (5.22)〜(5.24)，式 (5.39)〜(5.41) の形を考慮し，非圧縮性**三次元乱流の運動方程式**（Reynolds equation）を書き下せ．

第 6 章
境界層流れ

本章では，プラントルによるいわゆる境界層の概念にもとづいて，層流境界層および乱流境界層の扱い方やそれらの基本的な性質について述べる．境界層の概念により，物体や流路に作用する摩擦力などの計算が比較的容易に行えるようになり，今日の航空機をはじめとする流体工学の発達に大きく貢献した．

6.1 境界層の概念

4.3節で述べたように，物体まわりの流れは，レイノルズ数（**慣性力**（inertia force）と**粘性力**（viscous force）の比）が大きいとき，物体表面近くで粘性の作用により物体と流体との相対速度が急激に減少する薄い層（物体表面に流体が付着する条件を満たすために速度が減少する）とその外側の主流とに分けて考えることができる．この物体表面の薄い層の流れは，レイノルズ数が小さい場合のように，粘性力だけに支配される流れではなく，粘性力にも慣性力にも同程度に影響されるものである．プラントルはこのような層を**境界層**（boundary layer）と名付け，このような層を考えることによって，粘性のもついろいろな作用を説明できることを示した．

6.2 境界層方程式

非圧縮性流体のナビエ・ストークス方程式は，二次元流れで体積力が無視できる場合には，5.4節に示したように，

$$\frac{\partial u}{\partial t} + u\frac{\partial u}{\partial x} + v\frac{\partial u}{\partial y} = -\frac{1}{\rho}\frac{\partial p}{\partial x} + \nu\left(\frac{\partial^2 u}{\partial x^2} + \frac{\partial^2 u}{\partial y^2}\right) \tag{6.1}$$

$$\frac{\partial v}{\partial t} + u\frac{\partial v}{\partial x} + v\frac{\partial v}{\partial y} = -\frac{1}{\rho}\frac{\partial p}{\partial y} + \nu\left(\frac{\partial^2 v}{\partial x^2} + \frac{\partial^2 v}{\partial y^2}\right) \tag{6.2}$$

となる．また，連続の式は，

$$\frac{\partial u}{\partial x} + \frac{\partial v}{\partial y} = 0 \tag{6.3}$$

となる．

いま，図6.1のようにわん曲面壁に沿う流れを考えることにする．壁に沿ってx軸，

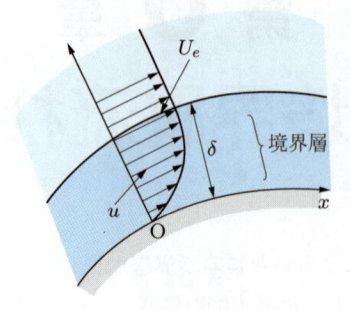

図 **6.1** 境界層

これに垂直に y 軸を選ぶ．壁面では，$u = v = 0$．U_e を境界層の外縁の速度，δ を境界層の厚さとする．狭い δ の区間で u は 0 から U_e まで変化するから，速度 U_e と物体の代表長さを基準の大きさに選び，δ を代表長さに比べて小さい量と考えると，

$$U_e \sim O(1), \quad \frac{\partial}{\partial x} \sim O(1), \quad \frac{\partial}{\partial y} \sim O(\delta^{-1}), \quad \frac{\partial u}{\partial y} \sim O(\delta^{-1}),$$

$$\frac{\partial^2 u}{\partial y^2} \sim O(\delta^{-2}), \quad u, \quad \frac{\partial u}{\partial t}, \quad \frac{\partial u}{\partial x}, \quad \frac{\partial^2 u}{\partial x^2} \sim O(1)$$

となる．一方，連続の式で，

$$\frac{\partial u}{\partial x} \sim O(1)$$

であるので，

$$\frac{\partial v}{\partial y} \sim O(1)$$

となる．したがって，

$$v \sim O(\delta)$$

となる．ここで，式 (6.1) の各項のオーダーの大きさは，

$$\frac{\partial u}{\partial t} + u\frac{\partial u}{\partial x} + v\frac{\partial u}{\partial y} = -\frac{1}{\rho}\frac{\partial p}{\partial x} + \nu\left(\frac{\partial^2 u}{\partial x^2} + \frac{\partial^2 u}{\partial y^2}\right)$$

$$\vdots \qquad \vdots \qquad \vdots \qquad\qquad \vdots \qquad \vdots$$

オーダー　　1　　　1　　　1　　　　　　1　　　δ^{-2}

比較 $1 << \delta^{-2}$

となるので，微小項を省略すると，式 (6.1) は，次式のようになる．

$$\frac{\partial u}{\partial t} + u\frac{\partial u}{\partial x} + v\frac{\partial u}{\partial y} = -\frac{1}{\rho}\frac{\partial p}{\partial x} + \nu\frac{\partial^2 u}{\partial y^2} \tag{6.4}$$

ここで，流れは層流とし，粘性項と慣性項は同程度の大きさであると考えると，

$$\nu\frac{\partial^2 u}{\partial y^2} \sim \nu O(\delta^{-2}) \sim O(1)$$

であるので，

$$\nu \sim O(\delta^2) \quad \text{あるいは，} \quad \delta \sim O(\nu^{\frac{1}{2}})$$

となる．

次に，式 (6.2) の各項のオーダーは，

$$\frac{\partial v}{\partial t} + u\frac{\partial v}{\partial x} + v\frac{\partial v}{\partial y} = -\frac{1}{\rho}\frac{\partial p}{\partial y} + \nu\left(\frac{\partial^2 v}{\partial x^2} + \frac{\partial^2 v}{\partial y^2}\right)$$

| オーダー | δ | δ | δ | δ^2 | δ | δ^{-1} |

であるので，粘性項と慣性項はいずれも δ のオーダーとなる．よって，式 (6.2) は，結局，次のようになる．

$$-\frac{1}{\rho}\frac{\partial p}{\partial y} = O(\delta) \tag{6.5}$$

式 (6.5) によれば，境界層の外側と物体表面との圧力差は δ^2 のオーダーとなり，無視できる．すなわち，境界層内で y の方向に圧力の変化はないと考えてよい．式 (6.4)，(6.5) は非圧縮性流体における二次元**境界層方程式**（boundary layer equation）で，1904 年に**プラントル**（Prandtl）によって導かれた．

境界層のすぐ外側では粘性の影響が無視でき，$U_e = U_e(x)$ であるので，次式が成り立つ．

$$\frac{\partial U_e}{\partial t} + U_e\frac{\partial U_e}{\partial x} = -\frac{1}{\rho}\frac{\partial p}{\partial x} \tag{6.6}$$

とくに，定常流れでは，

$$\frac{\partial p}{\partial x} = -\rho U_e \frac{dU_e}{dx} \tag{6.7}$$

となる．式 (6.7) を用いると，定常流れでは，境界層方程式 (6.4) は，次のようになる．

$$u\frac{\partial u}{\partial x} + v\frac{\partial u}{\partial y} = U_e\frac{dU_e}{dx} + \nu\frac{\partial^2 u}{\partial y^2} \tag{6.8}$$

6.3 運動量積分方程式

図 6.2 のような二次元流れを考える．流れは左から右であり，固体壁に沿っている．6.1 節で述べたように物体表面 ($y=0$) での速度はゼロであるので，速度は物体表面のゼロから境界層外縁 ($y=\delta$) の速度 $U_e(x)$ まで連続的に変化する．ここで，検査体積を，図のように y 方向に $y=0$ から $H(H>\delta(x))$，x 方向に dx とることにする．検査体積内に左側から流入する質量は，

$$\int_0^H \rho u \, dy \tag{6.9}$$

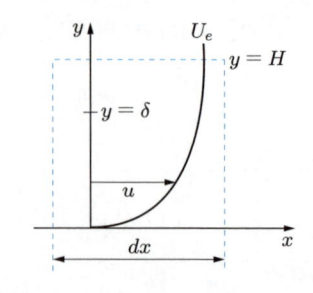

図 6.2 運動量積分方程式に対する検査面

である．一方，右側から流出する質量は，

$$\int_0^H \rho u \, dy + \frac{d}{dx}\left(\int_0^H \rho u \, dy\right) dx \tag{6.10}$$

となる．流れが定常で，検査体積内の質量は保存されるので，式 (6.10) と式 (6.9) との差，

$$\frac{d}{dx}\left(\int_0^H \rho u \, dy\right) dx \tag{6.11}$$

は，検査体積の上部から流入しなければならない．検査体積内に左側から流入する運動量は，

$$\int_0^H \rho u^2 \, dy \tag{6.12}$$

となる．

一方，右側から流出する運動量は，

$$\int_0^H \rho u^2 \, dy + \frac{d}{dx}\left(\int_0^H \rho u^2 \, dy\right) dx \tag{6.13}$$

である．検査体積の上部から流入する質量によって検査体積内に輸送される x 方向の運動量は，境界層外縁の速度 $U_e(x)$ と式 (6.11) で与えられる質量との積，

$$U_e(x)\frac{d}{dx}\left(\int_0^H \rho u \, dy\right) dx \tag{6.14}$$

である．したがって，検査体積に流入する運動量と，流出する運動量の差は，

$$\frac{d}{dx}\left(\int_0^H \rho u^2\,dy\right)dx - U_e(x)\frac{d}{dx}\left(\int_0^H \rho u\,dy\right)dx \tag{6.15}$$

で与えられる.

ところで，運動量の法則から，x 方向の運動量の変化は流体に作用する x 方向の力の総和とつり合う．ここで，重力などの体積力を無視すると，x 方向の力として圧力による力とせん断力を考慮すればよいことになる．境界層内では基本的に $dp/dy \approx 0$ であるので，p は x のみの関数と考えることができる．したがって，左側に作用する圧力による力は pH で，右側では，

$$-\left(p + \frac{dp}{dx}dx\right)H$$

が作用する．よって，検査体積の流体に作用する圧力による力の総和は，

$$-\left(\frac{dp}{dx}dx\right)H \tag{6.16}$$

となる．物体表面には x の負の方向にせん断力が作用するので，流れが層流であると仮定すれば，

$$-\tau_w dx = -\mu \frac{\partial u}{\partial y}\bigg|_{y=0} dx \tag{6.17}$$

となる．しかし，$(\partial u/\partial y)_{y=\delta} = 0$ であるので，境界層外縁ではせん断力は作用しない．ところで，式 (6.15) の第 2 項は，

$$U_e(x)\frac{d}{dx}\left(\int_0^H \rho u\,dy\right)dx = \frac{d}{dx}\left(\int_0^H \rho u\,U_e(x)dy\right)dx - \frac{dU_e(x)}{dx}\left(\int_0^H \rho u\,dy\right)dx \tag{6.18}$$

と書き直せるので，結局，運動量の法則から，

$$-\tau_w - H\frac{dp}{dx} = -\rho\frac{d}{dx}\left(\int_0^H (U_e(x) - u)u\,dy\right) + \frac{dU_e(x)}{dx}\rho\left(\int_0^H u\,dy\right) \tag{6.19}$$

を得る．これらの式を**カルマン**（Karman）の積分条件といい，境界層に対する運動量方程式である．ここで，**排除厚さ**（displacement thickness）（境界層が外側の流れを押しのける厚さ），

$$\delta^* = \int_0^\delta \left(1 - \frac{u}{U_e}\right)dy \tag{6.20}$$

と**運動量厚さ** (momentum thickness) ($\rho U_e^2 \theta$ が境界層の中で失われる運動量を表す)，

$$\theta = \int_0^\delta \left(1 - \frac{u}{U_e}\right) \frac{u}{U_e} dy \tag{6.21}$$

を用いて，さらに，式 (6.7) を考慮すると，式 (6.19) は，次式となる．

$$\frac{d\theta}{dx} + \frac{1}{U_e}\frac{dU_e}{dx}(2\theta + \delta^*) = \frac{\tau_w}{\rho U_e^2} \tag{6.22}$$

6.4 流れに平行な平板まわりの層流境界層

速度 U_∞ の一様流中に，図 6.3 に示すように流れに平行に平板を置く．平板の表面に沿って x 軸を選ぶ．流れは定常で，x 方向の圧力勾配はゼロ ($dp/dx = 0$) とする．

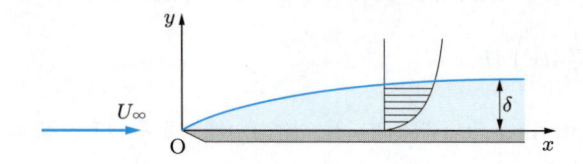

図 6.3 流れに平行な平板の境界層

このとき，式 (6.4) の境界層方程式は，

$$u\frac{\partial u}{\partial x} + v\frac{\partial u}{\partial y} = \nu \frac{\partial^2 u}{\partial y^2} \tag{6.23}$$

となり，連続の式は，

$$\frac{\partial u}{\partial x} + \frac{\partial v}{\partial y} = 0 \tag{6.3}$$

である．ここで，2.10 節で示した流れ関数 ψ を導入すると，連続の式は自動的に満足される．

$$u = \frac{\partial \psi}{\partial y}, \qquad v = -\frac{\partial \psi}{\partial x} \tag{6.24}$$

境界条件は，

$$\left.\begin{array}{l} y = 0,\ x \geqq 0 : u(x,0) = v(x,0) = 0 \\ y \to \infty,\ -\infty < x < \infty : u(x,y) \to U_\infty \\ x = 0 : u(0,y) = U_\infty \end{array}\right\} \tag{6.25}$$

である．ここで，

$$\psi = (\nu U_\infty x)^{\frac{1}{2}} f(\eta), \qquad y = \left(\frac{\nu x}{U_\infty}\right)^{\frac{1}{2}} \eta \tag{6.26}$$

とおき，独立変数を x, y から x, η に変換する．ところで，

$$\left(\frac{\partial}{\partial x}\right)_y = \left(\frac{\partial}{\partial x}\right)_\eta + \left(\frac{\partial}{\partial \eta}\right)_x \left(\frac{\partial \eta}{\partial x}\right)_y = \left(\frac{\partial}{\partial x}\right)_\eta - \frac{\eta}{2x}\left(\frac{\partial}{\partial \eta}\right)_x$$

$$\left(\frac{\partial}{\partial y}\right)_x = \left(\frac{\partial}{\partial \eta}\right)_x \left(\frac{\partial \eta}{\partial y}\right)_x = \left(\frac{U_\infty}{\nu x}\right)^{\frac{1}{2}} \left(\frac{\partial}{\partial \eta}\right)_x$$

であるから，

$$u = \frac{\partial \psi}{\partial y} = U_\infty f'(\eta), \qquad v = -\frac{\partial \psi}{\partial x} = \frac{1}{2}\left(\frac{\nu U_\infty}{x}\right)^{\frac{1}{2}} (\eta f' - f) \tag{6.27}$$

となる．ただし，' は η についての微分を表す．式 (6.27) を式 (6.23) に代入すると，

$$-\frac{U_\infty^2}{2x}\eta f' f'' + \frac{U_\infty^2}{2x}(\eta f' - f)f'' = \nu \frac{U_\infty^2}{\nu x} f'''$$

を得る．したがって，

$$ff'' + 2f''' = 0 \tag{6.28}$$

となる．微分方程式 (6.28) の境界条件は，式 (6.25) と比較して，以下のように書ける．

$$\eta = 0 : f(0) = f'(0) = 0, \qquad \eta \to \infty : f'(\eta) \to 1 \tag{6.29}$$

式 (6.28) は非線形の微分方程式であり，その解は数値的に表 6.1 のように求められ，境界層内の速度分布は図 6.4 に示すとおりとなる．この解法は**ブラジウス**（Blasius）によって行われ，表 6.1，図 6.4 の解はブラジウスの解として広く知られている．図 6.4 は，ブラジウスの解と**ニクラゼ**（Nikuradse）の実験値とを対比している．理論と実験はレイノルズ数の広い範囲にわたりよく一致することがわかる．このことは，平板の層流境界層の速度分布は，平板の前縁からの距離 x によらず，u/U_∞ と $y\sqrt{U_\infty/\nu x}$ の関係によって表しうることを示している．このような解を**相似解**（similar solution）という．

平板表面の単位面積に作用する摩擦力を τ_0 とすれば，

$$\tau_0 = \mu \left(\frac{\partial u}{\partial y}\right)_{y=0} = \mu U_\infty \left(\frac{U_\infty}{\nu x}\right)^{\frac{1}{2}} f''(0) = 0.33206 \mu U_\infty \left(\frac{U_\infty}{\nu x}\right)^{\frac{1}{2}} \tag{6.30}$$

第 6 章 境界層流れ

表 **6.1** 平板境界層内の速度分布（理論値）

η	$f'(\eta)$	η	$f'(\eta)$	η	$f'(\eta)$
0	0	2.4	0.7290	4.8	0.9878
0.4	0.1328	2.8	0.8115	5.2	0.9943
0.8	0.2647	3.2	0.8761	5.6	0.9975
1.2	0.3938	3.6	0.9233	6.0	0.9990
1.6	0.5168	4.0	0.9555		
2.0	0.6298	4.4	0.9759		

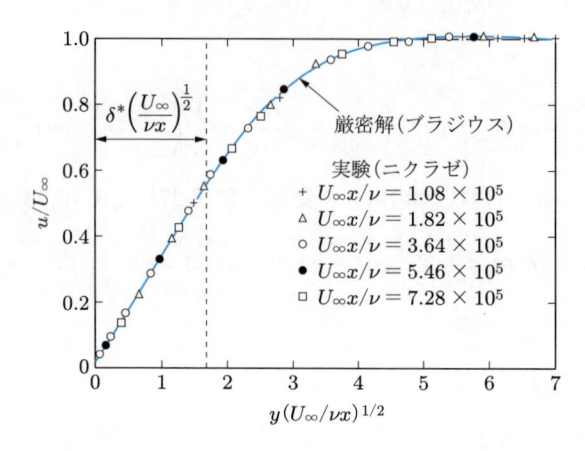

図 **6.4** 平板境界層内の速度分布（伊藤英覚・本田 陸『流体力学』丸善より）

である．τ_0 を境界層のすぐ外側の動圧 $\rho U_\infty^2/2$ で割った値 c_f' を**局所摩擦係数**（local skin friction coefficient）という．平板では式 (6.30) から，

$$c_f' = \frac{\tau_0}{\frac{\rho U_\infty^2}{2}} = 0.6641 \left(\frac{\nu}{U_\infty x}\right)^{\frac{1}{2}} \tag{6.31}$$

となる．

ところで，長さ l，幅 b の平板の摩擦抵抗を片側で D とすれば，

$$D = b\int_0^l \tau_0 dx = 0.6641 \mu U_\infty \left(\frac{U_\infty l}{\nu}\right)^{\frac{1}{2}} b \tag{6.32}$$

となる．平板の**摩擦抵抗係数**（total skin friction coefficient）C_f は，次式で定義される．

$$C_f = \frac{2D}{\rho U_\infty^2 S} \tag{6.33}$$

ただし，$S = 2bl$ である．式 (6.32) を式 (6.33) に代入すれば，

$$C_f = \frac{1.3282}{R_e{}^{1/2}} \tag{6.34}$$

を得る．ここで，$R_e = U_\infty l/\nu$ である．式 (6.34) は平板の層流の摩擦抵抗公式で $R_e > 10^4$ で成立する．

境界層内の速度は固体表面から離れるに従って，漸近的に境界層外側の速度に近づいていく．それゆえ，通常，境界層内の速度の大きさが境界層外側の速度の何%かに達した位置をもって便宜上境界層の厚さと定義する．たとえば，境界層内の速度が境界層外側の速度の99%に達した位置をもって境界層の厚さと定義すれば，平板境界層では，表 6.1 から，

$$\delta \approx 5.0 \sqrt{\frac{\nu x}{U_\infty}} \tag{6.35}$$

となる．

境界層理論においては，上記の δ よりも物理的意味が正確に定義される排除厚さ δ^*（式 (6.20)）や運動量厚さ θ（式 (6.21)）などが用いられる．平板境界層では，

$$\delta^* = 1.7208 \sqrt{\frac{\nu x}{U_\infty}} \tag{6.36}$$

$$\theta = 0.6641 \sqrt{\frac{\nu x}{U_\infty}} \tag{6.37}$$

となる．

例題 6.1 流速 40 m/s の 20°C の流れの中にある平板の層流境界層厚さ $\delta(x)$ を，空気と水の場合について求めよ．また，平板前縁から距離 x が同じ位置で空気の場合の境界層厚さは，水の場合のそれの何倍になるかを求めよ．

解 式 (6.35) から，

$$\delta(x) = 5.0 \sqrt{\frac{\nu x}{U_\infty}}$$

であり，さらに，空気と水の物性は表 1.2 より，

$$\nu_{air} = 1.502 \times 10^{-5} \text{ m}^2/\text{s}, \quad \nu_{water} = 1.004 \times 10^{-6} \text{ m}^2/\text{s}$$

である．よって，

$$\delta(x)_{air} = 3.06 \times 10^{-3} \times \sqrt{x} \text{ [m]}, \quad \delta(x)_{water} = 0.792 \times 10^{-3} \times \sqrt{x} \text{ [m]}$$

となる．境界層厚さの比は，

$$\frac{\delta(x)_{air}}{\delta(x)_{water}} \approx 3.86$$

となる．

6.5 境界層のはく離

物体に沿う流れや管内流れにおいて圧力が流れ方向に急激に上昇すると，流れ模様が劇的に変化することがよく観察される．図 6.5 に示す流れの模式図によれば，表面形状に沿って形成されている表面近くの境界層内の流線は突然表面から離れることがわかる．これを流れのはく離とよぶ．もし，翼面上で流れのはく離が起これば，翼の性能は著しく低下するなど，一般に，流れのはく離は好ましくない．流れのはく離は以下のように考えることができる．流線に沿ってベルヌーイの式が成り立つとすると，

$$u\frac{du}{dx} = -\frac{1}{\rho}\frac{dp}{dx} \tag{6.38}$$

である．境界層の外側の粘性の影響を考慮しなくてもよい流れでは，この式から，境界層の外縁の速度 U_e と圧力勾配の関係がわかる．式 (6.38) より圧力が流れ方向に増加すると速度は減少することになる．境界層方程式によれば，圧力は境界層内で流れに直角方向に変化しないので，流れ方向の圧力勾配は境界層内で同じでなければならない．すなわち，

$$u\frac{du}{dx} = U_e\frac{dU_e}{dx} \tag{6.39}$$

である．この関係は，圧力勾配が存在すると，より速度の小さい境界層内では境界層外側の非粘性流れよりも大きな速度の変化が生じることを示している（$u < U_e$ であるから $du/dx > dU_e/dx$）．すなわち，物体表面では u がゼロに漸近するので，圧力勾配は u の小さな領域で大きな速度変化 Δu を生じさせることになる．その結果，図に模

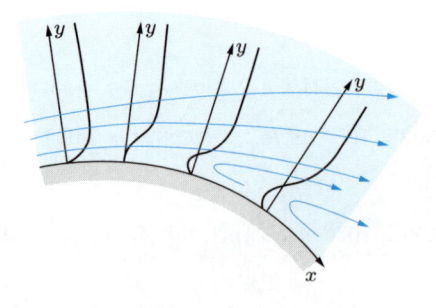

図 **6.5** 境界層はく離点前後の速度分布

式的に示したように流れは変化し，ついには，逆流を生じさせることになり，流れははく離する．流れがはく離すると境界層は厚くなり，境界層方程式は成立しなくなる．

6.6 層流境界層から乱流境界層への遷移

境界層においても管内の流れと同様に，レイノルズ数が低い間は流れは層流であるが，レイノルズ数が高くなると乱流に遷移する．速度 U_∞ の一様流中に，流れに平行に置かれた平板の**遷移レイノルズ数**（critical Reynolds number）は，4.2 節で述べたように，通常は，

$$\left(\frac{U_\infty x}{\nu}\right)_{\mathrm{crit}} = 3.2 \times 10^5 \sim 10^6$$

で与えられる．ここで，x は平板の前縁から遷移点までの距離である．遷移レイノルズ数の大きさは境界層の外側の一様流の乱れ強さによって変化し，乱れ強さが減少するほど遷移レイノルズ数は高くなる．図 6.6 は，平板に沿う境界層厚さ δ の変化を測定した結果である．図の縦軸には層流境界層厚さに対する無次元量 $\delta\sqrt{U_\infty/\nu x}$ をとっているので，その値は層流領域では式（6.35）からもわかるように一定となるが，レイノルズ数が遷移レイノルズ数より大きくなり，境界層が乱流境界層になると，層流境界層における $\delta \propto \sqrt{x}$ の関係からはずれて境界層厚さは急激に増加する．また，境界層内の時間平均の速度分布は，遷移領域において，図 6.7 に示すように，層流の速度分布から乱流に特有の速度分布に徐々に変化する．

図 6.6 平板境界層の厚さの変化
（島 章・小林陵二『水力学』丸善より）

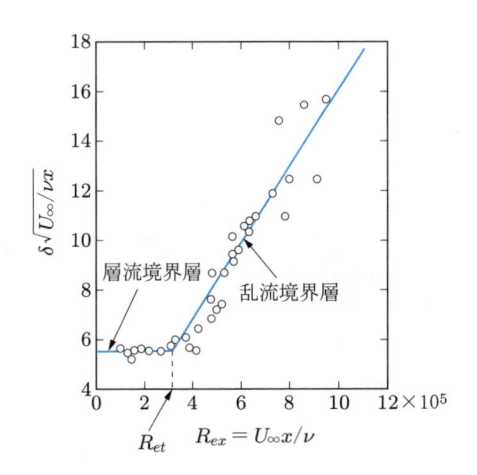

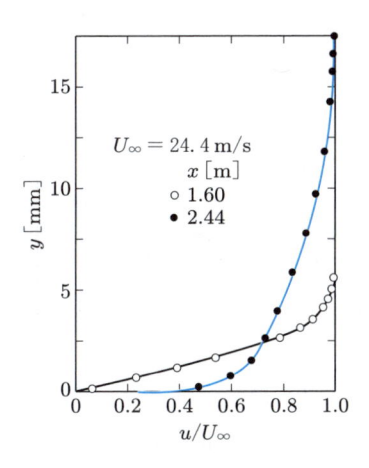

図 6.7 平板境界層の遷移領域前後における速度分布
（島 章・小林陵二『水力学』丸善より）

6.7 乱流境界層の速度分布

図 6.8 は,乱流境界層の平均速度分布を詳細に観察するために,u/U_e を y/δ で整理し直したものである.乱流境界層内の速度は $y/\delta = 0$ 近くのごく狭い領域で急激に減少する.この現象は粘性の異なる流体の層が組み合わさった層流境界層にたとえることができる.すなわち,$0.05 \leqq y/\delta \leqq 1.00$ の領域の高粘性流体と壁近傍の $0 \leqq y/\delta \leqq 0.05$ の領域の低粘性流体とに分けて考えることができる.単純な力のつり合いから,二つの流体の**界面**(interface)におけるせん断応力は等しいので,

$$\mu_1 \left(\frac{\partial u_1}{\partial y}\right)_{\text{interface}} = \mu_2 \left(\frac{\partial u_2}{\partial y}\right)_{\text{interface}}$$

と書ける.ここで,添え字 1,2 は仮想の二つの流体の区別を示す.

したがって,速度分布の勾配は仮想の二つの流体の界面において比 μ_2/μ_1 で急激に変化しなければならない.平板上の層流境界層と乱流境界層にはもう一つの重要な相異がある.層流境界層においては,流体の種類によらず,レイノルズ数や壁面の粗さが変化しても,速度分布は u/U_e と y/δ の関係で表すとすべて同じ分布になる.乱流境界層では図 6.9 に示すように,レイノルズ数や壁面の粗さが変化すると速度分布の形状も変化することがわかる.図 6.9 の結果から次の重要な結論が導かれる.比 $\delta^*/\theta \equiv H$(**形状係数**;shape parameter)は速度分布から決定されるので,たとえば,平板上の層流境界層では,形状係数 H は定数で,2.6 となる.しかし,乱流境界層では,形状係数は平板の摩擦係数 C_f に依存することが図 6.9 よりわかる.したがって,形状係数は,乱流境界層の場合,速度分布の形状を与えるパラメータとして用いることはできない.

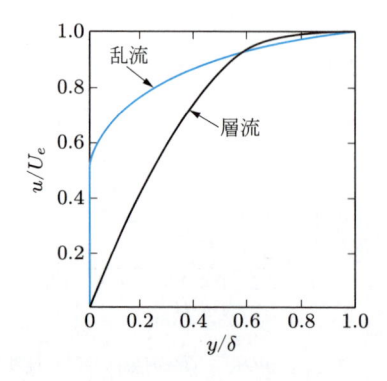

図 6.8 層流境界層と乱流境界層の速度分布

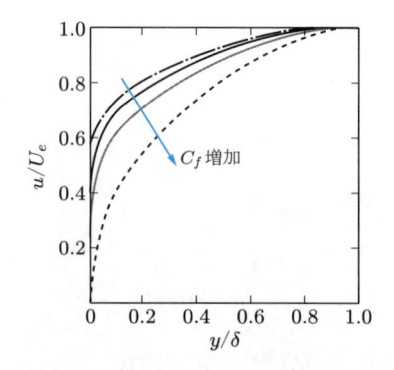

図 6.9 乱流境界層の速度分布に及ぼす表面粗さの影響

このように，乱流境界層は複雑であり，速度分布に対する相似性がないように見うけられる．しかし，多くの研究者によって速度分布の相似性について研究され，その結果，**クラウザー**（Clauser）が明快な概念を見いだしている．ここではその概念について述べる．

図 6.9 の曲線は多項式によって近似できなくはないが，ここでは $(1 - u/U_e)$ で定義される**速度欠損**（velocity defect）を考えることにする．図 6.9 から速度欠損の大きさは $1/\sqrt{C_f}$ に関係するようにみえる．図 6.9 によれば，大きな C_f の場合には大きな速度欠損が生じていることがわかる．このことは，より大きな C_f の場合は，境界層内の流体に作用するより大きな減速力（これは速度の減少，したがって運動量の減少を意味する）が存在することを意味している．そこで，C_f の影響を表すために，摩擦速度 u_* とよばれる仮想の速度を導入することにする．すなわち，壁面せん断応力を密度で割った量は速度の 2 乗の次元をもつので，摩擦速度を以下のように定義する．

$$u_* \equiv \sqrt{\frac{\tau_w}{\rho}} \tag{6.40}$$

したがって，摩擦速度と壁面摩擦係数との関係は，

$$\frac{u_*}{U_e} = \sqrt{\frac{\tau_w}{\rho U_e^2}} = \sqrt{\frac{C_f}{2}} \tag{6.41}$$

となる．したがって，乱流の性質を表す座標として，平板境界層では，

$$\frac{u/U_e - 1}{\sqrt{C_f/2}} = \frac{u - U_e}{u_*}$$

をとることができる．ほかの座標としては y/δ をそのままとることにする．なぜなら，y は独立な変数であり，δ は乱流境界層の場合においても望ましい相似パラメータと考えられるからである．この座標軸の選択は，図 6.10 に示すように，実験値をうまく整理できる．このように，速度分布が，

$$\frac{u - U_e}{u_*} = f\left(\frac{y}{\delta}\right)$$

の関係で表されることを**欠損法則**（defect law）とよぶ．

図 6.10 では，いわゆる壁近くのごく近傍の y/δ の小さい領域においては欠損法則はあてはまらない．前に述べたように，この領域では速度は急激に減少し，壁でゼロとなる．図 6.10 ではこの y/δ の小さい領域の差ははっきりしないが，以下の物理的考察から，速度欠損法則が壁近くでは成立しないことがわかる．境界層を壁近傍とその外側の領域に分けると，外側の部分では局所の平均速度と境界層外縁の速度の差が重

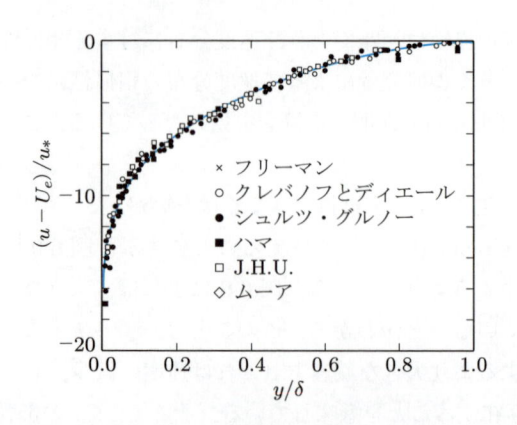

図 6.10 乱流境界層の速度欠損法則

要である．局所平均速度と壁面上での速度ゼロとの差は外側の部分では考慮にいれない．しかし，壁のごく近傍の領域では，局所平均速度と壁面上での速度ゼロとの差が重要である．とくに，そのような領域では，速度に対して相似性を表す量として摩擦速度そのものが考えられる．そこで，$u/u_* \equiv u^+$ を採用することにする．境界層内の外側の領域では，y は δ に関連して y/δ で計算されるが，内側の領域では，δ はそれほど重要な量ではない．なぜなら，内側の領域は境界層厚さ δ の 10% 程度しか占めないので，境界層外縁付近の変化は内側の領域にはほとんど影響を及ぼさないからである．ではそのとき，y の無次元化はどのようにすればよいのであろうか．そこで，以下の形のレイノルズ数を適用することを試みよう．

$$y^+ \equiv \frac{y u_*}{\nu} \tag{6.42}$$

図 6.11 は境界層の内側の領域の速度分布であり，速度分布が y^+ と u^+ とで整理で

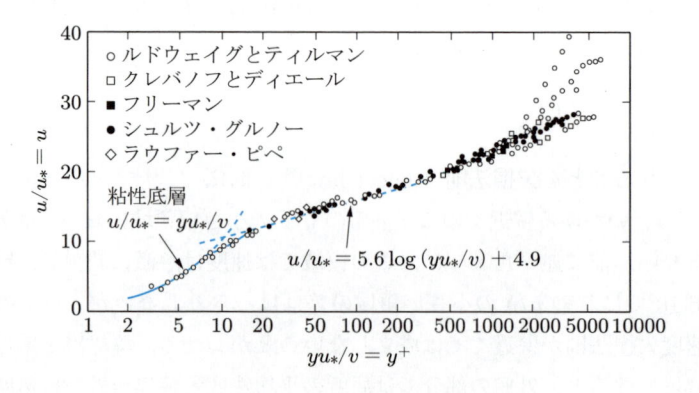

図 6.11 乱流境界層の壁法則

きることがわかる．このように，速度分布が $u/u_* = g(yu_*/\nu)$ の形に整理できることを**壁法則**（law of the wall）が成立するという．$u_* \equiv \sqrt{\tau_w/\rho}$ の導入は乱流境界層の速度分布を理解するうえで重要な概念であるから，壁面せん断応力の正確な決定がきわめて大切である．壁法則が成り立つ層を内層という．内層内の速度分布を与える式は実験者により異なる．図中の式はクラウザーによって与えられたもので，内管の流れの場合とは係数が異なる（式 (4.40) 参照）．

さて，壁面のごく近傍では，速度変動は急激に減少しなければならない（壁面上では $u' = v' = w' = 0$ である）．したがって，乱流境界層内の壁面近傍に，ある種の層流流れの層が存在すると考えることは妥当であろう．ここで，この層を**粘性底層**（viscous sublayer）とよぶことにする．もし，yu_*/ν がこの領域の流れを記述するのにふさわしいレイノルズ数であるならば，層流が保たれるための臨界値が存在するはずである．もし，そのような粘性底層が存在するならば，層の厚さはとても薄いものであろう．ところで，圧力勾配のない平板上の層流境界層の運動量方程式は，式 (6.8) より，$\tau = \mu \partial u/\partial y$ を考慮して，

$$u\frac{\partial u}{\partial x} + v\frac{\partial u}{\partial y} = \frac{1}{\rho}\frac{\partial \tau}{\partial y}$$

と書ける．壁面では $u = v = 0$ であるので，上式は $\partial \tau/\partial y = 0$ となる．すなわち，図 6.12 に模式的に示すように，せん断応力の分布は，壁面のごく近傍においては $\partial \tau/\partial y \approx 0$ とみなすことができ，$\tau = \tau_w$ と考えることができる．この仮定は次式で表すことができる．

$$\tau = \mu \frac{\partial u}{\partial y} = \tau_w \neq F(y) \tag{6.43}$$

壁面上で $u = 0$ を考慮して積分すると，

$$u = \frac{y\tau_w}{\mu} \tag{6.44}$$

となり，無次元化して書き直すと，

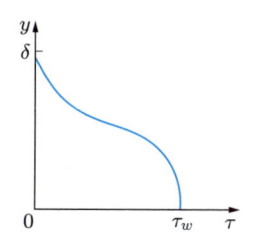

図 6.12 乱流境界層内におけるせん断応力の変化

$$\frac{u}{u_*} = \frac{yu_*}{\nu} \tag{6.45a}$$

あるいは，

$$u^+ = y^+ \tag{6.45b}$$

となる．図 6.11 からわかるように，式 (6.45a) が成立するのは $y^+ \approx 5\sim7$ までである．この事実は粘性底層の存在と，その厚さがきわめて薄いことを示している．境界層外縁では y^+ は 5000 のオーダーであるので，粘性底層は境界層厚さの千分の一程度の厚さとなる．

このように，境界層を二つの領域に分け，それぞれに適用される法則が導けたことになる．しかし，これらの二つの領域の境界ははっきりしておらず，図 6.10, 6.11 からわかるようになめらかに変化する．したがって，この境界においては速度欠損則と壁法則の両方が成立すると考えることにする．すなわち，

$$\frac{u - U_e}{u_*} = f\left(\frac{y}{\delta}\right) \tag{6.46}$$

$$\frac{u}{u_*} = g\left(\frac{yu_*}{\nu}\right) \tag{6.47}$$

が成立する．これらの式は，それぞれ以下のように書き直すことができる．

$$\frac{u}{u_*} = f\left(\frac{y}{\delta}\right) + \frac{U_e}{u_*} \tag{6.48a}$$

$$\frac{u}{u_*} = g\left[\left(\frac{y}{\delta}\right)\left(\frac{\delta u_*}{\nu}\right)\right] \tag{6.49a}$$

速度欠損則と壁法則の両者が成立するこの領域においては，すべての y について二つの式の値は等しくならなければならない．ここで，y は独立変数であり，U_e/u_* と $\delta u_*/\nu$ は境界層内では定数であるので，関数 g 内の因子 $\delta u_*/\nu$ は関数 f の外の定数項と同じ効果をもつ必要がある．このような関係をもつ唯一の関数は対数関数である．なぜならば，掛け算の対数は二つの対数の和として表されるからである．したがって，この境界領域では，

$$\frac{u - U_e}{u_*} = A\log\left(\frac{y}{\delta}\right) + B \tag{6.48b}$$

$$\frac{u}{u_*} = A\log\left(\frac{yu_*}{\nu}\right) + C \tag{6.49b}$$

と表すことができる．壁法則については，すでに図 6.11 に対数グラフで示してある．図 6.10 の欠損則を対数グラフで書くと，図 6.13 のようになる．クラウザーは実験結果から，$A = 5.6$, $B = -2.5$, $C = 4.9$ を提案している．

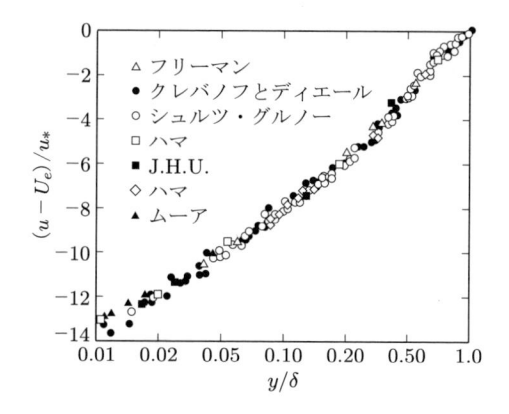

図 **6.13** 乱流境界層における速度欠損則の対数表示

乱流境界層は三つの層から形成されているとみることができ，それらの層のそれぞれに長さスケールと速度スケールを考えることができる．もっとも内側の層は**粘性底層**であり，長さスケールは ν/u_*，速度スケールは u_* である．壁法則が成り立つ**内層**（inner layer）では長さスケールは y，速度スケールは u_*，速度欠損則が成り立つ**外層**（outer layer）では長さスケールは δ，速度スケールは U_e である．

摩擦係数に関する関係式は，式（6.48b）と式（6.49b）から u と y を消去して，

$$\frac{U_e}{u_*} = A\log\left(\frac{\delta u_*}{\nu}\right) + C - B \tag{6.50}$$

となる．さらにこの式を書き直すと，

$$\sqrt{\frac{2}{C_f}} = A\log\left(R_{e\delta}\sqrt{\frac{2}{C_f}}\right) + C - B \tag{6.51}$$

を得る．

一方，壁面に作用するせん断応力が円管内乱流におけるブラジウスの式と同じ形であると考えると，

$$C_f = 0.0456(R_{e\delta})^{-1/4} \tag{6.52}$$

である．この式（6.52）は $R_{ex} = 10^7$ まで成立する．また，一般に使用される実験式としては，

$$\frac{1}{\sqrt{C_f}} = 4.15\log(R_{ex}C_f) + 1.7 \tag{6.53}$$

がある．長さ L の平板上の乱流に対する全摩擦抗力係数は，式（6.52）から，

$$C_D = \frac{0.427}{(\log(R_{eL}) - 0.407)^{2.64}} \tag{6.54}$$

および式 (6.53) から,

$$\frac{1}{\sqrt{C_D}} = 4.13 \log(R_{eL} C_D) \tag{6.55}$$

となる.

■ 演習問題 [6] ■

6.1 流れに平行に置かれた平板上の境界層内の速度分布が,次のような正弦曲線で表されるとき,平板のうける摩擦抵抗係数を求めよ.ここで,$\eta = y/\delta$ とする.

$$u = U \sin\left(\frac{\pi}{2}\eta\right)$$

6.2 乱流境界層の速度分布が円管の乱流の場合と同じように (1/7) 乗法則が成り立つものとする.すなわち,

$$\frac{u}{U} = \left(\frac{y}{\delta}\right)^{\frac{1}{7}}$$

で与えられる.このとき,排除厚さ,運動量厚さを求めよ.また,形状係数はいくらか.

第 7 章
噴流と後流

ノズルや狭いすきまから噴出する噴流や物体の後流は，下流にいくに従って周囲の流体と混合する．そのような流れの中では速度勾配が存在し，境界層の概念が適用できる．この章では，とくに乱流状態の噴流や後流についての取り扱い方について述べる．

7.1 自由せん断流れ

ここでは，取り扱う領域内に固体境界が存在しないような流れを考える．このような**自由せん断流れ**（free shear layer）には，図 7.1 に示すように，**単純せん断層**（simple shear layer），**噴流**（jet）および**後流**（wake）がある．

後流と噴流は，二つあるいはそれ以上の領域に分けることができる．物体の近くの後流や噴流のポテンシャルコアの部分では，その流れは複雑で，物体やノズルの形状に

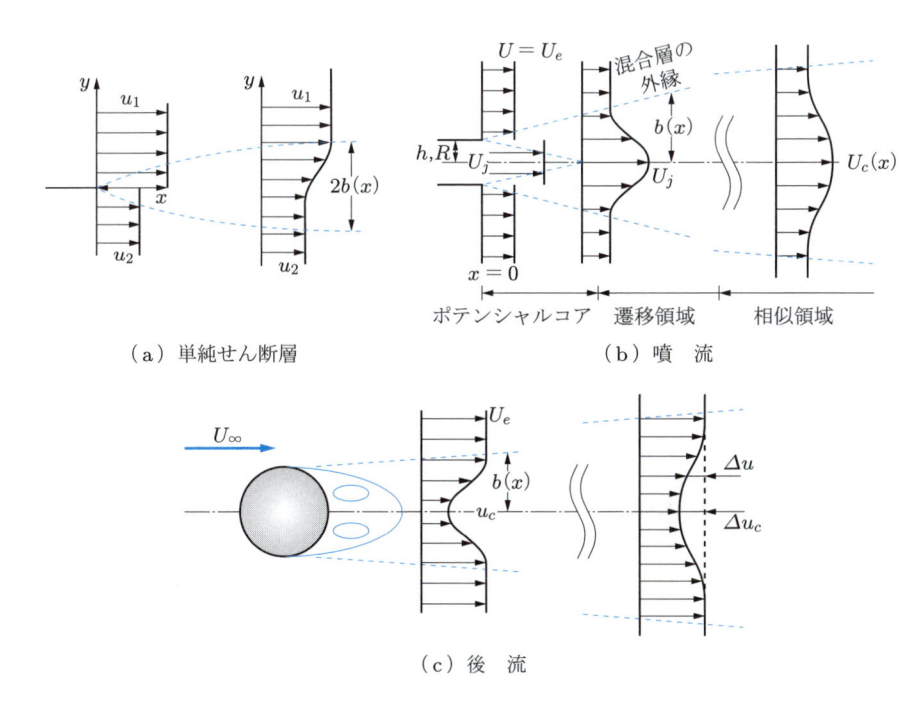

（a）単純せん断層　　（b）噴　流

（c）後　流

図 **7.1**　自由せん断流れ

依存する．物体の極近傍の流れは物体まわりの境界層のはく離の影響があるので，ここでは議論しないことにする．ノズルの内壁および外壁の境界層が薄い場合，噴流の境界から軸に向かって発達するせん断層が到達しない領域がノズル出口近傍に存在する．この領域内の流れは一様で非粘性と考えてさしつかえないので，この領域はポテンシャルコアとよばれる．ノズルから噴出した流れが十分に発達すると，ポテンシャルコアはなくなる．物体やノズルからかなり離れた領域では，流れはかなり普遍的な挙動を示すと考えられ，解析も簡単になる．ここでは，単純せん断層，噴流の混合領域，物体からかなり離れた後流を考えることにする．

7.2 単純せん断層

自由混合流れ（free mixing flow）のもっとも単純な形態は，薄い板によって仕切られる異なった速度をもつ二つの平行な流れによってつくられるものである．板の後方では，二つの流れはせん断層によって干渉し，混合領域が発達する（図 7.1（a））．この流れは**混合層**（mixing layer）とよばれる．流れが乱流の場合，仕切板から十分離れた後方では，速度や乱れの分布が相似になる**相似領域**（region of similarity）が存在する．ここでは，この相似領域における混合層の発達について考える．

仕切板後端からの流れ方向距離を x，せん断層の幅を b とする．乱流領域の発達は流れと直角方向の速度変動に比例すると考えられるので，

$$\frac{Db}{Dt} \propto v' \tag{7.1}$$

となる．ここで，混合距離の概念を導入すると，

$$v' \propto l_m \frac{\partial u}{\partial y} \tag{7.2}$$

となり，$\partial u/\partial y$ を $(u_1 - u_2)/b$ で近似すれば，次式を得る．

$$v' \propto \frac{l_m}{b}(u_1 - u_2) \tag{7.3}$$

ところで，

$$\frac{Db}{Dt} \approx \left(\frac{u_1 + u_2}{2}\right)\frac{db}{dx} \tag{7.4}$$

であるので，l_m/b を定数と考え，式 (7.1)〜(7.4) を用いると，

$$\frac{db}{dx} \approx \text{const.} \times \left(\frac{l_m}{b}\right) \approx \text{const.} \tag{7.5}$$

を得る．したがって，式 (7.5) を積分すれば，

$$b \propto x \tag{7.6}$$

となる．式（7.6）によれば，混合層の幅 b は仕切板後端からの距離 x に比例して増加する．

一方，速度分布については，層流境界層の場合と同様に相似解が存在し，**ゲルトラ**（Görtler）によって解かれ，その解は実験値と比較して図 7.2 に示されている．

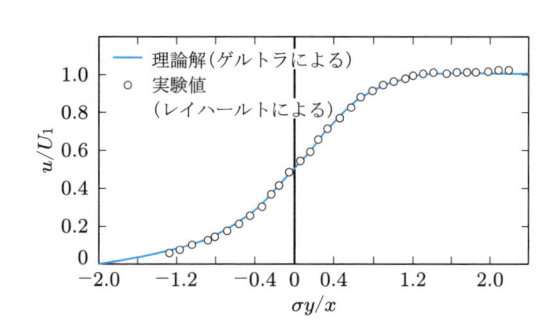

図 **7.2** 乱流単純せん断層の速度分布

7.3 噴 流

噴流は，流体がノズルから，速度のより遅い周囲流体中に流出する場合であり，図 7.1（b）に示すように三つの領域に分けることができる．ノズルから十分下流では，速度分布は混合層と同様に相似になる．噴流の幅について，単純せん断と同様の解析を行うと，噴流の幅は噴流の出口からの距離に比例して増加する．噴流の速度は下流に進むに従って減少する．この場合，流れ方向の運動量はどの面においても一定に保たれなければならないから，

$$J = \rho \int u^2 dA = \text{const.} \tag{7.7}$$

となる．ここでは軸対称噴流を考えることにする．この場合，噴流の幅 $b(x)$ は x に比例し，速度分布は相似であるとすると，速度 $u(x,r)/u(x,0)$ は，

$$\frac{u(x,r)}{u(x,0)} = f\left(\frac{r}{b}\right) \tag{7.8}$$

と書ける．式（7.8）を式（7.7）に代入すると，次式を得る．

$$u(x,0) = \text{const.} \times \left(\frac{1}{b}\right)\sqrt{\frac{J}{\rho}} \tag{7.9}$$

となる．

ここで，定数は速度分布の形状，すなわち $f(r/b)$ に依存する．結局，式（7.9）は，$b(x)$ が x に比例するので，

$$u(x,0) = \text{const.} \times \left(\frac{1}{x}\right)\sqrt{\frac{J}{\rho}} \tag{7.10}$$

となる．したがって，噴流の中心の速度は噴流の出口からの距離に逆比例して減少す

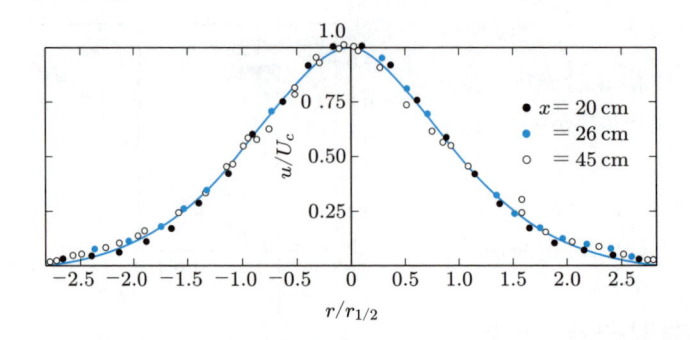

図 **7.3** 軸対称乱流噴流の速度分布

る．二次元噴流の場合には，同様の解析を行うと，噴流中心の速度は噴流の出口からの距離の平方根に逆比例して減少する．速度分布については，相似解が図 7.3 に示すように**トルミーン**（Tollmien）と**ゲルトラ**（Görtler）によって得られている．

> **例題 7.1** 軸対称噴流を考える．出口からの距離 x_1 の噴流中心の速度 $u(x_1, 0)$ が $0.25 u(x_1, 0)$ となる位置 x_2 を求めよ．また，位置 x_2 の噴流幅は位置 x_1 のそれの何倍かを求めよ．

解 式 (7.10) より，

$$u(x_1, 0) : u(x_2, 0) = \frac{1}{x_1} : \frac{1}{x_2} = 1 : 0.25$$

であるから，

$$x_2 = 4x_1$$

となる．噴流幅 b は x に比例するので，

$$\frac{b_2}{b_1} = \frac{x_2}{x_1} = 4$$

となる．

7.4 後 流

物体から十分離れた後流では，後流内と一様流との速度差が小さいので運動方程式が線形化され，その解析は簡単になる．ここでは，例として，二次元，非圧縮，等温（物性値は変化しない）で，層流の場合について解析することにする．もし，$\Delta u = U_\infty - u_c \ll 1$ であるとすると，境界層方程式は，

$$U_\infty \frac{\partial u}{\partial x} = \nu \frac{\partial^2 u}{\partial y^2} \tag{7.11}$$

となる．ただし，u_c は後流の中心における速度である．ここで，境界条件は $y \to \infty$ で $u(x,y) = U_\infty$ であり，軸に対して対称とすると，解は，

$$u(x,y) = U_\infty - \frac{C}{\sqrt{x}} U_\infty \exp\left(-\frac{U_\infty y^2}{4\nu x}\right) \tag{7.12}$$

である．定数 C は物体の抗力と運動量欠損とのつり合いによって決定される．もし，物体が二次元円柱の場合，長さ L の円柱にはたらく抗力は，

$$D = \rho L \int_{-\infty}^{\infty} u(U_\infty - u) dy \tag{7.13a}$$

で与えられる．ここで，$\Delta u = U_\infty - u$ と $u \approx U_\infty$ であることを考慮すると，式 (7.13a) は近似的に，

$$D = \rho U_\infty L \int_{-\infty}^{\infty} \Delta u\, dy \tag{7.13b}$$

と書くことができる．抗力係数 $C_D = D/(1/2\rho U_\infty^2 Ld)$ の定義（d は円柱の直径）と式 (7.12) を用いて，式 (7.13b) の積分を実行すると，

$$C = C_D \left(\frac{R_e d}{16\pi}\right)^{\frac{1}{2}} \tag{7.14}$$

を得る．すなわち，後流内の速度分布は，

$$\frac{U_\infty - u}{U_\infty} = C_D \left(\frac{R_e}{16\pi}\frac{d}{x}\right)^{\frac{1}{2}} \exp\left(\frac{-U_\infty y^2}{4\nu x}\right) \tag{7.15}$$

で与えられる．

次に，乱流の場合について，後流の広がりについて考える．乱流の場合については，式 (7.11) 中の動粘性係数を仮想的に渦動粘度に置き換えればよく，基本的には式 (7.12) ～(7.15) は乱流の場合も成立する．式 (7.13a) の積分の値は近似的に $\Delta u_c b(x)$ に比例すると考えられる．ここで，Δu_c は Δu の中心線上での値である．したがって，抗力係数の定義から，

$$\frac{\Delta u_c}{U_\infty} \propto \frac{C_D d}{2b} \tag{7.16}$$

となる．後流の幅 b の発達は，せん断層の発達と同様に，流れと直角方向の速度変動に比例すると考えられるので，

$$\frac{Db}{Dt} \propto \nu' \tag{7.17}$$

とおける．また，

$$\frac{Db}{Dt} \propto U_\infty \frac{db}{dx} \tag{7.18}$$

$$\nu' \propto l_m \frac{\partial u}{\partial y} \approx l_m \frac{\Delta u_c}{b} \tag{7.19}$$

である．ここで，l_m は後流の幅に比例するとすると $(l_m = K_2 b)$，

$$\frac{db}{dx} \propto K_2 \frac{\Delta u_c}{U_\infty} \tag{7.20}$$

を得る．式（7.16）の Δu_c に式（7.20）を代入すると，

$$2b\frac{db}{dx} \propto K_2 C_D d \tag{7.21}$$

を得る．式（7.21）を積分すると，

$$b \propto (K_2 x C_D d)^{1/2} \tag{7.22a}$$

となる．この関係を式（7.16）に代入すると，次式を得る．

$$\frac{\Delta u_c}{U_\infty} \propto \left(\frac{C_D d}{K_2 x}\right)^{\frac{1}{2}} \tag{7.23a}$$

よって，二次元物体では後流の幅は $x^{1/2}$ に比例して増加し，速度差 Δu_c は $x^{1/2}$ に逆比例して減少する．実験との比較により定数を決定すると以下のようになる．

$$b = 0.57(x C_D d)^{1/2} \tag{7.22b}$$

$$\frac{\Delta u_c}{U_\infty} = 0.98 \left(\frac{C_D d}{x}\right)^{\frac{1}{2}} \tag{7.23b}$$

■ 演習問題 [7] ■

7.1 二次元噴流の場合について 7.3 節と同様の解析を行い，噴流中心の速度が噴流の出口からの距離の平方根に逆比例して減少することを示せ．

7.2 三次元軸対称物体の乱流後流について，乱流後流の半径 b と後流内の速度減少 Δu_c について，それぞれ次の関係が成立することを示せ．ここで，x は物体後端から下流方向に測った距離，A は物体の投影断面積，C_D は抗力係数，$K_2 = l_m/b$，l_m は混合距離である．

$$b \propto (K_2 C_D A x)^{1/3}, \qquad \frac{\Delta u_c}{U_\infty} \propto \left(\frac{C_D A}{K_2^2 x^2}\right)^{\frac{1}{3}}$$

第 8 章
圧縮性流体の流れ

　前章までは，流体の密度 ρ が一定の場合の流れの諸現象を取り扱ってきた．本章では，流れている流体の密度が変化する場合，すなわち流体の圧縮性を考慮しなければならない場合の流れの基礎について述べる．流体の圧縮性を考慮しなければならない場合は，
（1）　著しい圧力差のもとで起こる管内の流れ
（2）　著しい速度で静止気体中を進む物体まわりの流れ
（3）　急激な変化が流体の一部に与えられる現象
（4）　高度の広い範囲にわたる大気の流れ（気象学の問題）
（5）　流れ場中に大きな温度差が存在する場合
である．ここでは，（1），（2）の場合の高速気流の性質，（3）の場合に発生する衝撃波の性質について述べる．

8.1　微小じょう乱の伝播速度（音速）

　圧縮性流れの解析においては，媒体（流体）中を伝播する微小な圧力の高い（あるいは低い）部分，すなわち微小じょう乱の伝播速度が重要となる．ここでは，微小じょう乱の伝播速度を導こう．

　図 8.1（a）に示すように，右側にピストンをもつ長い管の中に気体が満たされているとする．ピストンを左方向に突然適度な速度で押すと，微小な**平面圧力波**（plane infinitesimal pressure wave）が発生し，左方向に伝播する．この微小平面波が通過す

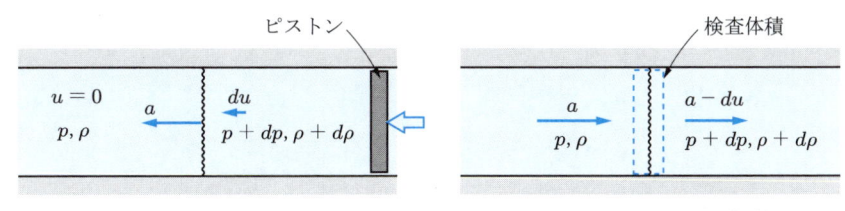

（a）静止流体中を伝播するじょう乱
　　（平面音波）

（b）静止じょう乱（平面音波）を
　　通過する流れ

図 **8.1**　静止流体中を伝播する微小じょう乱（平面音波）

ると，気体の圧力，密度はわずかに上昇し，気体は左方向に流動しはじめる．平面波の伝播速度を a，波が通過するまえの静止気体の圧力を p，密度を ρ，平面波が通過したあとの気体の圧力を $p+dp$，密度を $\rho+d\rho$，平面波によって誘起された流体の速度を du とする．ここで，dp, $d\rho$, du は微小量である．

図 8.1（a）に示す波によって引き起こされる流れの問題は，波の通過によって，流体の状態が時間的に変化する非定常流れ問題である．非定常流れの解析は難しいので，解析を簡単にするために，この非定常流れ問題を，流れ場全体に右方向の速度 a を重ね合わせることによって，定常流れの問題に帰着させる．このようにして得た，静止した平面波を含む定常流れ場を図 8.1（b）に示す．流体は左から右へ定常的に流れ，波を通過することによって速度は a から $a-du$ に減少する．同時に圧力は p から $p+dp$，密度は ρ から $\rho+d\rho$ に上昇する．図 8.1（b）に示すように，平面波を含むように検査体積をとり，検査体積内の流れに対し，連続の式，運動量の式を適用する．連続の式より，

$$\rho a A = (\rho+d\rho)(a-du)A$$

となる．ここで，A は管の断面積である．この式を展開して二次の微小量 $d\rho du$ を省略すると，

$$\frac{d\rho}{\rho} = \frac{du}{a} \tag{8.1}$$

となる．

次に，検査体積に作用する力は，壁面摩擦を無視し，圧力による力のみとすると，運動量の式より，次式が得られる．

$$A\{p-(p+dp)\} = \rho A a\{(a-du)-a\}$$

この式より，

$$dp = \rho a\, du \tag{8.2}$$

となる．式（8.1），（8.2）より，du を消去すると，

$$a^2 = \frac{dp}{d\rho} \tag{8.3}$$

が得られる．

微小じょう乱による流体の圧力，密度，温度などの状態量変化は，非常に小さく，かつ状態変化は急速に行われるので，この変化は，断熱的で摩擦なしの変化，すなわち等エントロピー変化とみなしてよい．よって，式（8.3）の右辺は，エントロピー一定

のもとにおける圧力変化 dp と密度変化 $d\rho$ の比として書かれる．すなわち，

$$a^2 = \left(\frac{\partial p}{\partial \rho}\right)_s \quad \text{または，} \quad a = \sqrt{\left(\frac{\partial p}{\partial \rho}\right)_s} \tag{8.4}$$

となる．この式 (8.4) は，導出過程から明らかなように，微小じょう乱の伝播速度を表す．伝播速度が式 (8.4) で表される微小じょう乱を**音波**（sound wave）といい，その伝播速度を**音速**（velocity of sound または sonic speed）という．

流体が，次の状態方程式，

$$p = \rho RT \tag{8.5}$$

に従う気体，いわゆる**完全気体**（perfect gas）であるとすると，式 (8.4) は，

$$a = \sqrt{\gamma RT} = \sqrt{\frac{\gamma p}{\rho}} \tag{8.6}$$

となる．ここで，γ は気体の比熱比，R は気体定数 [J/(kg·K)]，T は絶対温度 [K] である．

8.2 気体の圧縮性とマッハ数

1.6 節で述べたように，流体の圧力を変化させると流体の体積が変化し，その結果，流体の密度（単位体積あたりの質量）が変化する．この性質を流体の**圧縮性**（compressibility）という．いま，圧力 p のもとで体積 v をもつ単位質量の流体を考える．圧力が dp だけ増加して $p + dp$ になったとき，体積が減少して，$v - dv$ になったとする．このとき，dp が小さければ，体積ひずみ $-(dv/v)$ と圧力の増加 dp の間には，比例関係が成り立つ．この関係は，式 (1.7)，(1.9) と同様，次のように書ける．

$$dp = -K\frac{dv}{v} = K\frac{d\rho}{\rho} \tag{8.7}$$

ここで，v は流体の比体積，ρ は密度，K は**体積弾性係数**（bulk modulus of elasticity）[Pa] である．K の逆数を**圧縮率**（compressibility）という．これを β とすると，

$$\beta = \frac{1}{K} = \frac{d\rho}{dp}\frac{1}{\rho}$$

となる．

ところで，完全気体の場合には，次式となる．

$$\beta = \frac{1}{K} = \frac{1}{\gamma p} \tag{8.8}$$

次に，流れている流体の密度変化について考えよう．流れている流体中では，圧力変化 dp は，ベルヌーイの式より，

$$dp \sim \frac{1}{2}\rho u^2 \tag{8.9}$$

となる．式 (8.7)〜(8.9) より，次式となる．

$$\frac{d\rho}{\rho} = \beta dp \sim \frac{1}{2}\frac{u^2}{\frac{\gamma p}{\rho}}$$

ところで，完全気体の場合には，式 (8.6) より $\gamma p/\rho = a^2$ である．よって，

$$\frac{d\rho}{\rho} \sim \frac{1}{2}\frac{u^2}{a^2} = \frac{1}{2}M^2 \tag{8.10}$$

が得られる．ここで，流速 u と音速 a の比，

$$M = \frac{u}{a} \tag{8.11}$$

を流れの**マッハ数**（Mach number）という．

式 (8.10) より，流れている気体の密度変化は，流れのマッハ数の 2 乗に比例すること，および流れの密度変化，すなわち圧縮性の程度は，流速ではなく，マッハ数によって決まることがわかる．なお，マッハ数は，後述するように，圧縮性流れの特徴を規定する重要なパラメータである．このマッハ数という用語は，超音速で飛行する弾丸まわりに発生する衝撃波をはじめて写真に捉えた，衝撃波研究の先駆者**マッハ**（E. Mach）の名にちなんでつけられた．

8.3 流れの中を伝播する微小じょう乱

圧縮性流れにおいては，**微小圧力じょう乱**（infinitesimal pressure disturbance）（音波）の伝播挙動が重要となってくる．本節では，図 8.2 に示すように，静止流体中を移動する無限小のくさび角をもつ非常に薄い**くさび**（wedge）の先端でつくり出される微小圧力じょう乱が，いかに伝播していくかを調べる．図 (a) の場合は，くさびは移動せず静止している．この場合には，くさびの先端（紙面に垂直方向に無限に長い線音源と考える）から連続的に微小圧力じょう乱が発生しているとする．微小じょう乱の伝播のようすをわかりやすくするために，単位時間ごとに発生する微小じょう乱のみを描くこととする．図 (a) に示すように，$t = 0, 1, 2$ の時刻に発生したじょう乱は，$t = 3$ の時刻には音源からそれぞれ $3a \cdot 1 = 3a$, $2a$, a の位置に移動している．ここで，a は微小じょう乱の伝播速度（音速）である．

8.3 流れの中を伝播する微小じょう乱

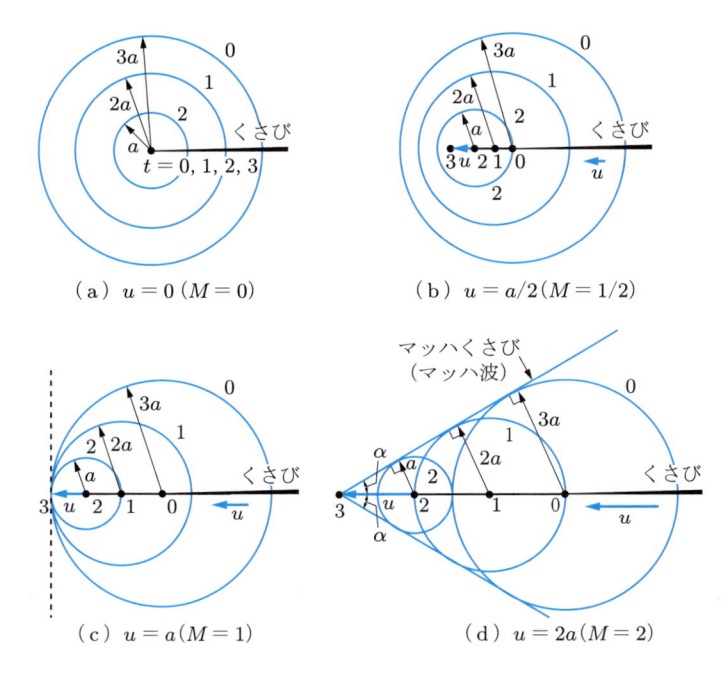

(a) $u = 0 (M = 0)$

(b) $u = a/2 (M = 1/2)$

(c) $u = a (M = 1)$

(d) $u = 2a (M = 2)$

図 8.2 静止流体中を移動する微小くさび先端で発生する微小圧力じょう乱の伝播

図(b)は，静止流体中を左方向に速度 $u = a/2$ で移動しているくさび先端から発生する微小じょう乱の伝播のようすを示す．$t = 0, 1, 2$ の時刻に発生した微小じょう乱は，$t = 3$ の時刻にはそれぞれ 0, 1, 2 の番号を付けた位置に移動している．この場合には，くさびの前方に伝播するじょう乱の間隔は密になるが，後方のそれは疎になる．くさびの先端（音源）が亜音速 ($M = u/a < 1$) で移動している場合には，圧力じょう乱（音）は，図(a)の場合と同様，あらゆる方向，場所で聴くことができる．

図(c)の場合は，くさびの先端が $u = a$ の速度で移動している場合であるが，この場合には，圧力じょう乱はくさびの先端より前方には伝播しない．すなわち，音源が音速 ($M = 1$) で移動している場合には，音は音源の前方では聴くことはできない．

図(d)は，くさびの先端（音源）が超音速 ($M = u/a = 2$) で移動している場合である．この場合には，圧力じょう乱は，**マッハくさび** (Mach wedge) といわれるくさびの内部にしか存在しない．音源が超音速で移動している場合には，亜音速で移動している場合と異なって，微小圧力じょう乱（音）はあらゆる方向，場所では聴こえない．すなわち，音はマッハくさびの内部では聴こえるが，マッハくさびの外部では聴こえない．これは大変興味ある現象である．

図(d)からわかるように，マッハくさび面は圧力じょう乱の包絡面となり，ここでは圧力じょう乱が密集し，ほかの場所より強くなる．このマッハくさび面は，**マッハ**

波（Mach wave）といわれる．マッハ波の傾き角 α は，図からわかるように，

$$\sin\alpha = \frac{a}{u} = \frac{1}{M} \tag{8.12}$$

となる．ここで，$M = u/a$ である．

くさびに固定した座標系で考えると，すなわち超音速流中に置かれたくさびの先端から発生するマッハくさび（マッハ波）は図 8.3（a）のようになる．また，超音速流中に置かれた頂角のきわめて小さい円すいの頂点から発生する**マッハ円すい**（Mach cone）は図 8.3（b）のようになる．このマッハ円すいもマッハ波という．

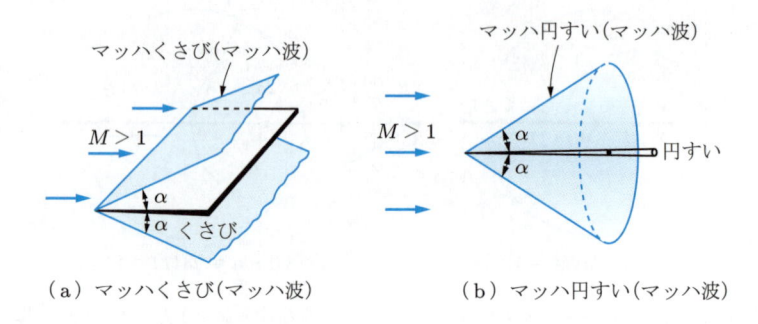

（a）マッハくさび（マッハ波）　　（b）マッハ円すい（マッハ波）

図 **8.3** 超音速流中に置かれた微小なくさびと円すいの先端から発生するマッハ波

図 8.2 と図 8.3 でみてきたように，くさびの先端（じょう乱発生源）が，流体に相対的に亜音速で移動するか，超音速で移動するかによって，圧力じょう乱の伝播の様相，すなわち**圧力模様**（pressure pattern）はまったく異なってくることがわかる．このことより，亜音速流と超音速流では流れの性質が大きく異なってくることが推察される．なお，流れのマッハ数 $M = u/a$（ここで，u，a は流れの速度と音速）により流れを分類すると，次のようになる．

$M < 1$　　**亜音速流**（subsonic flow）

$M > 1$　　**超音速流**（supersonic flow）

$M \geqq 5\sim 6$　　**極超音速流**（hypersonic flow）

また，一つの流れの中に，$M < 1$ なる領域と $M > 1$ なる領域とが共存するような流れを**遷音速流**（transonic flow）という．

8.4 熱力学の諸概念

圧縮性流体力学では，流体運動にともなう圧力と密度の変化が現れるので，その取り扱いには必然的に熱力学の諸概念が必要になってくる．本節では，圧縮性流体力学

でよく現れる熱力学の重要な概念，用語について述べよう．

8.4.1 状態方程式

圧力 p，絶対温度 T，密度 ρ あるいは単位質量あたりの体積 $v(=1/\rho)$ などは流体の状態を表す量で状態量とよばれる．これらの状態量の三つを用いて，気体の熱力学的状態は決定されるが，これらの量の間には，

$$F(p, \rho, T) = 0 \tag{8.13}$$

の関係がある．この式（8.13）は**状態方程式**（equation of state）とよばれる．

完全気体（perfect gas）または**理想気体**（ideal gas）（気体分子は大きさをもたない質点であり，分子相互間に力が作用していない仮想的気体）に対しては，

$$p = \rho RT \tag{8.14}$$

が成り立つ．ここで，R [J/(kg·K)] は気体定数である．この式（8.14）は，実在の気体に対しても，通常の温度や圧力の範囲では，完全気体からのずれがわずかなので，よく使用されるが，化学反応がある場合や著しい高温で気体分子が解離，電離を起こしている場合には使用できない．

8.4.2 熱力学第一法則

一つの気体系に外部から dQ なる熱量が与えられ，それと同時にこの気体系が外部に対して dW だけの仕事をしたとすれば，その差 $(dQ - dW)$ は熱的エネルギーとして気体系の内部に蓄えられる．これを dE とおけば，熱力学第一法則は，次のように表される．

$$dQ = dE + dW \tag{8.15}$$

この式（8.15）で E は**内部エネルギー**（internal energy）といわれるが，これについては 8.4.3 項で再び述べる．

式（8.15）は，もっとも一般的な形であるが，気体がつねに熱的に平衡を保ちつつ変化するいわゆる可逆変化では，

$$dW = pdV \tag{8.16}$$

と表される．ここで，dV は気体系の体積変化である．

次に，$dW = pdV$ となることを説明しよう．図 8.4 に示すように，気体は熱的に絶縁されたシリンダーとピストンによって閉じこめられているとする．外部から dQ なる熱量をうけて気体は膨張し，ピストンは dx だけ移動したとする．この変化は非常

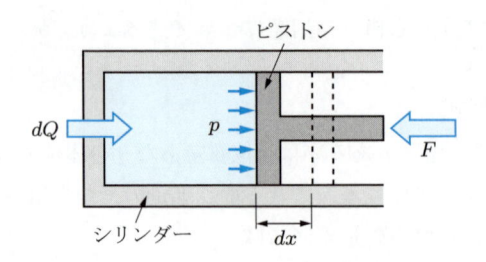

図 8.4 気体系が膨張することによって外部に対してなす仕事

にゆっくり行われ，つねに平衡状態の下で進行すると考える．ピストンに作用する力は pA に等しい（A はシリンダーの断面積）ので，気体がピストンを通して外部になす仕事は，次式となる．

$$dW = Fdx = pAdx = pdV$$

式 (8.15) と式 (8.16) より，

$$dQ = dE + pdV \tag{8.17}$$

と表される．

さて，気体の単位質量あたりの量を小文字で書くものとすれば，単位質量の気体に対しては，以下のようになる．

$$dq = de + pdv \tag{8.18}$$

8.4.3 内部エネルギーとエンタルピー

前項で，気体のもつ熱的エネルギー E を**内部エネルギー** (internal energy) とよんだが，これは気体分子のもっている各種の運動エネルギーの総和である．分子の運動には並進運動，回転運動，振動などがあるが，著しい高温状態でない場合には，分子の運動は並進と回転運動のみからなっているとみなしてよい．

気体は，通常の状態では，完全気体として取り扱われる場合が多いが，一般に完全気体の分子の運動（振動や電子運動の場合は除く）の自由度を ν とすれば，その気体の単位質量あたりの内部エネルギーは，次式で与えられる．

$$e = \frac{\nu}{2}RT \tag{8.19}$$

ヘリウム (He) やアルゴン (Ar) のような**単原子気体** (monatomic gas) では $\nu = 3$，酸素 (O_2) や窒素 (N_2) のような**二原子気体** (diatomic gas) では $\nu = 5$ となる．式 (8.19) で注目すべき点は，完全気体では内部エネルギー e は絶対温度 T に比例し，圧

力あるいは密度には関係しないことである．

　一般に，内部エネルギー e は，気体の基本的な三つの状態量，圧力，密度，温度のいずれか二つの関数となるが，その関数形は個々の気体によって異なる．

　次に，流動する流体を取り扱うときによく用いられる状態量の一つである**エンタルピー**（enthalpy）について述べる．単位質量あたりのエンタルピー h は，次式で定義される．

$$h = e + pv \tag{8.20}$$

ここで，e は内部エネルギーであり，pv は気体を流動させるために必要な能力，すなわちエネルギー（仕事）を表す．

■ 8.4.4　比　熱

　単位質量の物質の温度を 1 K だけ上げるのに必要な熱量を**比熱**（specific heat）という．これは，単位質量の物質に外から熱量 dq を加えたとき，その物質の温度上昇を dT とすれば，

$$c = \frac{dq}{dT} \tag{8.21}$$

によって定義される．比熱の単位は [J/(kg·K)] である．気体の比熱は，気体に熱量を加えるときの熱の加え方（過程）によって異なる．気体の場合，次に定義する**定積比熱**（specific heat at constant volume）c_v と**定圧比熱**（specific heat at constant pressure）c_p が使用される．すなわち，次式で表される．

$$c_v = \left(\frac{\partial q}{\partial T}\right)_v \tag{8.22}$$

$$c_p = \left(\frac{\partial q}{\partial T}\right)_p \tag{8.23}$$

　内部エネルギー e は，完全気体の場合には絶対温度 T のみの関数となるが，一般には T と比体積 v の関数と考えることができるから，式 (8.18) より，

$$dq = \left(\frac{\partial e}{\partial T}\right)_v dT + \left(\frac{\partial e}{\partial v}\right)_T dv + p\,dv = \left(\frac{\partial e}{\partial T}\right)_v dT + \left\{\left(\frac{\partial e}{\partial v}\right)_T + p\right\} dv$$

となる．よって，定積比熱は，$dv = 0$ を考慮すると，

$$c_v = \left(\frac{\partial q}{\partial T}\right)_v = \left(\frac{\partial e}{\partial T}\right)_v \tag{8.24}$$

となる．また，式 (8.20) から，

$$dh = de + d(pv)$$

となるから，式 (8.18) は，

$$dq = dh - vdp$$

となる．よって，定圧比熱は，$dp = 0$ を考慮すると，次式となる．

$$c_p = \left(\frac{\partial q}{\partial T}\right)_p = \left(\frac{\partial h}{\partial T}\right)_p \tag{8.25}$$

完全気体の場合には，内部エネルギーは式 (8.19) で与えられるから，

$$c_v = \frac{\nu}{2} R \tag{8.26}$$

となる．

$$h = e + pv = \frac{\nu}{2} RT + RT = \left(\frac{\nu}{2} + 1\right) RT$$

を考慮すると，式 (8.25) より，

$$c_p = \left(\frac{\nu}{2} + 1\right) R \tag{8.27}$$

となる．

このように，完全気体の両比熱は，その気体の気体定数 R とそれを構成している分子の運動の自由度 ν のみの関数で，一つの気体に対しては一定である．完全気体ではない場合，たとえば，分子の振動や電子の運動を考慮に入れるときや，混合気体，化学反応を考慮に入れるときには，比熱は温度や圧力の複雑な関数となる．

定圧比熱と定積比熱の比を**比熱比** (specific heat ratio) といい，それを γ で表すと，完全気体の場合には，次式となる．

$$\gamma = \frac{c_p}{c_v} = \frac{\nu + 2}{\nu} \tag{8.28}$$

単原子気体では $\nu = 3$，$\gamma = 5/3 = 1.67$，二原子気体では $\nu = 5$，$\gamma = 7/5 = 1.4$ となる．式 (8.26)，(8.27) は，式 (8.28) を用いると，

$$c_v = \frac{R}{\gamma - 1} \tag{8.29}$$

$$c_p = \frac{\gamma R}{\gamma - 1} \tag{8.30}$$

となる．また，次式が得られる．

$$c_p - c_v = R \tag{8.31}$$

内部エネルギー e, エンタルピー h は, それぞれ,

$$e = c_v T = \frac{RT}{\gamma - 1} = \frac{1}{\gamma - 1}\frac{p}{\rho} \tag{8.32}$$

$$h = c_p T = \frac{\gamma RT}{\gamma - 1} = \frac{\gamma}{\gamma - 1}\frac{p}{\rho} \tag{8.33}$$

と表される.

■ 8.4.5 エントロピー

エントロピーは, 統計的には不確定の尺度, すなわち単原子気体の場合には状態の不確定度として定義されるが, ここでは現象論の立場よりエントロピーについて述べる.

気体の単位質量あたりの**エントロピー** (entropy) は, 可逆的加熱過程において加えられる熱量を dq, そのときの絶対温度を T とするとき, 次式で定義される.

$$dS = \frac{dq}{T} \tag{8.34}$$

式 (8.18) より,

$$dS = \frac{de + pdv}{T} \tag{8.35}$$

となる. 完全気体に対して,

$$dS = c_v \frac{dT}{T} + R\frac{dv}{v} \tag{8.36}$$

と表される.

次に, 完全気体が状態 1 から状態 2 に変化するときのエントロピーの増加量を求めよう. 比熱一定とすると,

$$\Delta S = S_2 - S_1 = c_v \log \frac{T_2}{T_1} + R\log \frac{v_2}{v_1}$$

となる. 状態方程式を用いると,

$$\Delta S = (c_v + R)\log \frac{T_2}{T_1} - R\log \frac{p_2}{p_1}$$

となり, 式 (8.29), (8.30) を用いると,

$$\Delta S = c_p \log \left[\frac{T_2}{T_1}\left(\frac{p_1}{p_2}\right)^{\frac{\gamma-1}{\gamma}}\right] \tag{8.37}$$

あるいは,

$$\Delta S = R \log \left[\left(\frac{T_2}{T_1} \right)^{\frac{\gamma}{\gamma-1}} \frac{p_1}{p_2} \right] \tag{8.38}$$

となる．状態 1 から状態 2 への過程が等エントロピー過程であるとすると，$\Delta S = 0$ であるから，次の関係式が得られる．

$$\frac{p_2}{p_1} = \left(\frac{T_2}{T_1} \right)^{\frac{\gamma}{\gamma-1}} \tag{8.39}$$

状態方程式を用いれば，次の関係が得られる．

$$\frac{\rho_2}{\rho_1} = \left(\frac{T_2}{T_1} \right)^{\frac{1}{\gamma-1}} \tag{8.40}$$

$$\frac{p_2}{p_1} = \left(\frac{\rho_2}{\rho_1} \right)^{\gamma} \tag{8.41}$$

以上の 3 式を完全気体の圧力，温度，密度の間の**等エントロピー関係式**（isentropic relations）という．状態 1 および状態 2 は任意であるから，上式は一般に，

$$\frac{p}{T^{\gamma/(\gamma-1)}} = \text{const.} \tag{8.42}$$

$$\frac{p}{\rho^{\gamma}} = \text{const.} \tag{8.43}$$

となる．

8.5 一次元圧縮性流れの基礎方程式

図 8.5 に示すように，流れている流体の諸量（速度，圧力，密度，温度）が，流れ方向（x 軸方向）には変化するが，流れに垂直方向には変化しない流れを**一次元圧縮性流れ**（one–dimensional compressible flow）という．実際の流れでは，粘性の影響のため流路壁近くで速度が中心部の速度より小さくなるので，一次元流れは流れの平均値を取り扱うことを意味する．一次元流れの解析は，流路の断面積が緩やかに変化する場合や，流路の中心軸の曲率半径が流路の高さ（直径）と比べて非常に大きい場合には，有用である．

8.5.1 連続の式

図 8.6 に示すように，一次元，定常流れを考える．流れ方向の座標を x とすると，流路の断面積 A と流れの速度 u，密度 ρ などは x のみの関数となる．2.9 節で述べたように，流れの連続の条件（質量保存則）は次式のように書かれる．

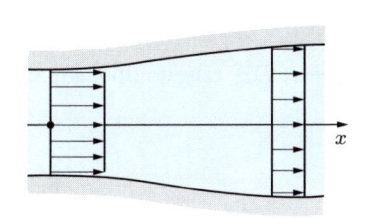

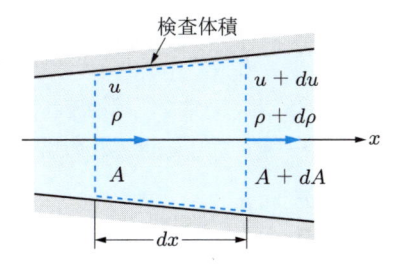

図 **8.5** 一次元流れ   図 **8.6** 検査体積を通過する一次元流れ

$$\rho u A = \left(\rho + \frac{d\rho}{dx}dx\right)\left(u + \frac{du}{dx}dx\right)\left(A + \frac{dA}{dx}dx\right)$$
$$= (\rho + d\rho)(u + du)(A + dA)$$
$$= \rho u A + \rho A du + u A d\rho + \rho u dA \tag{8.44}$$

よって，

$$\rho A du + u A d\rho + \rho u dA = 0$$

となり，

$$\frac{du}{u} + \frac{d\rho}{\rho} + \frac{dA}{A} = 0 \tag{8.45}$$

となる．

式 (8.44) を**連続の式** (equation of continuity)，式 (8.45) を連続の式の微分形という．

■ 8.5.2 運動方程式

2.6 節で導出した式 (2.13) より，流体の体積力項を無視すると（高速気流を扱う気体力学では，重力項などの体積力項をほとんどの場合無視してさしつかえない），一次元，定常，非粘性流れの運動方程式は，

$$u\frac{du}{dx} + \frac{1}{\rho}\frac{dp}{dx} = 0 \tag{8.46}$$

あるいは，

$$u du + \frac{dp}{\rho} = 0 \tag{8.47}$$

となる．積分すると，次式が得られる．

$$\frac{u^2}{2} + \int \frac{dp}{\rho} = \text{const.} \tag{8.48}$$

この式 (8.48) は，定常な圧縮性流れに対する**ベルヌーイの式** (Bernoulli's equation) である．ρ が一定の非圧縮性流れの場合には，

$$\frac{u^2}{2} + \frac{p}{\rho} = \text{const.} \tag{8.49}$$

となる．これは，2.7 節で導出した式 (2.24) において重力の項を無視した式と同じである．

例題 8.1 流れが等エントロピー流れであるとき，式 (8.48) の第 2 項を積分して，ベルヌーイの式を導け．

解 式 (8.41) において，状態 1 および 2 は任意であるから，等エントロピーの関係式は，

$$\frac{p}{p_0} = \left(\frac{\rho}{\rho_0}\right)^\gamma$$

である．よって，

$$\rho = \rho_0 \left(\frac{p}{p_0}\right)^{\frac{1}{\gamma}}$$

となる．この式を，式 (8.48) に代入して積分すると，次式が得られる．

$$\frac{1}{2}u^2 + \frac{\gamma}{\gamma - 1}\frac{p_0}{\rho_0}\left(\frac{p}{p_0}\right)^{\frac{\gamma-1}{\gamma}} = \text{const.}$$

この式は，等エントロピー流れに対するベルヌーイの式である．

8.5.3 運動量の式

流れの問題を取り扱う場合に，前項で示した運動方程式を用いるより，本項で示す運動量の式を用いたほうが解析が容易になる場合がある．本項では，**運動量の法則** (law of momentum)（すなわち，ある瞬間における物体（流体）の運動量の時間的変化割合はその瞬間に物体（流体）に作用する力に等しい）を流体系に適用して運動量の式を導こう．図 8.7 に示す検査体積を考えると，検査体積内の流体系の単位時間あたりの運動量変化は，

$$(\rho_2 u_2 A_2)u_2 - (\rho_1 u_1 A_1)u_1 = \rho_2 u_2^2 A_2 - \rho_1 u_1^2 A_1 \tag{1}$$

となる．この間に流体系に作用する力は，粘性による壁面せん断応力と重力などの体積力を無視すると，

8.5 一次元圧縮性流れの基礎方程式

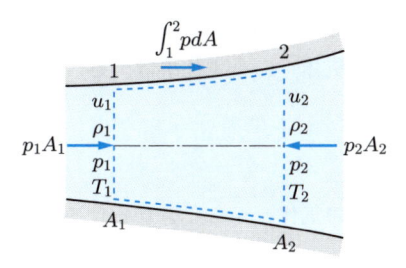

図 **8.7** 運動量の式を導く説明図

$$p_1 A_1 - p_2 A_2 + \int_1^2 p\,dA \tag{2}$$

となる．ここで，第 1，2，3 項は，それぞれ断面 1，2，および流路の側壁にはたらく圧力により流体がうける力の流れ方向成分である．よって，（1）=（2）とおくと，運動量の式，

$$\rho_2 u_2{}^2 A_2 - \rho_1 u_1{}^2 A_1 = p_1 A_1 - p_2 A_2 + \int_1^2 p\,dA \tag{8.50}$$

が得られる．断面積が一定の場合には，$A_1 = A_2$，$dA = 0$ となり，式（8.50）は，

$$p_1 + \rho_1 u_1{}^2 = p_2 + \rho_2 u_2{}^2 \tag{8.51}$$

となる．

■ 8.5.4 エネルギーの式

本項では，流れている気体系に熱力学の第一法則（すなわち，気体系に外部から加えられた熱量は，気体系が外部になした仕事と内部に蓄えられたエネルギーの和に等しい）を適用して，**エネルギーの式**（equation of energy）を導こう．

図 8.8 に示すように，断面 1，2 で囲まれた気体系が，単位時間後に $1'$，$2'$ の位置

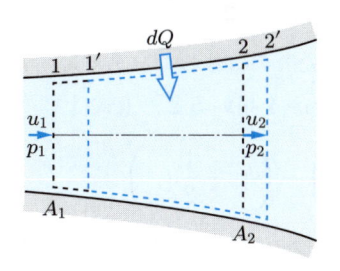

図 **8.8** エネルギーの式を導く説明図

に移動したとし，この間に外部から熱量 dQ が加えられたとする．この間にこの気体系が 2 の断面で外部（下流の気体）になす仕事は，

$$(p_2 A_2) \cdot u_2$$
力 × 距離

であり，断面 1 で外部（上流の気体）からなされる仕事は，

$$(p_1 A_1) \cdot u_1$$

である．すなわち，気体系が外部になす仕事 dW は，

$$\begin{aligned}dW &= (p_2 A_2)u_2 - (p_1 A_1)u_1 = \rho_2 u_2 A_2 \left(\frac{p_2}{\rho_2}\right) - \rho_1 u_1 A_1 \left(\frac{p_1}{\rho_1}\right) \\ &= m(p_2 v_2 - p_1 v_1)\end{aligned} \quad (1)$$

となる．ここで，m は質量流量であり，$m = \rho_2 u_2 A_2 = \rho_1 u_1 A_1$，$v$ は比体積であり，$v_1 = 1/\rho_1$，$v_2 = 1/\rho_2$ である．

気体系が断面 1, 2 から断面 $1', 2'$ に移動する間の気体系内部のエネルギー変化は，

$$dE = m\left\{\left(e_2 + \frac{1}{2}u_2^2\right) - \left(e_1 + \frac{1}{2}u_1^2\right)\right\} \quad (2)$$

となる．この際，重力によるポテンシャルエネルギーは省略した．ここで，e と $u^2/2$ は，単位質量の気体がもっている内部エネルギーと運動エネルギーである．熱力学第一法則，すなわち，

$$dQ = dW + dE$$

より，

$$\begin{aligned}dQ &= m(p_2 v_2 - p_1 v_1) + m\left\{\left(e_2 + \frac{1}{2}u_2^2\right) - \left(e_1 + \frac{1}{2}u_1^2\right)\right\} \\ &= m\left\{\left(e_2 + p_2 v_2 + \frac{1}{2}u_2^2\right) - \left(e_1 + p_1 v_1 + \frac{1}{2}u_1^2\right)\right\}\end{aligned}$$

となる．ここで，単位質量あたりの気体のエンタルピー $h = e + pv$ と，気体の単位質量に加えられる熱量 $q = dQ/m$ を用いると，上式は，

$$q = \left(h_2 + \frac{1}{2}u_2^2\right) - \left(h_1 + \frac{1}{2}u_1^2\right) \quad (8.52)$$

となる．流れが外部との熱の授受のない**断熱流れ** (adiabatic flow)，すなわち $q = 0$ の場合には，エネルギー式は，次式となる．

$$h_1 + \frac{1}{2}u_1{}^2 = h_2 + \frac{1}{2}u_2{}^2 \tag{8.53}$$

この式 (8.53) は，断面 1 と 2 の間に，衝撃波や境界層などのエントロピー増加をともなう非可逆過程が存在しても，断面 1，2 が平衡状態にあれば成立する．

断熱流れで，管軸に沿って流れがつねに平衡状態にあれば，エネルギー式は，式 (8.53) より，次式のようになる．

$$h + \frac{1}{2}u^2 = \text{const.} \tag{8.54}$$

気体が完全気体の場合には式 (8.33) より，式 (8.54) は，次式のようになる．

$$c_p T + \frac{1}{2}u^2 = \text{const.} \tag{8.55}$$

$$\frac{\gamma}{\gamma-1}\frac{p}{\rho} + \frac{1}{2}u^2 = \frac{a^2}{\gamma-1} + \frac{1}{2}u^2 = \text{const.} \tag{8.56}$$

断熱可逆過程のもとで，流れている気体の速度を $u = 0$ としたときの，流れの状態に添え字 0 をつけると，式 (8.54) より，次式が得られる．

$$h_0 = h + \frac{1}{2}u^2 \tag{8.57}$$

この h_0 を**よどみ点エンタルピー** (stagnation enthalpy) という．同様に，$u = 0$ としたときの圧力，密度を p_0，ρ_0 とすれば，次式が得られる．

$$\frac{\gamma}{\gamma-1}\frac{p_0}{\rho_0} = \frac{a_0{}^2}{\gamma-1} = \frac{\gamma}{\gamma-1}\frac{p}{\rho} + \frac{1}{2}u^2 \tag{8.58}$$

ここで，p_0 を**よどみ点圧力** (stagnation pressure) という．

例題 8.2 断熱可逆流れ，すなわち等エントロピー流れにおいては，エネルギー式はエントロピー一定の式に等しくなることを示せ．

解 式 (8.54) より，次式が得られる．

$$dh + u\,du = 0$$

オイラーの運動方程式より，次式が得られる．

$$u\,du + \frac{1}{\rho}dp = 0$$

よって，

$$dh - \frac{1}{\rho}dp = de + p\,dv + v\,dp - \frac{1}{\rho}dp = de + p\,dv = 0$$

となる．ところで，

$$ds = \frac{dq}{T} = \frac{de + pdv}{T}$$

と表されるので,

$$ds = 0 \quad \text{すなわち}, \quad s = \text{const.}$$

となる.

【例題 8.2】で示したように,等エントロピー流れにおいては,エネルギー式の代わりにエントロピー一定の式を用いてもよいことがわかる.

8.6　一次元等エントロピー流れ

図 8.9 に示すように,断面積が緩やかに変化する流路内の一次元流れを考える.外部との熱伝達と流路壁における摩擦(流体の粘性)が無視でき,また後述する衝撃波など内部摩擦をともなう現象が存在しない場合には,流れは断熱可逆流れ,すなわち等エントロピー流れであると考えることができる.本節では,断面積が変化することによって圧縮性流れの諸量がいかに変化するかを調べよう.

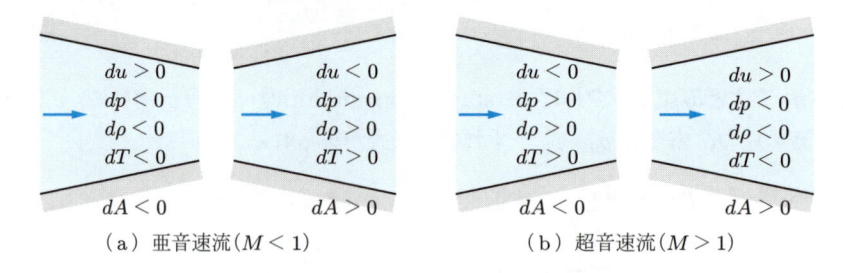

$du > 0$	$du < 0$	$du < 0$	$du > 0$
$dp < 0$	$dp > 0$	$dp > 0$	$dp < 0$
$d\rho < 0$	$d\rho > 0$	$d\rho > 0$	$d\rho < 0$
$dT < 0$	$dT > 0$	$dT > 0$	$dT < 0$
$dA < 0$	$dA > 0$	$dA < 0$	$dA > 0$

(a) 亜音速流 ($M < 1$) 　　　　(b) 超音速流 ($M > 1$)

図 **8.9**　等エントロピー流れにおける断面積変化と流れの諸量の変化との関係

この流れの基礎方程式は,前節で導出した連続の式,運動方程式,等エントロピーの式(エネルギー式),および状態方程式である.すなわち,次の 4 式である.

$$\frac{d\rho}{\rho} + \frac{du}{u} + \frac{dA}{A} = 0 \tag{8.45}$$

$$udu + \frac{1}{\rho}dp = 0 \tag{8.47}$$

$$\frac{p}{\rho^\gamma} = \text{const.} \tag{8.43}$$

$$p = \rho RT \tag{8.5}$$

式 (8.43), (8.5) を微分形で表すと,それぞれ,

$$\frac{dp}{p} - \gamma \frac{d\rho}{\rho} = 0 \tag{8.59}$$

$$\frac{dp}{p} = \frac{d\rho}{\rho} + \frac{dT}{T} \tag{8.60}$$

となる.

さて,式 (8.47) は,$dp/d\rho = a^2$ を用いると,次式となる.

$$udu = -\frac{1}{\rho}dp = -\frac{1}{\rho}\frac{dp}{d\rho}d\rho = -\frac{1}{\rho}a^2 d\rho$$

両辺を a^2 で除すと,

$$\frac{d\rho}{\rho} = -M^2 \frac{du}{u} \tag{8.61}$$

となる.ここで,$M = u/a$ である.この式 (8.61) を式 (8.45) に代入すると,

$$\frac{du}{u} = \frac{1}{M^2 - 1}\frac{dA}{A} \tag{8.62}$$

となる.この式 (8.62) を式 (8.61) に代入すると,

$$\frac{d\rho}{\rho} = -\frac{M^2}{M^2 - 1}\frac{dA}{A} \tag{8.63}$$

となる.この式 (8.63) を式 (8.59) に代入すると,

$$\frac{dp}{p} = -\frac{\gamma M^2}{M^2 - 1}\frac{dA}{A} \tag{8.64}$$

となる.式 (8.63),(8.64) を式 (8.60) に代入すると,

$$\frac{dT}{T} = -\frac{(\gamma - 1)M^2}{M^2 - 1}\frac{dA}{A} \tag{8.65}$$

が得られる.

 式 (8.62)〜(8.65) は,等エントロピー流れにおける断面積変化と流れの諸量の関係を表している関係式である.これらの関係を図に示すと,図 8.9(a),(b)のようになる.図 8.9(a)に示すように,亜音速流 ($M < 1$) の場合には,非圧縮性流れから類推できるように,断面積が減少 ($dA < 0$) すると,速度が増加 ($du > 0$),圧力が減少 ($dp < 0$) し,断面積が増大 ($dA > 0$) すると,速度が減少 ($du < 0$),圧力が増加 ($dp > 0$) する.これに対し,超音速流 ($M > 1$) の場合には,断面積変化と流れの諸量の関係は,大変興味あることであるが,亜音速流の場合とまったく逆の関係になる.すなわち,断面積が減少 ($dA < 0$) する場合,速度は減少し,圧力,密度は増大する.また,断面積が増大 ($dA > 0$) する場合,速度は下流にいくに従って増大し,圧力,密

度は減少する．これは，式 (8.61) より，$M > 1$，$dA > 0$ の場合には，速度の増加割合よりも密度の減少割合が小さくなるからである．すなわち，連続の式より，$A\rho u = $ 一定であり，A が増加すると，ρu は減少するが，$M > 1$ の場合，ρ は非常に小さくなるが，$A\rho u = $ 一定を満たすために u は大きくならなければならないからである．図 8.9 より，流れの加速は，亜音速流では収縮管路で，超音速流では拡大管路でできることがわかる．

ところで，音速流れ（$M = 1$ の場合）は，式 (8.62) より，du/u が有限の値をもつためには，$dA = 0$ の断面でしか到達しえないことがわかる．

これらのことより，流れを低速から超音速に連続的に加速するためには，図 8.10 に示すような収縮-拡大管路を使用しなければならないことがわかる．超音速流を得る収縮-拡大ノズルは，このノズルの発明者の名にちなんで**ラバルノズル**（Laval nozzle）といわれる．スウェーデンの技師ラバル（Carl G.P. de Laval）は，1883 年蒸気タービンの研究中にラバルノズルを発明した．

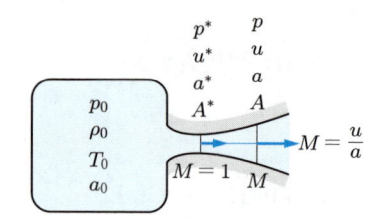

図 8.10 ラバルノズル内の等エントロピー流れ

8.7 ラバルノズル内の等エントロピー流れ

図 8.10 に示すように，大きなタンクに蓄えられた気体がラバルノズル内を等エントロピー的に流れる場合を考えよう．上流のタンク内の静止した気体の状態（よどみ点状態）に添え字 0 をつけると，エネルギー式は，式 (8.58) より，

$$\frac{\gamma}{\gamma - 1}\frac{p_0}{\rho_0} = \frac{{a_0}^2}{\gamma - 1} = \frac{\gamma}{\gamma - 1}\frac{p}{\rho} + \frac{1}{2}u^2 = \frac{a^2}{\gamma - 1} + \frac{1}{2}u^2 \tag{8.58}$$

となる．流れの局所マッハ数 $M = u/a$ を使うと，式 (8.58) は，

$$\frac{{a_0}^2}{a^2} = \frac{T_0}{T} = 1 + \frac{\gamma - 1}{2}M^2 \tag{8.66}$$

となる．また，等エントロピー流れであることより，式 (8.42)，(8.43) が成り立つ．

$$\frac{p}{T^{\gamma/(\gamma-1)}} = \text{const.}, \qquad \frac{p}{\rho^\gamma} = \text{const.}$$

よって，

$$\frac{p_0}{p} = \left(1 + \frac{\gamma-1}{2}M^2\right)^{\frac{\gamma}{\gamma-1}} \tag{8.67}$$

$$\frac{\rho_0}{\rho} = \left(1 + \frac{\gamma-1}{2}M^2\right)^{\frac{1}{\gamma-1}} \tag{8.68}$$

の関係が得られる．流れの速度 u が音速 a に達し，$M=1$ になることを，流れが**臨界状態**（critical state）に達するというが，ラバルノズル内では，前節で述べたように，臨界状態はラバルノズルの断面積最小部，すなわち**スロート**（throat）のところで達する．臨界状態（$M=1$）における流れの諸量に＊印をつけると，この点では，

$$a^* = u^* \tag{8.69}$$

となる．また，式 (8.66)〜(8.68) に $M=1$，$\gamma=1.4$ を代入すると，次式が得られる．

$$\frac{T^*}{T_0} = \frac{2}{\gamma+1} = 0.833 \tag{8.70}$$

$$\frac{p^*}{p_0} = \left(\frac{2}{\gamma+1}\right)^{\frac{\gamma}{\gamma-1}} = 0.528 \tag{8.71}$$

$$\frac{\rho^*}{\rho_0} = \left(\frac{2}{\gamma+1}\right)^{\frac{1}{\gamma-1}} = 0.634 \tag{8.72}$$

次に，等エントロピー流れにおいて流れが臨界状態に達した点の流路断面積（スロート断面積）を A^* として，任意の位置における流路断面積 A と流れの諸量との関係を求めよう．連続の式より，

$$\rho u A = \rho^* u^* A^* \tag{8.73}$$

となる．この式 (8.73) に，式 (8.72) と式 (8.66) から得られる，

$$a^* = a_0 \left(\frac{2}{\gamma+1}\right)^{\frac{1}{2}}$$

を代入すると，

$$\rho u A = \left(\frac{2}{\gamma+1}\right)^{\frac{\gamma+1}{2(\gamma-1)}} \rho_0 a_0 A^*$$

となる．よって，次式が得られる．

$$\frac{A}{A^*} = \left(\frac{2}{\gamma+1}\right)^{\frac{\gamma+1}{2(\gamma-1)}} \left(\frac{\rho_0}{\rho}\right)\left(\frac{a_0}{u}\right), \qquad \frac{A}{A^*} = \left(\frac{2}{\gamma+1}\right)^{\frac{\gamma+1}{2(\gamma-1)}} \left(\frac{\rho_0}{\rho}\right)\left(\frac{a_0}{a}\right)\left(\frac{a}{u}\right)$$

上式に $a/u = 1/M$，式 (8.66)，(8.68) を代入すると，

$$\frac{A}{A^*} = \frac{1}{M}\left[\frac{(\gamma-1)M^2+2}{\gamma+1}\right]^{\frac{\gamma+1}{2(\gamma-1)}} \tag{8.74}$$

となる．また，管軸に沿う断面積 A/A^* と圧力の関係は，次式のようになる．

$$\frac{A}{A^*} = \left(\frac{\gamma-1}{2}\right)^{\frac{1}{2}}\left(\frac{2}{\gamma+1}\right)^{\frac{\gamma+1}{2(\gamma-1)}}\left[\left(\frac{p}{p_0}\right)^{\frac{2}{\gamma}} - \left(\frac{p}{p_0}\right)^{\frac{\gamma+1}{\gamma}}\right]^{-\frac{1}{2}} \tag{8.75}$$

ラバルノズル内の等エントロピー流れにおいて，断面積とマッハ数，断面積と圧力の関係を示す式 (8.74)，(8.75) を $\gamma = 1.4$ の場合について示すと，図 8.11 のようになる．

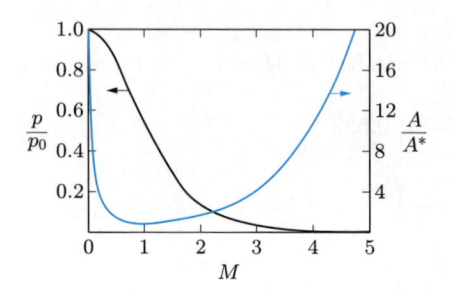

図 8.11 ラバルノズル内の等エントロピー流れの断面積と流れのマッハ数，および断面積と圧力との関係

8.8 ラバルノズル内の流れに及ぼす背圧の影響

図 8.12 に示すように，二つの大きな圧力タンク A とタンク B に接続されたラバルノズル内の気体の流れを考えよう．上流側のタンク A の圧力 p_0（よどみ点圧力）は一定とし，下流側のタンク B 内の圧力 p_B（背圧）はバルブ（弁）により調整可能とする．

背圧 p_B を上流のよどみ圧 p_0 よりわずかに下げると，圧力差によりラバルノズル内には流れが生じ，ラバルノズル内の圧力分布は曲線①のようになる．p_B をさらに下げると，圧力分布は曲線②のようになる．①，②の場合，ラバルノズル内の流れは全域亜音速である．p_B をさらに下げると，圧力分布は，スロートの位置で $p/p_0 = 0.528$ となる曲線③のようになる．この場合，流れはスロートで音速に達する（臨界流となる）が，その後，亜音速流となりノズル出口に向かう．背圧 p_B を，前節で示したように，ノズルの断面積比と圧力の関係を表す式 (8.75) を満たすように調整すると，ノズルスロート下流の流れは超音速等エントロピー流となり，圧力分布は④のようになる．背

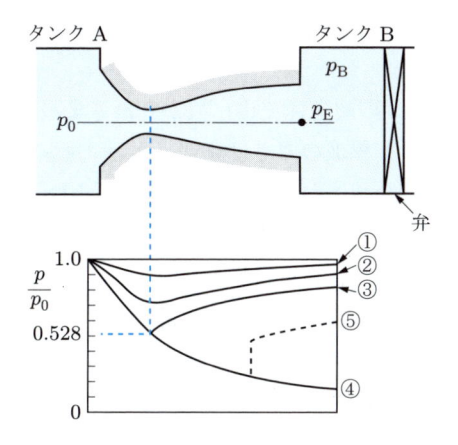

図 8.12 ラバルノズル内の流れ（圧力分布）に及ぼす背圧の影響

圧 p_B が③，④の間の場合には，等エントロピー流は実現できず，ノズル内あるいはノズル出口直後に圧力の急激な上昇をともなう**衝撃波**（shock wave）が発生する．ノズル内に衝撃波が発生する場合の圧力分布を曲線⑤で示す．衝撃波については次節で詳しく述べる．また，背圧 p_B が④より低い場合には，ノズル下流に**膨張波**（expansion wave）が発生する．ノズル出口直後に衝撃波，膨張波が発生する場合を，それぞれ**過膨張**（over expansion），**不足膨張**（under expansion）といい，衝撃波も膨張波も発生しない場合（④の場合）を，**適正膨張**（correct expansion）という．

8.9 衝撃波

8.9.1 衝撃波の発生

衝撃波は，前節で述べたようにラバルノズル内（ただし，ノズルの上流と下流のある圧力比条件の場合），あるいは図 8.13（a），（b）に示すように超音速流中に置かれ

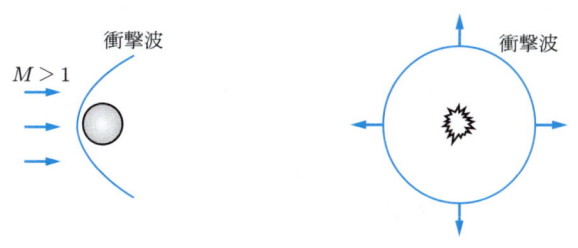

（a）超音速流中に置かれた物体まわりのわん曲衝撃波

（b）爆発現象にともない発生する球状衝撃波

図 8.13 衝撃波の発生

た物体まわりや，爆発現象など流体中にエネルギーが急激に解放，与えられた場合などに発生する．

図 8.14 に，マッハ数 2.8 の超音速流中に置かれた球まわりの衝撃波の写真（シュリーレン写真）を示すが，衝撃波の厚さは非常に薄い（通常，衝撃波の厚さは衝撃波前方の気体の平均自由行程の数倍から数十倍で，$\mu m = 10^{-3} mm$ のオーダーである）．このことより，衝撃波は流れの諸量の不連続面として取り扱われる．すなわち，衝撃波の直後で，流体の圧力，温度，密度は衝撃波直前と比べて不連続的に上昇し，流体の速度は不連続的に減少する．衝撃波はつねに静止流体中あるいは流れの中を音速以上の速度で伝播しているが，超音速流中では静止しているように観察される．図 8.15 に示すように，衝撃波は，超音速流中では，8.3 節で述べたマッハ波，すなわち弱い圧縮圧力波が合体して形成される．同様に，爆発現象などの場合には，初期の段階で発生する多くのマッハ波が集積し，衝撃波が形成される．

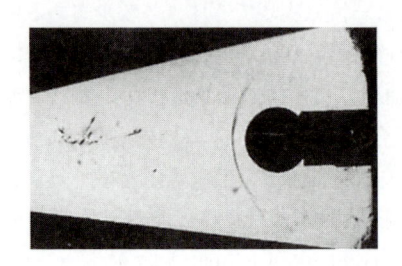

図 8.14 超音速ノズル中に置かれた球まわりのわん曲衝撃波（マッハ数 2.8）

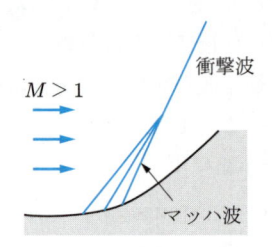

図 8.15 わん曲面上に形成される衝撃波

■ 8.9.2 衝撃波関係式

ここでは，衝撃波の上流側と下流側の流れの諸量（圧力，速度，密度，温度など）を結びつける関係式を導こう．

図 8.16（a）に示すように，ラバルノズル内の超音速流中に存在する衝撃波を考える．この衝撃波は，実際には，壁面境界層と干渉して，壁面近くでは分枝し，単純な形状をとらないが，ここでは，衝撃波面は平面で，流れ方向に垂直であるとみなして考察を進める．この流れに垂直な衝撃波を**垂直衝撃波**（normal shock wave）という．図 8.13（a）に示す**わん曲衝撃波**（bow shock wave）も，よどみ点近くでは垂直衝撃波とみなしてよい．

図 8.16（b）に示すように，衝撃波を含む検査体積をとり，衝撃波を通過する流れの支配方程式を書く．衝撃波の上流側，下流側の位置を 1, 2 とし，その位置での流れの諸量に添え字 1, 2 をつけることにする．衝撃波は非常に薄いので，衝撃波直前，直

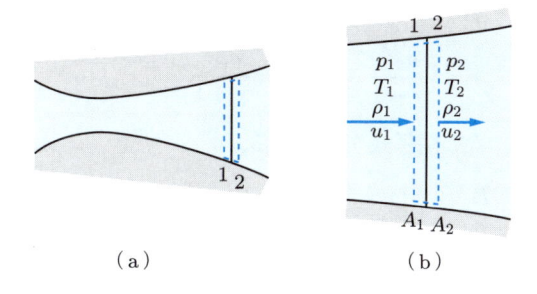

図 **8.16** 垂直衝撃波と検査体積

後の流路断面積は等しいと考えられるので $A_1 = A_2$ とおく.よって,連続の式は,

$$\rho_1 u_1 A_1 = \rho_2 u_2 A_2, \qquad \rho_1 u_1 = \rho_2 u_2 \tag{8.76}$$

となる.衝撃波面を通過する流れの運動量の式は,衝撃波面は非常に薄いので,壁面摩擦を無視すると,

$$(\rho_2 u_2 A_2)u_2 - (\rho_1 u_1 A_1)u_1 = p_1 A_1 - p_2 A_2$$

となる.よって,次式が得られる.

$$p_1 + \rho_1 {u_1}^2 = p_2 + \rho_2 {u_2}^2 \tag{8.77}$$

次に,エネルギー式について考えよう.衝撃波の内部では,速度,温度が急激に変化し,速度勾配,温度勾配は非常に大きくなる.その結果,粘性,熱伝導の効果が大きくなり,気体のエネルギーは内部摩擦熱として散逸すると考えられる.一方,衝撃波は非常に薄いので,外部からの熱伝達はないと考えられる.すなわち,衝撃波を通過する気体は,非可逆,断熱変化をすると考えられる.断熱流れに対しては,気体のもつ**全エンタルピー**(total enthalpy)は一定に保たれるので,衝撃波を通過する気体のエネルギー式は,

$$h_1 + \frac{{u_1}^2}{2} = h_2 + \frac{{u_2}^2}{2} = h_0$$

となる.ここで,h_0 は全エンタルピーあるいはよどみ点エンタルピーである.気体は,一定の比熱比をもつ完全気体であるとすると,

$$p = \rho RT, \qquad a^2 = \gamma RT = \frac{\gamma p}{\rho}, \qquad h = c_p T = \frac{\gamma}{\gamma - 1} \frac{p}{\rho}$$

となる.よって,エネルギー式は,次式のようになる.

$$\frac{\gamma}{\gamma - 1} \frac{p_1}{\rho_1} + \frac{{u_1}^2}{2} = \frac{\gamma}{\gamma - 1} \frac{p_2}{\rho_2} + \frac{{u_2}^2}{2} = \frac{\gamma}{\gamma - 1} \frac{p_0}{\rho_0} \tag{8.78}$$

式 (8.78) を変形すると,

$$\frac{a_1{}^2}{\gamma-1}+\frac{u_1{}^2}{2}=\frac{a_2{}^2}{\gamma-1}+\frac{u_2{}^2}{2}=\frac{a_0{}^2}{\gamma-1} \tag{8.78}'$$

となる．この式より，次の関係式が得られる．

$$\left(\frac{a_0}{a_1}\right)^2=\frac{T_0}{T_1}=1+\frac{\gamma-1}{2}M_1{}^2, \qquad \left(\frac{a_0}{a_2}\right)^2=\frac{T_0}{T_2}=1+\frac{\gamma-1}{2}M_2{}^2$$

よって,

$$T_1\left(1+\frac{\gamma-1}{2}M_1{}^2\right)=T_2\left(1+\frac{\gamma-1}{2}M_2{}^2\right)=T_0 \tag{8.79}$$

となる．ここで，T_0 はよどみ点温度である．この式 (8.79) より，衝撃波を通過する断熱流れにおいては，よどみ点温度は一定であることがわかる．

次に，上述の連続の式，運動量の式，エネルギーの式を用いて，衝撃波を通過する流れの諸量の関係を求めよう．式 (8.77) は式 (8.76) を考慮すると，

$$\rho_1 u_1(u_1-u_2)=p_2-p_1$$

となる．よって，次の関係式が得られる．

$$u_1(u_1-u_2)=\frac{1}{\rho_1}(p_2-p_1), \qquad u_2(u_1-u_2)=\frac{1}{\rho_2}(p_2-p_1)$$

この 2 式を辺々加えると,

$$u_1{}^2-u_2{}^2=(p_2-p_1)\left(\frac{1}{\rho_1}+\frac{1}{\rho_2}\right)$$

となる．この式と式 (8.78) より $u_1{}^2-u_2{}^2$ を消去して変形すると，次の関係式が得られる．

$$\frac{p_2}{p_1}=\frac{\dfrac{\gamma+1}{\gamma-1}\dfrac{\rho_2}{\rho_1}-1}{\dfrac{\gamma+1}{\gamma-1}-\dfrac{\rho_2}{\rho_1}} \tag{8.80}$$

または,

$$\frac{\rho_2}{\rho_1}=\frac{\dfrac{\gamma+1}{\gamma-1}\dfrac{p_2}{p_1}+1}{\dfrac{\gamma+1}{\gamma-1}+\dfrac{p_2}{p_1}} \tag{8.81}$$

この式 (8.81) は，衝撃波前後の圧力比 p_2/p_1 と密度比 ρ_2/ρ_1 の関係を示す式で，**ランキン・ユゴニオの式**（Rankine–Hugoniot equation）とよばれる．

次に，衝撃波前後の流れのマッハ数の関係を求めよう．エネルギー式 (8.79) より，

$$\frac{T_2}{T_1} = \frac{(\gamma-1){M_1}^2 + 2}{(\gamma-1){M_2}^2 + 2} \tag{8.82}$$

となる．状態方程式と連続の式 (8.76) より，次式が得られる．

$$\frac{T_2}{T_1} = \frac{p_2}{p_1}\frac{\rho_1}{\rho_2} = \frac{p_2}{p_1}\frac{u_2}{u_1} = \frac{p_2}{p_1}\frac{M_2}{M_1}\frac{a_2}{a_1} = \frac{p_2}{p_1}\frac{M_2}{M_1}\left(\frac{T_2}{T_1}\right)^{\frac{1}{2}}$$

$$\left(\frac{T_2}{T_1}\right)^{\frac{1}{2}} = \frac{p_2}{p_1}\frac{M_2}{M_1}, \qquad \frac{p_2}{p_1} = \frac{M_1}{M_2}\left(\frac{T_2}{T_1}\right)^{\frac{1}{2}}$$

この式に，式 (8.82) を代入すると，

$$\frac{p_2}{p_1} = \frac{M_1}{M_2}\left[\frac{(\gamma-1){M_1}^2 + 2}{(\gamma-1){M_2}^2 + 2}\right]^{\frac{1}{2}} \tag{8.83}$$

となる．運動量の式 (8.77) において，

$$\rho u^2 = \frac{p}{RT}u^2 = \frac{\gamma p u^2}{a^2} = \gamma p M^2$$

を考慮すると，

$$p_1 + \gamma p_1 {M_1}^2 = p_2 + \gamma p_2 {M_2}^2 \qquad \therefore \quad \frac{p_2}{p_1} = \frac{1+\gamma {M_1}^2}{1+\gamma {M_2}^2} \tag{8.84}$$

となる．式 (8.83) と式 (8.84) より p_2/p_1 を消去して，M_2 について解くと，次の関係式

$$M_2^2 = \frac{(\gamma-1){M_1}^2 + 2}{2\gamma {M_1}^2 - (\gamma-1)} \tag{8.85}$$

が得られる（$M_2 = M_1$ の解も得られるが，これは意味のない解である）．

式 (8.85) を式 (8.84) に代入すると，

$$\frac{p_2}{p_1} = \frac{2\gamma}{\gamma+1}{M_1}^2 - \frac{\gamma-1}{\gamma+1} \tag{8.86}$$

となる．この式 (8.86) を式 (8.81) に代入すると，

$$\frac{\rho_1}{\rho_2} = \frac{\gamma-1}{\gamma+1} + \frac{2}{\gamma+1}\frac{1}{{M_1}^2} \tag{8.87}$$

となる．式 (8.86) からわかるように，衝撃波の強さ，すなわち衝撃波前後の圧力比 p_2/p_1 は ${M_1}^2$ に比例することがわかる．

ここで，式 (8.87) を用いて，きわめて強い衝撃波の性質を考えよう．きわめて強い衝撃波の場合，すなわち，

$$\frac{p_2}{p_1} \to \infty \quad \text{あるいは,} \quad M_1{}^2 \to \infty$$

と表される．このとき，衝撃波前後の密度比は，式 (8.87) より，

$$\frac{\rho_1}{\rho_2} = \frac{\gamma - 1}{\gamma + 1} \tag{8.88}$$

となる．二原子気体の場合には，$\gamma = 1.4$ となり，$\rho_2/\rho_1 = 6$ となることがわかる．

次に，きわめて弱い衝撃波の場合を考える．すなわち，

$$\frac{p_2}{p_1} = 1 + \varepsilon \quad (\varepsilon \ll 1) \tag{8.89}$$

とおく．これを式 (8.81) に代入すると，

$$\begin{aligned}\frac{\rho_2}{\rho_1} &= \frac{\dfrac{\gamma+1}{\gamma-1}(1+\varepsilon)+1}{\dfrac{\gamma+1}{\gamma-1}+1+\varepsilon} = \frac{1+\dfrac{\gamma+1}{2\gamma}\varepsilon}{1+\dfrac{\gamma-1}{2\gamma}\varepsilon} \\ &= 1 + \frac{1}{\gamma}\varepsilon - \frac{\gamma-1}{2\gamma^2}\varepsilon^2 + \frac{(\gamma-1)^2}{4\gamma^3}\varepsilon^3 + \cdots \end{aligned} \tag{8.90}$$

となる．

ところで，気体が等エントロピー変化する場合，

$$\frac{p_2}{p_1} = \left(\frac{\rho_2}{\rho_1}\right)^\gamma \quad \text{すなわち,} \quad \frac{\rho_2}{\rho_1} = \left(\frac{p_2}{p_1}\right)^{\frac{1}{\gamma}} \tag{8.91}$$

が成立するが，これに $p_2/p_1 = 1 + \varepsilon$ を代入すると，次式となる．

$$\frac{\rho_2}{\rho_1} = (1+\varepsilon)^{1/\gamma} = 1 + \frac{1}{\gamma}\varepsilon - \frac{\gamma-1}{2\gamma^2}\varepsilon^2 + \frac{(\gamma-1)(2\gamma-1)}{6\gamma^3}\varepsilon^3 + \cdots \tag{8.92}$$

式 (8.90) と式 (8.92) を比較すると，両式は ε^2 の項までは等しいが，ε^3 項以下で異なることがわかる．衝撃波がきわめて弱く ε^3 以下が無視できる場合には，ランキン・ウゴニオの関係式は，等エントロピーの関係式 (8.91) と一致する．すなわち，衝撃波がきわめて弱い場合には，衝撃波を通過する気体は等エントロピー変化を行うとみなしてよい．

次に，弱い衝撃波を通過する気体のエントロピー変化を求めよう．衝撃波前後のエントロピー変化 ΔS は，8.4.5 項で述べたエントロピーの定義より，

$$\Delta S = S_2 - S_1 = c_p \log\left[\left(\frac{p_2}{p_1}\right)^{\frac{1}{\gamma}} \frac{\rho_1}{\rho_2}\right]$$

で与えられ，この式に式 (8.89)，(8.90) を代入すると，

$$\Delta S = c_p \log \frac{(1+\varepsilon)^{1/\gamma}}{1 + \dfrac{1}{\gamma}\varepsilon - \dfrac{\gamma-1}{2\gamma^2}\varepsilon^2 + \dfrac{(\gamma-1)^2}{4\gamma^3}\varepsilon^3 + \cdots} = R\frac{(\gamma+1)}{12\gamma^2}\varepsilon^3 + \cdots \tag{8.93}$$

となる．この式 (8.93) より，弱い衝撃波の場合，衝撃波を通過する気体のエントロピー増加は ε^3 程度であることがわかる．熱力学第二法則から，衝撃波を通過する気体のエントロピー変化 ΔS は，

$$\Delta S \geqq 0$$

となる．よって，式 (8.93) より，$\varepsilon \geqq 0$，すなわち，

$$p_2 \geqq p_1$$

となる．これより，衝撃波を通過する際，気体の圧力はつねに増加することがわかる．換言するなら，圧縮衝撃波 ($p_2 \geqq p_1$) は存在するが，膨張衝撃波 ($p_2 < p_1$) は，存在しえないことがわかる．

■ 8.9.3 ダクト内の衝撃波

いままでは，気体の粘性を無視した，いわゆる非粘性気体中に存在する衝撃波について述べてきた．ここでは，実際の流路内，すなわち壁面境界層が存在する流路内の衝撃波について述べる．

図 8.17 (a)，(b) に示すように，実際の流路内では，衝撃波は**壁面境界層と干渉** (shock wave and boundary layer interaction) して，壁面近くでは**分枝** (bifurcation) する．また，干渉が激しい場合には，先頭衝撃波に続いて，第 2，第 3，第 4 衝撃波などが現れる．この多数の衝撃波より構成される衝撃波を**擬似衝撃波** (pseudo–shock wave) という．衝撃波と境界層の干渉の程度は，先頭衝撃波上流の一様流のマッハ数と境界層厚さと流路の半幅の比によって決まる．

擬似衝撃波は，超音速風洞のディフューザ，エジェクタ，各種プラントの高圧ガス配管系内，最近ではスペースプレーン用超音速燃焼エンジン（**スクラムジェットエン**

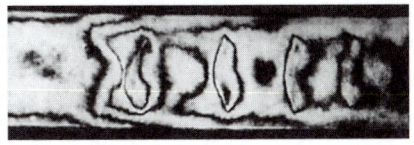

(a) シュリーレン写真　　　(b) ホログラフィ写真

図 **8.17** 流路内の擬似衝撃波（マッハ数 1.8）

ジン；scramjet engine）内の空気取入口部で，しばしば現れるため，その性質が注目され研究されている．

■ 演習問題［8］■

（以下の問題において，空気に対しては，比熱比 1.4，気体定数 287 J/(kg·K) とせよ）

8.1 音波による気体の状態変化を，等温変化とみなした場合の音速の式を導け．

8.2 次の状態にあるときの気体の音速を求めよ．
　（1）$-20°C$ における空気．
　（2）定圧比熱 $c_p = 1004$ J/(kg·K)，温度 $T = 1000$ K，比熱比 $\gamma = 1.4$ の気体．

8.3 航空機がマッハ数 0.8 で，温度 $-40°C$ の大気中を飛行している．この航空機の速度を求めよ．

8.4 超音速空気流中に頂角の小さい円すいを入れ，マッハ波を観測したところ，マッハ角は $30°$ であった．この気流の速度を求めよ．ただし，気流の温度は $-30°C$ であった．

8.5 圧力（静圧）101.3 kPa，温度 $15°C$，速度 250 m/s をもつ空気の流れのよどみ点温度とよどみ点圧力を求めよ．ただし，流れは等エントロピー的にせき止められるとする．

8.6 $15°C$，101.3 kPa の空気中を 800 m/s の速度で伝播する衝撃波背後の圧力を求めよ．

8.7 垂直衝撃波直前，直後の流速を u_1, u_2 とすると，

$$u_1 \cdot u_2 = a^{*2}$$

となる関係があることを示せ．ここで，a^* は臨界状態での音速である．

8.8 図 8.18 に示すように，超音速気流中にピトー管を置いたところ，前方に離脱衝撃波が発生した．ピトー管の全圧 p_{02} を，一様流のマッハ数 M_1 と静圧 p_1 を用いて表せ．

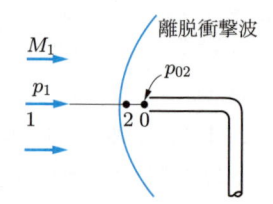

図 8.18 超音速流中に置かれた全圧ピトー管

第 9 章
数値流体力学の基礎

粘性流体流れの解析に用いられる方程式は，ナビエ・ストークス方程式と連続の式である．ナビエ・ストークス方程式は非線形方程式であるために，厳密解は，きわめて簡単な条件の流れに対して得られるのみである．しかし，偏微分方程式は，線形，非線形にかかわらず，離散化することによって数値的に解を求めることができる．このようにして求められる解を数値解という．近年，大型計算機の発達と，離散化の研究が進み，実際の流れを精密に計算することが可能になってきた．離散化の代表的な方法には，**差分法**（finite difference method）と**有限要素法**（finite element method）があるが，ここでは差分法の手法と計算例を紹介する．

9.1 差分法

粘性流体流れの数値解法の代表的な手法である差分法について説明しよう．差分法は，流れ場を有限個の格子に分割し，流れ場の連続的な物理量を，格子点の物理量で代表させて，流れ場の解を求めるものである．ここでは，二次元非圧縮性流れについて述べることにする．用いる基礎方程式は，式 (5.69) と式 (5.70) である．

$$\frac{\partial \zeta}{\partial t} + \frac{\partial \psi}{\partial y}\frac{\partial \zeta}{\partial x} - \frac{\partial \psi}{\partial x}\frac{\partial \zeta}{\partial y} = \frac{1}{R_e}\left(\frac{\partial^2 \zeta}{\partial x^2} + \frac{\partial^2 \zeta}{\partial y^2}\right) \tag{5.69}$$

$$\frac{\partial^2 \psi}{\partial x^2} + \frac{\partial^2 \psi}{\partial y^2} = -\zeta \tag{5.70}$$

この二つの方程式から，2 個の未知量 ψ, ζ を求めることになる．数値解を求めるには，方程式を格子点間に適用できるように変形しなければならない．これを離散化という．次に，差分法を用いて離散化する方法について述べる．

差分法の基礎はテイラー級数展開による．

$$f(x + \Delta x) = f(x) + \Delta x \frac{\partial f(x)}{\partial x} + \frac{1}{2!}\Delta x^2 \frac{\partial^2 f(x)}{\partial x^2} + \frac{1}{3!}\Delta x^3 \frac{\partial^3 f(x)}{\partial x^3} + \cdots \tag{9.1}$$

このテイラー展開は，任意の点 x の物理量 $f(x)$ と Δx 離れた点 $x + \Delta x$ の物理量 $f(x + \Delta x)$ の間の関係を表している．つまり，$f(x + \Delta x)$ は $f(x)$ と，x 点の偏微係数

を知れば求められることを意味している．このとき，高次の偏微係数まで考慮すれば，$f(x+\Delta x)$ の値は，精度よく求められることはいうまでもない．また，関数 f は ψ, ζ をイメージしており，その偏微係数は連続であることを仮定している．次に，図 9.1 に示すように，流れ場の x, y 座標に配置された格子点を i と j を用いて表し，格子間隔を Δx, Δy とし，格子点 (i,j) の物理量を $f_{i,j}$ と表す．

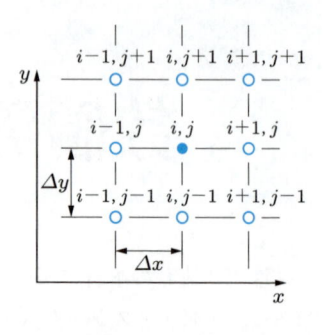

図 **9.1** 格子点

したがって，$i+1$, $i+2$, また $j+1$, $j+2$ は，それぞれ点 i, j から Δx, $2\Delta x$, Δy, $2\Delta y$ 離れていることを意味している．ここで，n 階の偏微係数 $\partial f^n/\partial x^n$ を，$f^{(n)}$ で表すことにすると，以下のようになる．

$$f_{i\pm1,j} = f_{i,j} \pm \Delta x f'_{i,j} + \frac{1}{2!}\Delta x^2 f''_{i,j} \pm \frac{1}{3!}\Delta x^3 f^{(3)}_{i,j} + \cdots \qquad (9.2)$$

$$f_{i\pm2,j} = f_{i,j} \pm (2\Delta x) f'_{i,j} + \frac{1}{2!}(2\Delta x)^2 f''_{i,j} \pm \frac{1}{3!}(2\Delta x)^3 f^{(3)}_{i,j} + \cdots \qquad (9.3)$$

式 (9.2) より f' を求めれば，

$$f'_{i,j} = \frac{f_{i+1,j} - f_{i,j}}{\Delta x} - \frac{\Delta x}{2} f''_{i,j} + \cdots \qquad (9.4)$$

$$f'_{i,j} = \frac{f_{i,j} - f_{i-1,j}}{\Delta x} + \frac{\Delta x}{2} f''_{i,j} - \cdots \qquad (9.5)$$

となり，また，式 (9.2) の差，または和をとれば，次の差分式が得られる．

$$f'_{i,j} = \frac{f_{i+1,j} - f_{i-1,j}}{2\Delta x} - \frac{(\Delta x)^2}{6} f^{(3)}_{i,j} + \cdots \qquad (9.6)$$

$$f''_{i,j} = \frac{f_{i+1,j} - 2f_{i,j} + f_{i-1,j}}{\Delta x^2} - \frac{(\Delta x)^2}{12} f^{(4)}_{i,j} + \cdots \qquad (9.7)$$

これらの，式 (9.4)〜(9.7) までの最後の項は，打ち切り誤差といわれ，実際の計算上は無視される．(Δx) の次数が高いほど誤差は少なく，精度がよいことになる．式 (9.4)，(9.5) は，一次精度の式で，式 (9.6)，(9.7) 式は二次精度の式であり，その誤差をそれぞれ $O(\Delta x)$，$O(\Delta x^2)$ と表す．

さらに高精度の差分式として，次式が得られる．

$$f'_{i,j} = \frac{f_{i-2,j} - 8f_{i-1,j} + 8f_{i+1,j} - f_{i+2,j}}{12\Delta x} + O(\Delta x^4) \qquad (9.8)$$

式 (9.4)，(9.5) を片側差分，式 (9.6)〜(9.8) を中心差分という．通常，中心差分は，領域の内部で用いられるが，計算領域の境界や物体表面では，次に示すような片

側差分の式を用いる．

$$f'_{i,j} = \frac{-3f_{i,j} + 4f_{i+1,j} - f_{i+2,j}}{2\Delta x} + O(\Delta x^2) \tag{9.9}$$

$$f'_{i,j} = \frac{3f_{i,j} - 4f_{i-1,j} + f_{i-2,j}}{2\Delta x} + O(\Delta x^2) \tag{9.10}$$

$$f''_{i,j} = \frac{f_{i,j} - 2f_{i-1,j} + f_{i-2,j}}{\Delta x^2} + O(\Delta x) \tag{9.11}$$

$$f''_{i,j} = \frac{f_{i,j} - 2f_{i+1,j} + f_{i+2,j}}{\Delta x^2} + O(\Delta x) \tag{9.12}$$

以上の議論は，y 方向についても，また時間 t に関しても成り立つ．たとえば，時間 T における $(\partial f/\partial t)_{i,j}^T$ については，次のように表すことができる．

$$\left(\frac{\partial f}{\partial t}\right)_{i,j}^T = \frac{f_{i,j}^{T+\Delta t} - f_{i,j}^T}{\Delta t} + O(\Delta t) \tag{9.13}$$

$$\left(\frac{\partial f}{\partial t}\right)_{i,j}^T = \frac{f_{i,j}^T - f_{i,j}^{T-\Delta t}}{\Delta t} + O(\Delta t) \tag{9.14}$$

$$\left(\frac{\partial f}{\partial t}\right)_{i,j}^T = \frac{f_{i,j}^{T+\Delta t} - f_{i,j}^{T-\Delta t}}{2\Delta t} + O(\Delta t^2) \tag{9.15}$$

このように導かれた偏微係数に対する差分式を代入して，偏微分方程式は差分方程式に変換される．

例題 9.1 中心差分を用いて，次のラプラスの方程式を差分方程式に変換し，$f_{i,j}$ について解け．ただし，格子間隔は，$\Delta x = \Delta y$ とする．

$$\frac{\partial^2 f}{\partial x^2} + \frac{\partial^2 f}{\partial y^2} = 0$$

解 式 (9.7) を用いて上式の右辺を変換すると，次式となる．

$$\frac{f_{i+1,j} - 2f_{i,j} + f_{i-1,j}}{\Delta x^2} + \frac{f_{i,j+1} - 2f_{i,j} + f_{i,j-1}}{\Delta y^2} = 0$$

これより，$f_{i,j}$ を求めると，次のようになる．

$$f_{i,j} = \frac{1}{4}(f_{i+1,j} + f_{i-1,j} + f_{i,j+1} + f_{i,j-1}) \tag{9.16}$$

9.2 ナビエ・ストークス方程式の数値解法

図 9.2 に示すような，物体まわりの流れを求めるとしよう．時間項には式 (9.13)，その他の項には式 (9.6)，(9.7) を用いて，基礎方程式 (5.69)，(5.70) を差分化して

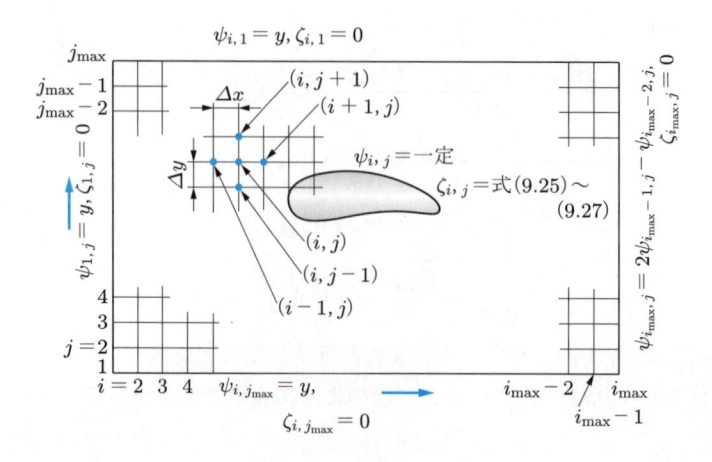

示すと，次のようになる．

$$\frac{\zeta_{i,j}^{T+\Delta t} - \zeta_{i,j}^{T}}{\Delta t} = \frac{-1}{4\Delta x \Delta y}\Big\{(\psi_{i,j+1}^{T} - \psi_{i,j-1}^{T})(\zeta_{i+1,j}^{T} - \zeta_{i-1,j}^{T})$$
$$- (\psi_{i+1,j}^{T} - \psi_{i-1,j}^{T})(\zeta_{i,j+1}^{T} - \zeta_{i,j-1}^{T})\Big\}$$
$$+ \frac{1}{R_e \Delta x^2}(\zeta_{i+1,j}^{T} - 2\zeta_{i,j}^{T} + \zeta_{i-1,j}^{T})$$
$$+ \frac{1}{R_e \Delta y^2}(\zeta_{i,j+1}^{T} - 2\zeta_{i,j}^{T} + \zeta_{i,j-1}^{T}) \tag{9.17}$$

式 (5.70) は，次のように表される．

$$\frac{(\psi_{i+1,j}^{T+\Delta t} - 2\psi_{i,j}^{T+\Delta t} + \psi_{i-1,j}^{T+\Delta t})}{\Delta x^2} + \frac{(\psi_{i,j+1}^{T+\Delta t} - 2\psi_{i,j}^{T+\Delta t} + \psi_{i,j-1}^{T+\Delta t})}{\Delta y^2}$$
$$= -\zeta_{i,j}^{T+\Delta t} \tag{9.18}$$

式 (9.17) は，時刻 T の ζ，ψ の値が求められれば，ただちに時刻 $T + \Delta t$ の ζ の値が求められ，次々と新しい時刻の値が求められることを意味している．この方法を**陽解法** (explicit method) とよぶ．ただし，境界の値は境界条件から定められる．式 (9.18) を用いて時刻 $T + \Delta t$ の ψ の値を求める方法については，9.4 節で述べる．

9.3 境界条件

　無限流体中の物体まわりの流れを調べるために数値計算を行う場合，実際の計算領域の広さは限定される．したがって，計算領域は粘性の影響が及ばないところまで十分に広くとるのが無難である．境界条件の与え方は解全体に影響を及ぼす重要な問題

であるが，一般的な与え方は決まっていない．境界条件を決める原則は，内部の流れを拘束しない，なるべく自然な条件を与えることである．以下に，境界条件の与え方の一例を示す．

流入領域では平行流の条件，$u = \partial\psi/\partial y = 1$, $v = -\partial\psi/\partial x = 0$ より，

$$\psi_{1,j} = y, \qquad \zeta_{1,j} = 0 \tag{9.19}$$

となり，上下の境界では，

$$\psi_{i,1} = y, \qquad \zeta_{i,1} = 0, \qquad \psi_{i,j_{\max}} = y, \qquad \zeta_{i,j_{\max}} = 0 \tag{9.20}$$

となる．流出境界では，$\psi = y, \zeta = 0$ よりも制約の少ない条件，つまり，v と ζ の x 方向の勾配を 0 とする条件を用いる．したがって，$\partial v/\partial x = -\partial^2\psi/\partial x^2 = 0$, $\partial\zeta/\partial x = 0$ を，それぞれ式 (9.11), (9.5) を用いて片側差分し，次のように求める．

$$-\frac{\psi_{i_{\max},j} - 2\psi_{i_{\max}-1,j} + \psi_{i_{\max}-2,j}}{\Delta x^2} = 0, \qquad \frac{\zeta_{i_{\max},j} - \zeta_{i_{\max}-1,j}}{\Delta x} = 0$$

これらから，

$$\psi_{i_{\max},j} = 2\psi_{i_{\max}-1,j} - \psi_{i_{\max}-2,j} \tag{9.21}$$
$$\zeta_{i_{\max},j} = \zeta_{i_{\max}-1,j} \tag{9.22}$$

となる．

次に，物体壁面上における ψ と ζ の与え方について述べる．流れ関数 ψ は，すべりなしの条件 $u = \partial\psi/\partial y = 0$, $v = -\partial\psi/\partial x = 0$ より，

$$\psi_{i,j} = 定数 \tag{9.23}$$

である．

カルマン渦のような周期時渦放出がある場合は，この定数の値を，周期的に変化させる方法も提案されている．この詳細については，ここでは省略する．

ここで，物体表面上の $\psi_{i,j}$ の外側で $\psi_{i,j+1}$ についてテイラー展開すると，

$$\psi_{i,j+1} = \psi_{i,j} + \Delta y \left(\frac{\partial\psi}{\partial y}\right)_{i,j} + \frac{1}{2!}\Delta y^2 \left(\frac{\partial^2\psi}{\partial y^2}\right)_{i,j} + \frac{1}{3!}\Delta y^3 \left(\frac{\partial^3\psi}{\partial y^3}\right)_{i,j} + \cdots \tag{9.24}$$

となる．すべりなしの条件より，$u = \partial\psi/\partial y = 0$ となる．ここで，$\zeta = \partial v/\partial x - \partial u/\partial y$ であり，v は x に沿って一定 ($= 0$) であるから，$\partial v/\partial x = 0$ となり，$\zeta = -\partial u/\partial y = -\partial^2\psi/\partial y^2$ と表される．これらの関係を式 (9.24) に代入し，ζ について解くと，x 軸に平行な壁面上の渦度 $\zeta_{i,j}$ は，次のように表される．

$$\zeta_{i,j} = -\frac{2(\psi_{i,j+1} - \psi_{i,j})}{\Delta y^2} + O(\Delta y) \tag{9.25}$$

同様に，y 軸に平行な壁面上では，次のようになる．

$$\zeta_{i,j} = -\frac{2(\psi_{i+1,j} - \psi_{i,j})}{\Delta x^2} + O(\Delta x) \tag{9.26}$$

これらは一次の精度の式であるが，広く用いられている．また，Δy^3 の項まで考慮した，次の式が用いられていることもある．

$$\zeta_{i,j} = -\frac{3(\psi_{i,j+1} - \psi_{i,j})}{\Delta y^2} - \frac{1}{2}\zeta_{i,j+1} + O(\Delta y^2) \tag{9.27}$$

以上の計算手順の概略をフローチャートで示すと，図 9.3 のようになる．

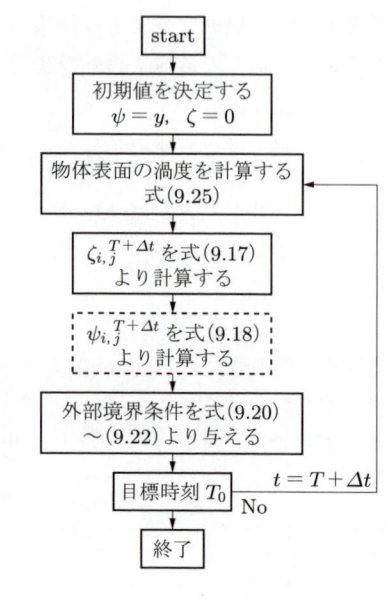

図 **9.3** 陽解法

9.4 陽解法と陰解法

式 (9.17) を用いる方法を陽解法といい，比較的簡単な手順で解が求められる．しかし，安定した意味のある解を求めるためには，格子間隔 Δx，Δy に対して，時間ステップ Δt の値を十分に小さく選んでおく必要がある．このため，この方法は，現象を長時間にわたって追跡する場合には必ずしも適当ではない．また，式 (9.17) の右辺のすべての項に，時刻 $T + \Delta t$ の値を用いる方法があり，以下のように表される．

$$\begin{aligned}
\frac{\zeta_{i,j}^{T+\Delta t} - \zeta_{i,j}^T}{\Delta t} = &\frac{-1}{4\Delta x \Delta y}\{(\psi_{i,j+1}^{T+\Delta t} - \psi_{i,j-1}^{T+\Delta t})(\zeta_{i+1,j}^{T+\Delta t} - \zeta_{i-1,j}^{T+\Delta t}) \\
&- (\psi_{i+1,j}^{T+\Delta t} - \psi_{i-1,j}^{T+\Delta t})(\zeta_{i,j+1}^{T+\Delta t} - \zeta_{i,j-1}^{T+\Delta t})\} \\
&+ \frac{1}{R_e \Delta x^2}(\zeta_{i+1,j}^{T+\Delta t} - 2\zeta_{i,j}^{T+\Delta t} + \zeta_{i-1,j}^{T+\Delta t}) \\
&+ \frac{1}{R_e \Delta y^2}(\zeta_{i,j+1}^{T+\Delta t} - 2\zeta_{i,j}^{T+\Delta t} + \zeta_{i,j-1}^{T+\Delta t}) \tag{9.28}
\end{aligned}$$

また，式 (9.18) より $\psi_{i,j}^{T+\Delta t}$ を求めると，次式になる．

$$\begin{aligned}
\psi_{i,j}^{T+\Delta t} = &\frac{1}{2(\Delta x^2 + \Delta y^2)}\{\Delta y^2(\psi_{i+1,j}^{T+\Delta t} + \psi_{i-1,j}^{T+\Delta t}) \\
&+ \Delta x^2(\psi_{i,j+1}^{T+\Delta t} + \psi_{i,j-1}^{T+\Delta t}) + \Delta x^2 \Delta y^2 \zeta_{i,j}^{T+\Delta t}\} \tag{9.29}
\end{aligned}$$

この場合，式 (9.28) は右辺の $\zeta_{i,j}^{T+\Delta t}$ を左辺にまとめて計算されるが，右辺に未知量があるために，陽解法のように簡単に時間のステップを進めることができない．しかし，未知量の数と方程式の数は，格子点の総数（$i_{\max} \times j_{\max}$ 個）と同数となるから，全格子点について，方程式を連立させることにより，解を求めることができる．このように，連立方程式の解を必要とする方法を，**陰解法**（implicit method）といい，時間ステップ Δt を比較的大きくとることができ，安定性もよいために，広く用いられている．また，式 (9.29) と 9.2 節で示した式 (9.18) も，全格子点についての連立方程式を解くことによって，時刻 $T+\Delta t$ の $\psi_{i,j}$ の値が求められる．これらの連立方程式の解を求めるには，行列を計算して直接に求める方法と，繰り返し計算を用いる方法がある．普通，連立方程式の数は膨大になるから，繰り返し計算で解を求めるほうが有利な場合が多く，次のような緩和法が用いられる．

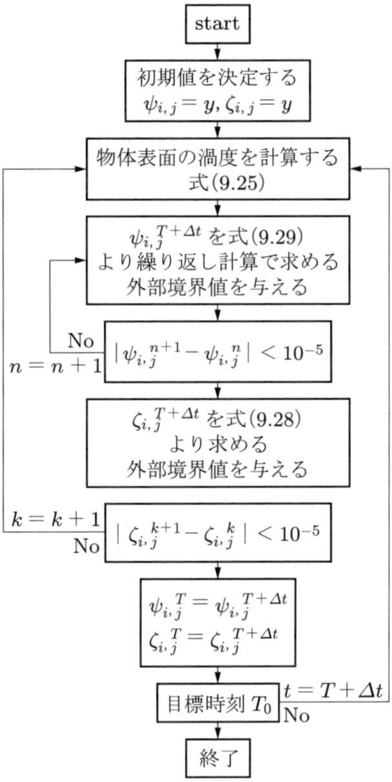

$$\zeta_{i,j}^{k+1} = \zeta_{i,j}^{k} + e_1(\zeta_{i,j}^{k+1} - \zeta_{i,j}^{k}) \tag{9.30}$$

$$\psi_{i,j}^{n+1} = \psi_{i,j}^{n} + e_2(\psi_{i,j}^{n+1} - \psi_{i,j}^{n}) \tag{9.31}$$

図 **9.4** 陰解法

ここで，k と n は繰り返し回数で，e_1, e_2 は連立方程式の解の収束を早めたり，発散を防ぐ役割をもち，緩和係数とよばれる．通常，e_1 には 1 より小さい値が用いられ，e_2 には 1 から 2 の間の値が用いられる．つまり，式 (9.28)（放物型方程式）は非線形項を含むために，解は慎重に求め，式 (9.29)（だ円形方程式）は収束性がよいので，加速させて解を求める意味である．どちらも，繰り返し計算の $k+1$ 回目の値と k 回目の値の差，$n+1$ 回目の値と n 回目の値の差が，それぞれある微小値（たとえば 10^{-5}）以下になったときに解が収束したと判断し，時間のステップを進める．緩和係数の最適値については，通常，経験や計算を試行することによって選ばれることが多い．陰解法の計算手順の例を図 9.4 に示す．

9.5 風上差分

数値計算で精度のよい流れを求めるためには，陽解法，陰解法にかかわらず，境界層や後流領域のように流れの変化が急激な領域には，流れの変化を十分表現できるように，多くの格子点を設けることが必要である．はく離をともなう流れや，高レイノルズ数の流れを計算する場合は，とくに重要になる．

しかし，高レイノルズ数の流れを計算する場合，いままで説明した方法では，数値的不安定のために，解が求まらなくなる可能性がある．この原因は，非線形項の取り扱い方による．そこで，高レイノルズ数の流れを計算する際には，しばしば風上差分とよばれる手法が用いられる．これは，流れの情報は主に上流側からくるという考えにもとづき，ナビエ・ストークス方程式の非線形項を差分化するものである．たとえば，式 (5.69) の左辺第 2 項 $(\partial \psi/\partial y)(\partial \zeta/\partial x)$ について説明しよう．

ここで，$\partial \psi/\partial y = u$ であるから，$(\partial \psi/\partial y)(\partial \zeta/\partial x) = u(\partial \zeta/\partial x)$ と表される．このとき，u が正であれば，$(\partial \zeta/\partial x)$ には式 (9.10) を用い，u が負であれば，式 (9.9) を用いる方法である．これは，つねに風上（流れの上流）で差分式を用いることから，**風上差分**（upwind difference）とよばれる．式を用いて表すと，

$$\frac{\partial \psi}{\partial y}\frac{\partial \zeta}{\partial x} \to \frac{\partial \psi}{\partial y}\frac{3\zeta_{i,j} - 4\zeta_{i-1,j} + \zeta_{i-2,j}}{2\Delta x} \quad \left(\frac{\partial \psi}{\partial y} = u > 0\right) \quad (9.32)$$

$$\frac{\partial \psi}{\partial y}\frac{\partial \zeta}{\partial x} \to \frac{\partial \psi}{\partial y}\frac{-3\zeta_{i,j} + 4\zeta_{i+1,j} - \zeta_{i+2,j}}{2\Delta x} \quad \left(\frac{\partial \psi}{\partial y} = u < 0\right) \quad (9.33)$$

となる．プログラムの if 文のわずらわしさを避けるために，上式は，次のように書き直される．

$$\begin{aligned}
\frac{\partial \psi}{\partial y}\frac{\partial \zeta}{\partial x} \to{}& \frac{1}{2}\left(\frac{\partial \psi}{\partial y} + \left|\frac{\partial \psi}{\partial y}\right|\right)\frac{3\zeta_{i,j} - 4\zeta_{i-1,j} + \zeta_{i-2,j}}{2\Delta x} \\
& + \frac{1}{2}\left(\frac{\partial \psi}{\partial y} - \left|\frac{\partial \psi}{\partial y}\right|\right)\frac{-3\zeta_{i,j} + 4\zeta_{i+1,j} - \zeta_{i+2,j}}{2\Delta x} \\
={}& \left(\frac{\partial \psi}{\partial y}\right)\frac{-\zeta_{i+2,j} + 4(\zeta_{i+1,j} - \zeta_{i-1,j}) + \zeta_{i-2,j}}{4\Delta x} \\
& + \left|\frac{\partial \psi}{\partial y}\right|\frac{\zeta_{i+2,j} - 4\zeta_{i+1,j} + 6\zeta_{i,j} - 4\zeta_{i-1,j} + \zeta_{i-2,j}}{4\Delta x} \quad (9.34)
\end{aligned}$$

さらに，精密に計算を行うために，次のような式が提案されている．つまり式 (9.34) の右辺第 1 項は，テイラー展開すると，

$$\frac{\partial \psi}{\partial y}\frac{\partial \zeta}{\partial x} - \frac{1}{3}\Delta x^2 \left(\frac{\partial \psi}{\partial y}\right)\frac{\partial^3 \zeta}{\partial x^3} + O(\Delta x^4) \quad (9.35)$$

となり，第 2 項は，

$$\left|\frac{\partial \psi}{\partial y}\right| \frac{\Delta x^3}{4} \frac{\partial^4 \zeta}{\partial x^4} + O(\Delta x^5) \tag{9.36}$$

となる．したがって，第 1 項は $O(\Delta x^2)$ の誤差をもっているために，この項を工夫する必要がある．つまり，$\partial^3 \zeta/\partial x^3$ を中心差分で表し，$(1/3)\Delta x^2(\partial \psi/\partial y)(\partial^3 \zeta/\partial x^3)$ を加えて 3 階微係数を含む誤差を消去すると，第 1 項は以下のようになる．

$$\left(\frac{\partial \psi}{\partial y}\right) \frac{-\zeta_{i+2,j} + 4(\zeta_{i+1,j} - \zeta_{i-1,j}) + \zeta_{i-2,j}}{4\Delta x}$$

$$+ \frac{1}{3}\Delta x^2 \left(\frac{\partial \psi}{\partial y}\right) \frac{\zeta_{i+2,j} - 2(\zeta_{i+1,j} - \zeta_{i-1,j}) - \zeta_{i-2,j}}{2\Delta x^3}$$

$$= \left(\frac{\partial \psi}{\partial y}\right) \frac{-\zeta_{i+2,j} + 8(\zeta_{i+1,j} - \zeta_{i-1,j}) + \zeta_{i-2,j}}{12\Delta x} \tag{9.37}$$

したがって，

$$\frac{\partial \psi}{\partial y}\frac{\partial \zeta}{\partial x} \rightarrow \left(\frac{\partial \psi}{\partial y}\right) \frac{-\zeta_{i+2,j} + 8(\zeta_{i+1,j} - \zeta_{i-1,j}) + \zeta_{i-2,j}}{12\Delta x}$$

$$+ \left|\frac{\partial \psi}{\partial y}\right| \frac{\zeta_{i+2,j} - 4\zeta_{i+1,j} + 6\zeta_{i,j} - 4\zeta_{i-1,j} + \zeta_{i-2,j}}{4\Delta x} \tag{9.38}$$

となり，新しい差分式の誤差は $O(\Delta x^3)$ となる．この差分式は，桑原・河村スキーム（K・K スキーム）とよばれ，高レイノルズ数の流れを数値計算する際に威力を発揮し，よく用いられている．

これらの方法を用いて，乱流モデルを導入せず，直接にナビエ・ストークス方程式を精密に解くことによって，乱流や，層流から乱流への遷移現象について，現実に近い解が求められるようになってきた．図 9.5 は，河村・桑原スキームを用いて，二次元ポアズイユ流れからの乱流遷移の過程を計算した例である．

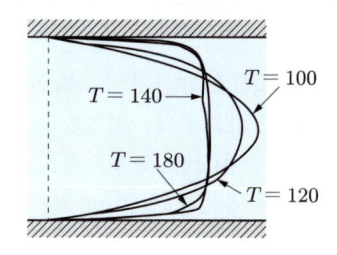

図 9.5 ポアズイユ流の速度分布から乱流の速度分布への遷移の計算（巽友正編『乱流現象の科学』東京大学出版会より）

9.6 物体適合格子

物体まわりの流れを正確に求める際には，物体表面上に直接に格子点を設けて，物体表面の圧力や渦度などの物理量を，精度よく求めることがどうしても必要になる．また，高レイノルズ数の流れを求める場合には，物体表面付近の格子点を密にし，境界層を正確に取り扱うことがとくに重要になる．角柱や，円柱のまわりの流れを求めるには，デカルト座標や円柱座標を用いればよいが，自動車のまわりの流れなど複雑な形状について流れを求める際には，物体形状に沿った自然な座標系を採用することが有効である．この座標を**物体適合格子**（body-fitted coordinate system）といい，この格子を求める方法を，**格子創成法**（grid generation）という．

次に，格子創成法の一例を紹介しよう．まず，次に示すポアソン方程式を用いて，物理面 (x,y) を計算面 (ζ,η) に変換する．

$$\xi_{xx} + \xi_{yy} = P(\xi,\eta) \tag{9.39}$$

$$\eta_{xx} + \eta_{yy} = Q(\xi,\eta) \tag{9.40}$$

実際には，計算面を正方形格子で表し，その格子点に対応する物理面における座標点を求めることになるので，変数を入れ換えた次式を用いて計算する．

$$\alpha x_{\xi\xi} - 2\beta x_{\xi\eta} + \gamma x_{\eta\eta} = -J^2\{x_\xi P(\xi,\eta) + x_\eta Q(\xi,\eta)\} \tag{9.41}$$

$$\alpha y_{\xi\xi} - 2\beta y_{\xi\eta} + \gamma y_{\eta\eta} = -J^2\{y_\xi P(\xi,\eta) + y_\eta Q(\xi,\eta)\} \tag{9.42}$$

$$\left.\begin{array}{l} \alpha = x_\eta^2 + y_\eta^2, \quad \beta = x_\xi x_\eta + y_\xi y_\eta \\ \gamma = x_\xi^2 + y_\xi^2, \quad J = x_\xi y_\eta - x_\eta y_\xi \end{array}\right\} \tag{9.43}$$

$$\left.\begin{array}{l} P = -\displaystyle\sum_{i-j}^{n} a_i \mathrm{sgn}(\xi - \xi_i) \exp(-c_i|\xi - \xi_i|) \\ Q = -\displaystyle\sum_{i-j}^{n} a_i \mathrm{sgn}(\eta - \eta_j) \exp(-c_i|\eta - \eta_i|) \end{array}\right\} \tag{9.44}$$

ここで，a_i, c_i は定数であり，$\mathrm{sgn}(f)$ は f が正，0，負に対して，1，0，-1 の値になることを意味している．物理面と計算面は，図 9.6（a），（b）のように，Γ_k と Γ_k^*（$k = 1, 2, 3, 4$）が対応している．式（9.44）で与えられる P, Q は，格子密度を制御する関数で，a_i, c_i の値を変化させることにより境界層や後流部などに格子点を集中させることができる．

以下に格子創成法の概略を示し，章末にフローチャートの例を示す．

（a）格子点の密度分布を計画する．

（b） 物体表面と外周の格子点の座標値を決定し，それらを境界値とする．
（c） 内点を与え，初期値とする．
（d） （b），（c）の初期値を用い，式 (9.41), (9.42) を繰り返し計算で求める．
（e） 全座標値 (x, y) が決定されたら，各格子点の $\alpha, \beta, \gamma, J, P, Q$ を計算する．
ここで，式 (5.69), (5.70) を，式 (9.41)〜(9.44) を用いて変換すると，

$$\zeta_t + \frac{1}{J}(\psi_\eta \zeta_\xi - \psi_\xi \zeta_\eta) = \frac{1}{J^2 R_e}(\alpha \zeta_{\xi\xi} - 2\beta \zeta_{\xi\eta} + \gamma \zeta_{\eta\eta}) + \frac{1}{R_e}(Q\zeta_\eta + P\zeta_\xi) \tag{9.45}$$

$$\frac{1}{J^2}(\alpha \psi_{\xi\xi} - 2\beta \psi_{\xi\eta} + \gamma \psi_{\eta\eta}) + Q\psi_\eta + P\psi_\xi = -\zeta \tag{9.46}$$

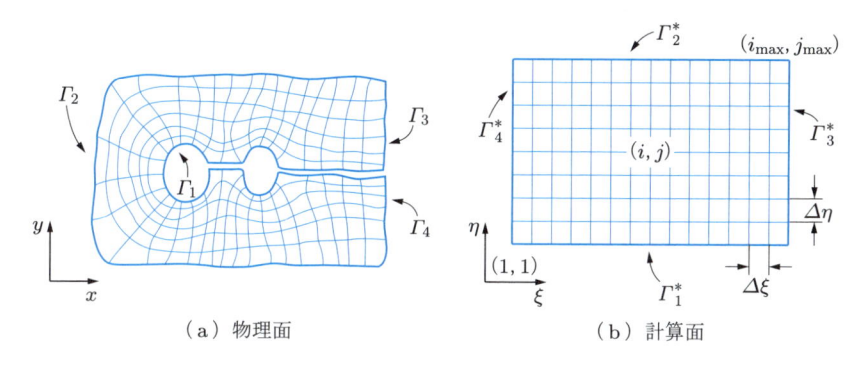

（a）物理面　　　　　　　　　（b）計算面

図 **9.6**

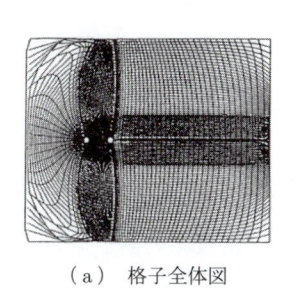

（a）格子全体図 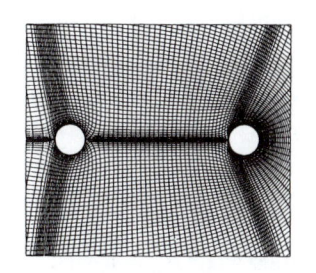　　　　　　　（b）格子全体図

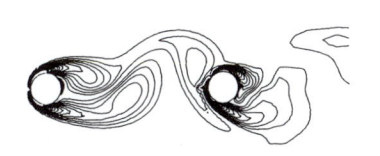

（c）等渦度線図 　　　　　　　（d）流線図

図 **9.7** 直列二円柱まわりの流れ

となる．これらが，物体適合格子を用いた場合の，流れの基礎方程式である．この式を差分化し，計算面で解くことになる．式 (5.69)，(5.70) に比べ，多少複雑であるが，任意の形状の物体について適用できるという大きな利点がある．数値解法の方法や非線形項に対する注意点などは，前述したものと同様である．図 9.7（a），（b）に直列二円柱のまわりに配置された格子図の例を示す．二円柱の近傍や後流部分の格子は細かく，遠方には粗く配置されている．この格子を用いた場合の計算例の等渦度線図と流線図を図 9.7（c），（d）に示す．

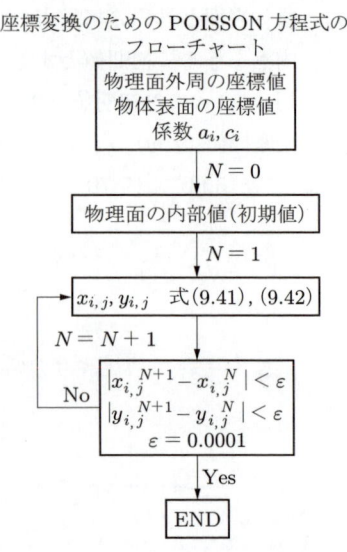

図 **9.8** 格子創成法

演習問題 [9]

9.1 式 (9.9)，(9.10) を導け．

9.2 式 (9.8) を導け．

9.3 式 (9.27) を導け．

9.4 式 (9.28) を $\zeta_{i,j}^{T+\Delta t}$ について整理せよ．

9.5 平行壁間が液体で満たされており，その中心を薄い平板が壁に平行にある速度で通過したあとに，くさび形の速度分布ができた．この速度分布が粘性の作用により，時間とともに減衰していく状態を求めたい．このとき，圧力は一様であり，外力は省略できるものとする．このとき，運動方程式は，

$$\frac{\partial u}{\partial t} = \frac{1}{R_e}\frac{\partial^2 u}{\partial y^2}$$

平行壁間の距離を 1，$R_e = 1$ とし，境界条件は $y = 0,\ 1$ のとき $u = 0$ である．くさび形の速度分布が，

$$u(x) = \begin{cases} 2y & \left(0 \leqq y \leqq \frac{1}{2}\right) \\ 2 - 2y & \left(\frac{1}{2} \leqq y \leqq 1\right) \end{cases}$$

であるとき，時間項（左辺）には片側差分，拡散項（右辺）には中心差分を用いて陽解法で計算せよ．

9.6 演習問題 9.5 について陰解法で計算せよ．

付　録
流体力学の歴史

　気体や液体をまとめて流体といい，流体の運動のことを「流れ」という．風は空気の流れ，川は水の流れである．この流れを調べる学問が流体力学である．今日，スポーツ好きの人たちはバレーボールや野球のボールがカーブしたりドロップしたりする理由を考えるかもしれない．また，車の好きな諸氏は空気抵抗の少ない車の形状を追求するかもしれない．これらの問題を解決するためには，どうしても流れの知識が必要になる．流体力学は，ほかの学問と同様に身近にある問題から出発し発展してきた．飛行機が誕生して110年になる．この間，流体力学の発展は飛行機の長足の進歩に大きく寄与してきた．今日では何百トンものジャンボジェット機が安全に空を飛ぶ時代になった．しかし，乱流の問題などこれから研究すべき課題も数多く残されている．

　流体力学という学問分野が確立される以前にも，さまざまな流れの問題が多くの人たちによって考えられてきた．ここでは，この考え方がどのように変化・発展してきたかの歴史について述べる．このことによって流体力学への関心と理解が深まるであろうし，これからの新分野開拓にあたって役に立つであろうと考えられる．

I　ニュートン以前の流体力学

　静力学，すなわちある物体にはたらいているいくつかの力がつり合っていて，その物体が静止しているための条件に関する知識は，非常に早くから相当な確実さに達していた．アルキメデス（Archimdes, B.C.287～212）は，今日でも知られているアルキメデスの原理として，この問題を静水力学分野でも首尾よく取り扱った．それに比べると，運動物体の力学すなわち動力学は，確実な知識に達したのはルネッサンス以後である．古代の人々には慣性や摩擦の概念がなかった．アリストテレス（Aristoteles, B.C.384～322）は砲丸の運動について，「砲丸が運動すると後ろに真空ができ，まわりの空気がその真空を激しく満たす作用によって砲丸を後部から押すために，砲丸は運動し続ける」（媒質説）と説明している．これに対してヒロポヌス（Philoponus, B.C.6世紀）は，砲丸が飛ぶのは，大砲から投げ出されるときに動力が伝えられるためであると考えた（動力説）．この媒質説と動力説については，慣性の概念が発見されるまでの間，約10世紀にわたって論争が続けられた．したがって，この間，物体の運動についての知識はほとんど進歩しなかったといえる．これは，たとえば放物体の運動は正確にとらえるには速すぎること，また正確にとらえることは技術としてさほど重要なものではなかったことによる．地上の物体の運動に関して正確な概念に達したのはガリレオ（Galileo Galilei, 1564～1642）であった．ガリレオははじめて慣性を発見したが，媒質説には反対し，空気は抵抗の原因であることを主張し，振り子の実験により，抵抗は速度に比例するという結果を得ている．今日の流体力学でも，速度が非常に小さいときに抵抗は速度に

比例することが認められている．抵抗と速度に関して，振り子時計で有名なホイヘンス（C. Huygens, 1629〜1695）は，今日の流体力学でも認められている抵抗は速度の自乗に比例するという重要な結果を得ている．

一方，この頃ポンプを使って井戸から水を汲み上げるのに，10メートルより深い井戸ではポンプがはたらかない現象が知られていたが，この現象にはじめて正しい説明を与えたのは水銀を使った「トリチェリーの真空」の実験で知られるトリチェリー（Torricelli, 1608〜1647）であった．この実験で水銀柱がある高さでとどまるのは大気圧のためであり，その高さの変動は大気圧の変化によると説明した．この実験はパスカル（Pascal, 1623〜1662）によって平地と高い山の頂上で同時刻に行われ，山の頂上では水銀柱の高さは低くなる結果が得られた．これらの実験で，自然は真空を嫌うといういわゆる「真空嫌悪説」が完全に打ち破られた．また，真空が存在するとこを見事に証明し，科学における実験の意義を明確にしたことは意義深い．その後，パスカルは静水力学の実験的，理論的研究を進め，静止流体内で圧力はあらゆる方向に一様に伝わるという今日でもよく知られている「パスカルの原理」を得た．

II　古典流体力学の発展

ケプラー（Kepler, 1571〜1630）の天体運行の法則を根源的に解明しようとしていたニュートン（Isaac Newton, 1643〜1727）は，「運動の3法則」「万有引力の法則」であまりにも有名であるが，運動する物体の抵抗の問題についても研究した．彼は，ホイヘンスの発見した速度の自乗に比例する抵抗は慣性によるものであること，そして，ガリレオが発見した速度に比例する抵抗は粘性によるものであることを明らかにした．

ベルヌーイ（Bernoulli, 1700〜1783）は，水槽の底にあけた小さい孔から水が放出する問題を研究し，活力（質量と速度の自乗の積：vis viva）が保存される原理を提案し，この原理にもとづいて，圧力と速度の関係を表した．これは今日「ベルヌーイの定理」とよばれている．ダランベール（d'Alembert, 1717〜1783）は，流体のつり合いの問題を研究し，1774年に理想流体の中を運動する物体にはたらく抵抗はゼロであるという結論を導いた．これは今日「ダランベールの背理」として知られている．また，数学者オイラー（Euler, 1707〜1783）は，1755年に圧力をはじめて正しく取り入れて流体の運動方程式をつくり，今日の流体力学の基礎体系をつくった．その後，流体運動の方程式を完成させる仕事はラグランジュ（Lagrange, 1736〜1813）によって続けられた．今日，流体の運動を調べる方法として，流れ場の定まった各点における流体の圧力や速度の変化を時間的に追う方法をオイラーの方法，また，特定の流体粒子に着目し，その運動の軌跡を調べる方法をラグランジュの方法とよんでいる．ラグランジュは，粘性のない流体の中では渦は不生不滅であるという定理を得ている．

これまでの流体力学は非粘性流体についてであったが，ナビエ（Navier, 1783〜1836）は，オイラーの方程式に粘性項を加えることを試み，1826年に粘性流体力学の先駆というべき運動方程式を構築した．さらに，ポアソン（Poisson, 1781〜1846），サンブナン（Saint-Venant, 1717〜1886）によって研究が進められた．また，ポアズイユ（Poiseuille, 1799〜1869）は，血管内の血液の流れを調べる目的で，細い円管内の流れを研究し，粘性流体の流れの学問の進展に貢献した．しかし，粘性流体の運動方程式を今日の完成した形で表したのはストーク

ス（Stokes, 1819〜1903）である．これが粘性流体の運動を支配する基礎方程式，ナビエ・ストークス（Navier–Stokes）の運動方程式である．ストークスは球の緩慢な運動について方程式を解き，抵抗が速度に比例することを「ストークスの法則」として理論的に証明した．

ヘルムホルツ（Helmholtz, 1821〜1894）は，ガウス（Gauss, 1777〜1855）が一般力学に導入したポテンシャルの概念を流体力学に応用した．また，流体要素（粒子）の運動にはじめて回転の概念を導入し，これを渦度とよび，速度ポテンシャルの存在しない流れには回転運動があることを明らかにした．さらに，ヘルムホルツは1868年に不連続流の理論をつくった．これは，流れの中の物体の背面領域では流体は完全に静止し，圧力は一定であると仮定するもので，これを死水領域とよんでいる．ナビエ・ストークス方程式を一般的に解いて抵抗を求めることは困難であったが，不連続流れの理論は，理想流体の理論を用いて物体の抵抗を求めることを可能にしたものであった．レイリー（Rayleigh, 1842〜1919）は，不連続流の理論を使って，1876年に流れの中に置かれた板の抵抗を実際に計算した．

III 近代の流体力学

当時，リリエンタール（Lilienthal, 1840〜1896）などによって行われていたグライダーの実験に刺激され，クッタ（Kutta, 1867〜1944）は1902年に曲面板の揚力理論を展開した．ジューコフスキー（Joukowski, 1847〜1921）は1907年にクッタと独立に揚力の理論を発表した．2人の得た結果は「クッタ・ジューコフスキーの定理」とよばれ，その後の翼理論の出発点となった．ジューコフスキーは，等角写像を用いて新しい翼型を発見した．これは，ジューコフスキーの翼型とよばれるものである．

一方，粘性流体力学も著しい発展をみた．プラントル（Prandtl, 1875〜1953）は，流体の粘性を考慮することによってはじめてダランベールの背理を解決した．プラントルは，1904年に水や空気のように粘性の小さな流体では物体表面に接した薄い層の流れだけが粘性の影響をうけるとみなせばよいことを示し，この薄い層を「境界層」と名付けた．境界層はきわめて薄いので，その中では粘性流体の運動方程式は簡略化することができ，数学的な解析が行いやすくなり，抵抗の計算が可能となった．このプラントルの境界層の概念は，ナビエ・ストークスの方程式を使っての流れの抵抗理論と実験研究を結びつけるきずなとなった．これを出発点として，流体力学が近代的発展をとげることになった．

プラントルは1918年に，翼を渦の集まりとみなして，翼理論をつくった．この理論の出現はその後の飛行機の発達をもたらすことになった．プラントルの門下はゲッチンゲン学派とよばれ，この学派からカルマン（Karman, 1881〜1963），ブラジウス（Blasius）をはじめ多数の人材が輩出された．カルマンらは，物体の後ろにできるカルマン渦列の研究をはじめ，管路抵抗，境界層理論や乱流理論の進展に多くの貢献をした．

19世紀までは，流体の流れはすべて層をなして整然と運動する層流であると考えられていたが，レイノルズ（Reynolds, 1842〜1912）は管内の流れを観察し，流れには層流と入り乱れて運動する乱流の2通りがあることを明らかにした．さらに，層流が乱流に遷移するのは無次元のレイノルズ数（流速×基準長さ/動粘性係数）に関係することを発見した．

乱流の研究において，プラントルは1925年に，気体分子運動論における平均自由行程に似

た混合長という概念を導入し，混合長理論とよばれる乱流理論をつくった．また，テイラー（Taylor, 1886〜1975）は，統計的方法を乱流に導入し，乱流の統計理論をつくった．コロモゴロフ（Kolomogoroff）は，局所等方性乱流の理論を発表し，乱流せん断流の研究の進展に貢献した．

　高速流れを取り扱う圧縮性流体力学の歴史について簡単に述べよう．流体中を音速以上の速さで飛ぶ物体の先端では，大きな圧力変化が起こり，衝撃波が発生する．マッハ（Ernst Mach, 1838〜1916）は，1887年に，シュリーレン法とよばれる光学的方法によって，空気中を超音速で飛行する弾丸まわりの衝撃波を世界ではじめて捉えた．衝撃波の性質に関する理論的研究は，スコットランドのランキン（W.J.M.Rankine, 1820〜1870）とフランスのユゴニオ（Piere Henry Hugoniot, 1851〜1887）によって進められ，垂直衝撃波関係式が，1887年に発表された．超音速風洞やロケットエンジンで重要な，連続な超音速流れを得る収縮−拡大ノズルは，1880年代にスウェーデンの蒸気タービン技術者ラバル（Carl G.P.de Laval, 1845〜1915）によって，考案された．ラバルの革新的な蒸気タービンノズルの設計がきっかけで，20世紀のはじめ，収縮−拡大ノズル（ラバルノズル）の流れを扱う高速気体力学に関心が集まった．ハンガリー生まれのストドラ（Aurel Boleslav Stodola, 1859〜1942）は，1905年，ラバルノズル内の超音速流れの特性を実験的に明らかにした．その後，ラバルノズルの出口で発生する斜め衝撃波や膨張波に関する研究が，ドイツのプラントル（Ludwig Prandtl）や，その弟子マイヤー（T. Meyer, 1882〜1972）によって進められ，その成果が1908年に発表された．しかし，プラントルとマイヤーの基礎的研究は，1940年代になって超音速飛行の時代が到来するまで，あまり注目されなかった．

　音速の壁を破る最初の超音速飛行は，1947年10月，アメリカ合衆国カリフォルニア州の上空（高度）12000mで，小さな四つのロケットエンジンをもつ，直線翼を取り付けた流線型のベルX–1実験機によって成し遂げられた．この実験機は，当時，問題視されていた飛行マッハ数0.85以上を超え，飛行マッハ数1.06に達した．この超音速飛行は，1903年のライト兄弟による人類初の空気よりも重い機体での有人動力飛行の成功から44年目の航空工学の歴史の中で最も意義の深い出来事であった．その後，現在に至るまで，各種ジェット機，ロケット，コンコルド旅客機，スペースシャトル，地上と宇宙を往復するスペースプレーン，環境に配慮した静粛超音速機，将来の極超音速航空機などに関連し，高速流体力学と高速飛行技術は進展を続けている．

　20世紀後半になってからは，計測機器や大型計算機の発達にともなって流れのさまざまな現象を実際に解析することができるようになった．台風の進路予測など気象の分野，車や飛行機の形状，スペースシャトルのまわりの流れ，血液や体液の流れ，さらに電磁流体など，さまざまな分野で流れの研究が盛んに行われている．

演習問題解答

第 1 章

1.1 解図 1.1 に示すように，静止流体中に底面積 dA，長さ dy をもつ微小円柱（流体柱）を考える．下面に作用する圧力を p とすると，微小距離 dy 離れた上面に作用する圧力は $p + (dp/dy)\cdot dy$ となる．微小円柱に作用する圧力による力と重量はつり合っていることより，

$$pdA - \left(p + \frac{dp}{dy}dy\right)dA - \rho g dy dA = 0$$

よって，

$$\frac{dp}{dy} = -\rho g$$

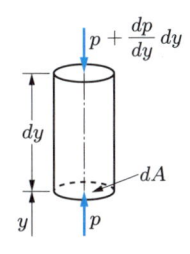

解図 **1.1** 液体中の微小円柱にはたらく圧力

1.2 水の密度を ρ_w，油の比重を s，体積を V とすると，油の密度 ρ，質量 M，重量 W は，

$$\rho = s\rho_w = 0.8 \times 1000\,\mathrm{kg/m^3} = 800\,\mathrm{kg/m^3}$$

$$M = \rho V = 800\,\mathrm{kg/m^3} \times 2\,\mathrm{m^3} = 1600\,\mathrm{kg}$$

$$W = Mg = 1600\,\mathrm{kg} \times 9.8\,\mathrm{m/s^2} = 1.57 \times 10^4\,\mathrm{N}$$

1.3 気体の状態方程式 (1.1) より，

$$\rho = \frac{p}{RT} = \frac{101.3 \times 10^3\,\mathrm{N/m^2}}{287\,\mathrm{Nm/(kg \cdot K)} \times (273-20)\mathrm{K}} = 1.39\,\mathrm{kg/m^3}$$

1.4 式 (1.7) より，加える圧力は，

$$\Delta p = K\left(-\frac{\Delta V}{V}\right) = 2.2 \times 10^9\,\mathrm{Pa} \times 0.2 \times 10^{-2} = 4.4 \times 10^6\,\mathrm{Pa}$$
$$= 4.4\,\mathrm{MPa}$$

第 2 章

2.1（1） 流線の式 $dx/u = dy/v$ より，

$$\frac{dx}{ax} = \frac{dy}{-ay} \qquad \therefore \quad \frac{dx}{x} = -\frac{dy}{y}$$

積分すると，

$$\log x = -\log y + \log C \qquad \therefore \quad xy = C$$

流線は直角双曲線となる．この流線は直角のコーナーをまわる流れの流線を表す．

（2）流線の式より，

$$\frac{dx}{ay} = \frac{dy}{bx} \quad \therefore \quad bxdx - aydy = 0$$

積分すると，

$$bx^2 - ay^2 = C$$

よって，a, b が，同符号のときは双曲線，異符号のときはだ円となる．

2.2 速度成分が連続の式を満たしていれば，流れは可能である．よって，

（1）$\dfrac{\partial u}{\partial x} + \dfrac{\partial v}{\partial y} = -2 + 2 = 0$　　　流れは可能である．

（2）$\dfrac{\partial u}{\partial x} + \dfrac{\partial v}{\partial y} = 5y + x \neq 0$　　　流れは不可能である．

2.3（1）液面 1 と出口 2 を結ぶ流線にベルヌーイの式を適用すると，

$$\frac{V_1{}^2}{2} + \frac{p_1}{\rho} + gh = \frac{V_2{}^2}{2} + \frac{p_2}{\rho} + 0$$

$A \gg a$ より，水面が降下する速度 V_1 は流出速度 V_2 に比較して無視できることと，$p_1 = p_2 = $ 大気圧を考慮すると上式は，

$$V_2 = \sqrt{2gh}$$

この式を**トリチェリの定理**（Torricelli's theorem）という．なお，V_2 は h の高さから自由落下する物体の速度と同じである．

（2）上式より，一般に，液面の高さが z のときの流出速度は，

$$V = \sqrt{2gz}$$

微小時間 dt の間に流出する液体の体積 dQ は，

$$dQ = Vadt$$

この間に液面は dz だけ降下するから，連続の式より，

$$dQ = Vadt = -Adz$$

$$\therefore \quad \sqrt{2gz}adt = -Adz \quad \therefore \quad dt = -\frac{Adz}{a\sqrt{2gz}}$$

よって，水面が $z = h$ から 0 まで降下するのに要する時間 T は，

$$T = -\int_h^0 \frac{A}{a\sqrt{2gz}} dz = -\frac{A}{a\sqrt{2g}}[2z^{1/2}]_h^0 = \frac{2A\sqrt{h}}{a\sqrt{2g}}$$

2.4 点 1, 2 を通る流線にベルヌーイの式を適用すると，

$$\frac{\rho}{2}v_1{}^2 + p_1 = \frac{\rho}{2}v_2{}^2 + p_2$$

連続の式より，

$$v_1 = \frac{A_2}{A_1}v_2$$

これを上式に代入すると，

$$\frac{\rho}{2}\left(\frac{A_2}{A_1}\right)^2 v_2{}^2 + p_1 = \frac{\rho}{2}v_2{}^2 + p_2$$

これより，

$$v_2 = \frac{1}{\sqrt{1-\left(\dfrac{A_2}{A_1}\right)^2}}\sqrt{\frac{2(p_1-p_2)}{\rho}}$$

なお，実際には流量は，$Q = Cv_2A_2$ となる．ここで，C は流量係数で，約 $0.96 \sim 0.99$ である．

2.5 周速 $v_\theta = \pi d(1200/60) = 18.8\,\mathrm{m/s}$，　循環 $= \pi d v_\theta = 17.8\,\mathrm{m^2/s}$

第 3 章

3.1 直角座標 (x, y) と極座標 (r, θ) との間には，図 3.4 に示すように，

$$x = r\cos\theta, \qquad y = r\sin\theta, \qquad r = \sqrt{x^2+y^2}, \qquad \tan\theta = \frac{y}{x}$$

の関係があり，

$$\frac{\partial r}{\partial x} = \cos\theta, \qquad \frac{\partial r}{\partial y} = \sin\theta \qquad\qquad ①$$

$$\frac{\partial \theta}{\partial x} = -\frac{\sin\theta}{r}, \qquad \frac{\partial \theta}{\partial y} = \frac{\cos\theta}{r} \qquad\qquad ②$$

の関係が成り立つ．また，速度成分の間には，図 3.4 に示すように，

$$v_r = u\cos\theta + v\sin\theta, \qquad v_\theta = -u\sin\theta + v\cos\theta \qquad\qquad ③$$

の関係がある．

（1）
$$u = \frac{\partial \phi}{\partial x} = \frac{\partial \phi}{\partial r}\frac{\partial r}{\partial x} + \frac{\partial \phi}{\partial \theta}\frac{\partial \theta}{\partial x} = \cos\theta\frac{\partial \phi}{\partial r} - \frac{\sin\theta}{r}\frac{\partial \phi}{\partial \theta} \qquad\qquad ④$$

$$v = \frac{\partial \phi}{\partial y} = \frac{\partial \phi}{\partial r}\frac{\partial r}{\partial y} + \frac{\partial \phi}{\partial \theta}\frac{\partial \theta}{\partial y} = \sin\theta\frac{\partial \phi}{\partial r} + \frac{\cos\theta}{r}\frac{\partial \phi}{\partial \theta} \qquad\qquad ⑤$$

③の第 1 式および第 2 式に，式④，⑤を代入し，整理すると，

$$v_r = \frac{\partial \phi}{\partial r}, \qquad v_\theta = \frac{\partial \phi}{r\partial \theta}$$

が得られる．

（2）
$$u = \frac{\partial \psi}{\partial y} = \frac{\partial \psi}{\partial r}\frac{\partial r}{\partial y} + \frac{\partial \psi}{\partial \theta}\frac{\partial \theta}{\partial y} = \sin\theta\frac{\partial \psi}{\partial r} + \frac{\cos\theta}{r}\frac{\partial \psi}{\partial \theta} \qquad\qquad ⑥$$

$$v = -\frac{\partial \psi}{\partial x} = -\frac{\partial \psi}{\partial r}\frac{\partial r}{\partial x} - \frac{\partial \psi}{\partial \theta}\frac{\partial \theta}{\partial x} = -\cos\theta\frac{\partial \psi}{\partial r} + \frac{\sin\theta}{r}\frac{\partial \psi}{\partial \theta} \qquad\qquad ⑦$$

③の第 1 式および第 2 式に，式⑥，⑦を代入し，整理すると，

$$v_r = \frac{\partial \psi}{r\partial \theta}, \qquad v_\theta = -\frac{\partial \psi}{\partial r}$$

が得られる.

3.2 （1） 速度成分が連続の式を満たせば，流れは可能である．よって，連続の式より，

$$\frac{\partial u}{\partial x} + \frac{\partial v}{\partial y} = a + d = 0 \qquad \therefore \quad a = -d$$

（2） 渦度 $= 0$ の場合，渦なし流れとなる．よって，渦度の式より，

$$\zeta = \frac{\partial v}{\partial x} - \frac{\partial u}{\partial y} = c - b = 0 \qquad \therefore \quad b = c$$

（3）
$$\frac{\partial \phi}{\partial x} = u = ax + by \qquad \therefore \quad \phi = \frac{1}{2}ax^2 + bxy + f_1(y) \qquad ①$$

$$\frac{\partial \phi}{\partial y} = v = cx + dy = bx - ay \qquad \therefore \quad \phi = bxy - \frac{1}{2}ay^2 + f_2(x) \qquad ②$$

式①，②を満足する ϕ は，

$$\phi = \frac{a}{2}(x^2 - y^2) + bxy$$

同様の計算を行うと，ψ は，

$$\psi = \frac{b}{2}(y^2 - x^2) + axy$$

3.3 $W = \phi + i\psi$, $z = x + iy$ を与式に代入すると，

$$W(z) = a(x + iy)^2 = a(x^2 - y^2) + i2axy = \phi + i\psi$$

よって，速度ポテンシャルと流れ関係は，

$$\phi = a(x^2 - y^2), \qquad \psi = 2axy$$

x, y 方向の速度成分は，

$$u = \frac{\partial \phi}{\partial x} = \frac{\partial \psi}{\partial y} = 2ax, \qquad v = \frac{\partial \phi}{\partial y} = -\frac{\partial \psi}{\partial x} = -2ay$$

流線は $\psi = 2axy = \text{const.}$ で表され，直角双曲線となる．また，等ポテンシャル線は $\phi = a(x^2 - y^2) = \text{const.}$ で表され，$y = x$, $y = -x$ を漸近線とする直角双曲線となる．これらを解図 3.1 に示す．$\psi = 0$ $(x = 0, y = 0)$ を壁で置き換えると，解図 3.2（a），（b）に示すように，与式は 90° の角を曲がる流れ，あるいは平板に直角に当たる流れのよどみ点近傍の流れを表すことがわかる．

解図 3.1 $W(z) = az^2$ の流れ模様

3.4 与式は，一様流と吹き出しの重ね合わせによりつくられる流れ場を意味する．

与式に $z = re^{i\theta}$ を代入すると，

$$W(z) = Ure^{i\theta} + m\log re^{i\theta} = Ur\cos\theta + m\log r + i(Ur\sin\theta + m\theta)$$

よって，

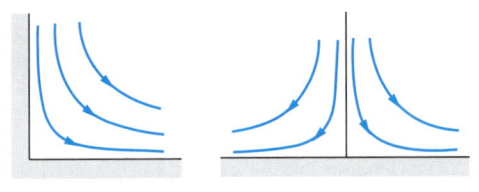

（a）角をまわる流れ　　（b）よどみ点近傍の流れ

解図 3.2　90°の角をまわる流れと平板上のよどみ点近傍の流れ

$$\phi = Ur\cos\theta + m\log r, \qquad \psi = Ur\sin\theta + m\theta \qquad ①$$

r, θ 方向の速度成分は，

$$v_r = \frac{\partial \phi}{\partial r} = \frac{\partial \psi}{r\partial \theta} = U\cos\theta + \frac{m}{r}, \qquad v_\theta = \frac{\partial \phi}{r\partial \theta} = -\frac{\partial \psi}{\partial r} = -U\sin\theta$$
②

x 軸上の負の位置によどみ点が現れるが，この位置は，

$$v_r = U\cos\theta + \frac{m}{r} = 0, \qquad v_\theta = -U\sin\theta = 0$$

より求められる．すなわち，よどみ点の位置は $\theta = \pi$, $r = m/U$ となる．これより，よどみ点の位置は吹き出しの強さ m と一様流の速度 U に依存することがわかる．よどみ点座標 $(m/U, \pi)$ を通る流線の値は $\psi = U\cdot m/U \sin\pi + m\pi = m\pi$ となる．よって，よどみ点流線は $\psi = Ur\sin\theta + m\theta = m\pi$ となる．よどみ点流線を固体物体形状で置き換えると，この物体は半無限物体を表す．この半無限物体の形状は，$\theta = \pi/2$ では，$Ur + m\cdot\pi/2 = m\pi$ より $r = m\pi/2U$ となる．$\theta = 0$ では，$r = \infty$ となり，$r\sin\theta = y = m\pi/U$ となる．以上より，よどみ点流線と流線の概略を描くと，解図 3.3 のようになる．よって，与式は，よどみ点流線を物体で置き換えると，半無限物体まわりの流れを表していることがわかる．

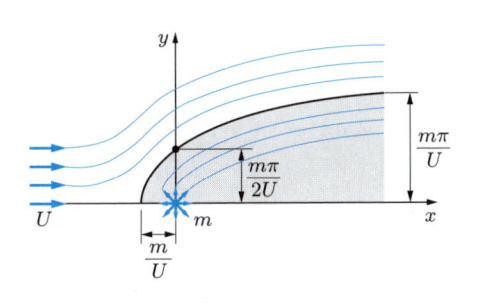

解図 3.3　半無限物体まわりの流れ

第 4 章

4.1　空気の場合：160 m/s，水の場合：12.5 m/s．

4.2　自動車の抗力：253.1 N，アンテナの抗力：18.75 N だから，自動車全体の抗力係数は 0.315．

4.3　1000 Hz．

4.4　式 (4.41) の y を $R - r$ として流量 Q を計算して断面積で割ると，

$$u_m = \frac{Q}{\pi R^2} = \int_0^R \frac{u(2\pi r)}{\pi R^2} dr = \frac{2\pi u_{\max}}{\pi R^2} \int_0^R r\left(\frac{R-r}{R}\right)^{\frac{1}{n}} dr$$

$$= \frac{2n^2}{(n+1)(2n+1)} u_{\max}$$

4.5 $Q = \int_0^R u(2\pi r)dr$, $y = R - r$ であるから,

$$u_m = \frac{Q}{\pi R^2} = \int_0^R \left\{ u_{\max} - u_* 5.75 \log \left[\frac{R}{R-r} \right] \right\} \frac{(2\pi r)dr}{\pi R^2}$$

$$= u_{\max} - u_* 5.75 \frac{2}{R^2} \int_0^R r \log \left[\frac{R}{R-r} \right] dr = u_{\max} - 3.75 u_*$$

4.6 $\dfrac{u_1}{u_*} = 5.75 \log \left(\dfrac{u_* y_1}{\nu} \right) + 5.5$, $\quad \dfrac{u_2}{u_*} = 5.75 \log \left(\dfrac{u_* y_2}{\nu} \right) + 5.5$, $\quad u_* = \sqrt{\dfrac{\tau_w}{\rho}}$

より, τ_w を求める.

4.7 $n = 8$, $u_m/u_{\max} = 0.836$, $(y/R)^{1/8} = 0.836$ より,

$$y = 24\,\mathrm{mm} \quad \therefore \quad r = 76\,\mathrm{mm}$$

4.8 $R_e = 144.93 < R_{ec}(= 2300)$, $\lambda = 64/R_e = 0.442$, $\Delta p = 740\,\mathrm{kpa}$.
4.9 $\epsilon/d = 0.0007$, ムーディ線図より $\lambda = 0.019$, $\Delta h = 1.45\,\mathrm{m}$.

第 5 章

5.1 $\tau_{xy} = \tau_{yx} = 0$, $\sigma_x = -p + 2\mu A$, $\sigma_y = -p + 2\mu A$ となる. ナビエ・ストークス方程式は,

$$\rho u \frac{\partial u}{\partial x} = -\frac{\partial p}{\partial x}, \qquad \rho v \frac{\partial v}{\partial y} = -\frac{\partial p}{\partial y}$$

まえの式を積分して $p = -(1/2)\rho A^2 x^2 + f(y)$, これをあとの式に代入すると $\rho A^2 y = -\partial f(y)/\partial y$ となり, 積分して $f(y) = -(1/2)\rho A^2 y^2 + C$ となる. したがって, $p = -(1/2)\rho A^2 (x^2 + y^2) + C$ である. ここで, $x = y = 0$ のとき $p = p_0$ だから $C = p_0$ となり,

$$p = -\frac{1}{2}\rho A^2 (x^2 + y^2) + p_0$$

5.2 ナビエ・ストークス方程式において $v = w = 0$, $\partial/\partial t = \partial/\partial x = \partial/\partial z = 0$, $X = g\sin\theta$, $Y = -g\cos\theta$ を考慮すると,

$$g\sin\theta + \nu \frac{d^2 u}{dy^2} = 0 \qquad\qquad ①$$

$$g\cos\theta + \frac{1}{\rho}\frac{dp}{dy} = 0 \qquad\qquad ②$$

さらに, $y = 0$ で $u = 0$, $y = h$ で摩擦力 ($\tau = \mu \partial u/\partial y$) をゼロとして式①を積分すると, 速度分布が求められる.

また, $y = h$ で $p = p_0$ だから, 式②を積分すると圧力分布が求められる.

5.3 流れは管軸方向 (z 軸) に平行で, z 方向の速度 w は x と y の関数であり, その他の速度成分はゼロであるから,

$$u = v = 0, \qquad \frac{\partial w}{\partial z} = 0, \qquad \frac{\partial p}{\partial x} = \frac{\partial p}{\partial y} = 0$$

ナビエ・ストークス方程式は次のようになる．

$$\frac{\partial^2 w}{\partial x^2} + \frac{\partial^2 w}{\partial y^2} = \frac{1}{\mu}\frac{\partial p}{\partial z}$$

与えられた w の式を代入すると，上式を満足していることがわかる．さらに，この解は壁面上で境界条件 $(w=0)$ も満足していることがわかる．

5.4 式 (5.51)～(5.53) の $2\omega_x$, $2\omega_y$, $2\omega_z$ を ξ, η, ζ に置き換え，体積力を省略すると次式となる．

$$\frac{\partial u}{\partial t} + \frac{\partial}{\partial x}\left(\frac{V^2}{2}\right) - v\zeta + w\eta = -\frac{1}{\rho}\frac{\partial p}{\partial x} + \nu\left(\frac{\partial^2 u}{\partial x^2} + \frac{\partial^2 u}{\partial y^2} + \frac{\partial^2 u}{\partial z^2}\right) \quad ①$$

$$\frac{\partial v}{\partial t} + \frac{\partial}{\partial y}\left(\frac{V^2}{2}\right) - w\xi + u\zeta = -\frac{1}{\rho}\frac{\partial p}{\partial y} + \nu\left(\frac{\partial^2 v}{\partial x^2} + \frac{\partial^2 v}{\partial y^2} + \frac{\partial^2 v}{\partial z^2}\right) \quad ②$$

$$\frac{\partial w}{\partial t} + \frac{\partial}{\partial z}\left(\frac{V^2}{2}\right) - u\eta + v\xi = -\frac{1}{\rho}\frac{\partial p}{\partial z} + \nu\left(\frac{\partial^2 w}{\partial x^2} + \frac{\partial^2 w}{\partial y^2} + \frac{\partial^2 w}{\partial z^2}\right) \quad ③$$

ここで，式③を y で微分し，式②を z で微分して差をとると，

$$\frac{\partial \xi}{\partial t} - u\underline{\underline{\frac{\partial \eta}{\partial y}}} - \eta\frac{\partial u}{\partial y} + v\frac{\partial \xi}{\partial y} + \xi\underline{\frac{\partial v}{\partial y}} + w\frac{\partial \xi}{\partial z} + \xi\underline{\underline{\frac{\partial w}{\partial z}}} - u\underline{\underline{\frac{\partial \zeta}{\partial z}}} - \zeta\frac{\partial u}{\partial z}$$

$$= \nu\left(\frac{\partial^2 \xi}{\partial x^2} + \frac{\partial^2 \xi}{\partial y^2} + \frac{\partial^2 \xi}{\partial z^2}\right) \qquad ④$$

となる．アンダーラインの部分は，

$$\frac{\partial u}{\partial x} + \frac{\partial v}{\partial y} + \frac{\partial w}{\partial z} = 0 \text{（連続の式）}, \qquad \frac{\partial \xi}{\partial x} + \frac{\partial \eta}{\partial y} + \frac{\partial \zeta}{\partial z} = 0$$

を考慮して，

$$-u\left(\frac{\partial \eta}{\partial y} + \frac{\partial \zeta}{\partial z}\right) + \xi\left(\frac{\partial v}{\partial y} + \frac{\partial w}{\partial z}\right) = u\frac{\partial \xi}{\partial x} + \xi\left(-\frac{\partial u}{\partial x}\right)$$

となる．整理すると，

$$\frac{\partial \xi}{\partial t} + u\frac{\partial \xi}{\partial x} + v\frac{\partial \xi}{\partial y} + w\frac{\partial \xi}{\partial z} - \xi\frac{\partial u}{\partial x} - \eta\frac{\partial u}{\partial y} - \zeta\frac{\partial u}{\partial z} = \nu\left(\frac{\partial^2 \xi}{\partial x^2} + \frac{\partial^2 \xi}{\partial y^2} + \frac{\partial^2 \xi}{\partial z^2}\right)$$

となり，両辺に ρ を掛けると，

$$\rho\frac{D\xi}{Dt} = \rho\left(\xi\frac{\partial u}{\partial x} + \eta\frac{\partial u}{\partial y} + \zeta\frac{\partial u}{\partial z}\right) + \mu\left(\frac{\partial^2 \xi}{\partial x^2} + \frac{\partial^2 \xi}{\partial y^2} + \frac{\partial^2 \xi}{\partial z^2}\right)$$

となる．同様に，式③を x で，式①を z で偏微分し，また式①を y で，式②を x で偏微分し，それぞれの差をとれば，残りの二つの式が以下のように導かれる．

$$\rho \frac{D\eta}{Dt} = \rho \left(\xi \frac{\partial v}{\partial x} + \eta \frac{\partial v}{\partial y} + \zeta \frac{\partial v}{\partial z} \right) + \mu \left(\frac{\partial^2 \eta}{\partial x^2} + \frac{\partial^2 \eta}{\partial y^2} + \frac{\partial^2 \eta}{\partial z^2} \right)$$

$$\rho \frac{D\zeta}{Dt} = \rho \left(\xi \frac{\partial w}{\partial x} + \eta \frac{\partial w}{\partial y} + \zeta \frac{\partial w}{\partial z} \right) + \mu \left(\frac{\partial^2 \zeta}{\partial x^2} + \frac{\partial^2 \zeta}{\partial y^2} + \frac{\partial^2 \zeta}{\partial z^2} \right)$$

5.5 (1) 流れは管軸方向（z 軸）に平行で，V_z は r のみの関数であり，ほかの速度成分 V_r, V_θ はゼロとなるから，ナビエ・ストークス方程式は，

$$0 = -\frac{1}{\rho}\frac{\partial p}{\partial z} + \nu \frac{1}{r}\frac{\partial}{\partial r}\left(r\frac{\partial V_z}{\partial r}\right)$$

これを積分すると，

$$V_z = \frac{1}{4\mu}\frac{dp}{dz}r^2 + A\log r + B$$

$r = R$ で $V_z = 0$, $r = 0$ で $\partial V_z/\partial r = 0$ を考慮し，積分定数 A, B を求めて整理すると，

$$V_z = -\frac{R^2}{4\mu}\frac{dp}{dz}\left(1 - \frac{r^2}{R^2}\right)$$

（2）ナビエ・ストークス方程式は（1）と同じであり，$r = R_1$, $r = R_2$ で $V_z = 0$ を考慮して A, B を求めると，

$$A = -\frac{1}{4\mu}\frac{dp}{dz}\frac{R_2{}^2 - R_1{}^2}{\log\frac{R_2}{R_1}}, \qquad B = -\frac{1}{4\mu}\frac{dp}{dz}\left[R_2{}^2 - \frac{(R_2{}^2 - R_1{}^2)\log R_2}{\log\frac{R_2}{R_1}}\right]$$

したがって，

$$V_z = -\frac{1}{4\mu}\frac{dp}{dz}\left[R_2{}^2 - r^2 - (R_2{}^2 - R_1{}^2)\frac{\log\frac{R_2}{r}}{\log\frac{R_2}{R_1}}\right]$$

5.6 軸対称流れであるから $\partial/\partial\theta = 0$, 定常流れより $\partial/\partial t = 0$, 軸を中心とした同心の流れであるから $V_r = 0$, z 方向の流れの変化はないから $\partial/\partial z = 0$, $F_r = F_\theta = F_z = 0$ より，ナビエ・ストークス方程式は r のみの関数として表され，

$$\nu \left(\frac{\partial^2 V_\theta}{\partial r^2} - \frac{V_\theta}{r^2} + \frac{1}{r}\frac{\partial V_\theta}{\partial r} \right) = 0 \qquad \text{①}$$

$$-\frac{V_\theta{}^2}{r} = -\frac{1}{\rho}\frac{\partial p}{\partial r} \qquad \text{②}$$

となる．
　式①は，$\nu \dfrac{\partial}{\partial r}\left\{\dfrac{1}{r}\dfrac{\partial}{\partial r}(rV_\theta)\right\} = 0$

境界条件 $r = a$ で $V_\theta = a\omega_0$, $r = \infty$ で $V_\theta = 0$ を考慮し，まえの式を積分すると，

$$V_\theta = \frac{a^2 \omega_0}{r}$$

せん断応力は円柱座標では，

$$\tau = \mu \left(\frac{\partial V_\theta}{\partial r} - \frac{V_\theta}{r} \right)$$

であるから，$\tau = 2\mu\omega_0$ である．したがって，トルクは，$\tau \times 2\pi a \times a = 4\pi a^2 \mu \omega_0$ となる．式②を積分すると，圧力分布が求められる．

5.7 周期は $2\pi/\omega$ であるから，平均値は $(1/2)a^2$ である．

5.8 式 (5.82) を三次元で表すと，次のようになる．

$$\rho \left(\frac{\partial \bar{u}}{\partial t} + \frac{\partial \overline{uu}}{\partial x} + \frac{\partial \overline{uv}}{\partial y} + \frac{\partial \overline{uw}}{\partial z} \right) = \frac{\partial}{\partial x}(\overline{\sigma_x} - \overline{\rho u'^2}) + \frac{\partial}{\partial y}(\overline{\tau_{y_x}} - \overline{\rho u'v'})$$
$$+ \frac{\partial}{\partial z}(\overline{\tau_{z_x}} - \overline{\rho u'w'}) \quad \text{①}$$

上の式①に以下の式②～④を代入する．

$$\overline{\sigma_x} = -\bar{p} + 2\mu \frac{\partial \bar{u}}{\partial x} \quad \text{②}$$

$$\overline{\tau_{yx}} = \mu \left(\frac{\partial \bar{v}}{\partial x} + \frac{\partial \bar{u}}{\partial y} \right) \quad \text{③}$$

$$\overline{\tau_{zx}} = \mu \left(\frac{\partial \bar{w}}{\partial x} + \frac{\partial \bar{u}}{\partial z} \right) \quad \text{④}$$

式①の右辺は，

$$-\frac{\partial \bar{p}}{\partial x} + 2\mu \frac{\partial^2 \bar{u}}{\partial x^2} + \frac{\partial}{\partial x}(-\overline{\rho u'^2}) + \mu \left(\frac{\partial^2 \bar{v}}{\partial x \partial y} + \frac{\partial^2 \bar{u}}{\partial y^2} \right) + \frac{\partial}{\partial y}(-\overline{\rho u'v'})$$
$$+ \mu \left(\frac{\partial^2 \bar{w}}{\partial x \partial z} + \frac{\partial^2 \bar{u}}{\partial z^2} \right) + \frac{\partial}{\partial z}(-\overline{\rho u'w'}) = -\frac{\partial p}{\partial x} + \mu \left(\frac{\partial^2 \bar{u}}{\partial x^2} + \frac{\partial^2 \bar{u}}{\partial y^2} + \frac{\partial^2 \bar{u}}{\partial z^2} \right)$$
$$+ \mu \frac{\partial}{\partial x} \left(\frac{\partial \bar{u}}{\partial x} + \frac{\partial \bar{v}}{\partial y} + \frac{\partial \bar{w}}{\partial z} \right) + \frac{\partial}{\partial x}(-\overline{\rho u'^2}) + \frac{\partial}{\partial y}(-\overline{\rho u'v'}) + \frac{\partial}{\partial z}(-\overline{\rho u'w'})$$

となる．ここで，連続の式，

$$\left(\frac{\partial \bar{u}}{\partial x} + \frac{\partial \bar{v}}{\partial y} + \frac{\partial \bar{w}}{\partial z} \right) = 0$$

を代入すると，右辺は，

$$-\frac{\partial p}{\partial x} + \mu \left(\frac{\partial^2 \bar{u}}{\partial x^2} + \frac{\partial^2 \bar{u}}{\partial y^2} + \frac{\partial^2 \bar{u}}{\partial z^2} \right) + \frac{\partial}{\partial x}(-\overline{\rho u'^2}) + \frac{\partial}{\partial y}(-\overline{\rho u'v'}) + \frac{\partial}{\partial z}(-\overline{\rho u'w'})$$

と表される．一方，左辺は，連続の式を考慮して，

$$\rho\left(\frac{\partial \bar{u}}{\partial t}+\frac{\partial \overline{uu}}{\partial x}+\frac{\partial \overline{uv}}{\partial y}+\frac{\partial \overline{uw}}{\partial z}\right)$$
$$=\rho\left[\frac{\partial \bar{u}}{\partial t}+\bar{u}\frac{\partial \bar{u}}{\partial x}+\bar{v}\frac{\partial \bar{u}}{\partial y}+\bar{w}\frac{\partial \bar{u}}{\partial z}+\bar{u}\left(\frac{\partial \bar{u}}{\partial x}+\frac{\partial \bar{v}}{\partial y}+\frac{\partial \bar{w}}{\partial z}\right)\right]$$
$$=\rho\left(\frac{\partial \bar{u}}{\partial t}+\bar{u}\frac{\partial \bar{u}}{\partial x}+\bar{v}\frac{\partial \bar{u}}{\partial y}+\bar{w}\frac{\partial \bar{u}}{\partial z}\right)$$

となる．したがって，

$$\rho\left(\frac{\partial \bar{u}}{\partial t}+\bar{u}\frac{\partial \bar{u}}{\partial x}+\bar{v}\frac{\partial \bar{u}}{\partial y}+\bar{w}\frac{\partial \bar{u}}{\partial z}\right)=-\frac{\partial p}{\partial x}+\mu\left(\frac{\partial^2 \bar{u}}{\partial x^2}+\frac{\partial^2 \bar{u}}{\partial y^2}+\frac{\partial^2 \bar{u}}{\partial z^2}\right)$$
$$+\frac{\partial}{\partial x}(-\rho\overline{u'^2})+\frac{\partial}{\partial y}(-\rho\overline{u'v'})+\frac{\partial}{\partial z}(-\rho\overline{u'w'})$$

と求められる．ほかの二つの式も同様に，

$$\rho\left(\frac{\partial \bar{v}}{\partial t}+\bar{u}\frac{\partial \bar{v}}{\partial x}+\bar{v}\frac{\partial \bar{v}}{\partial y}+\bar{w}\frac{\partial \bar{v}}{\partial z}\right)=-\frac{\partial p}{\partial y}+\mu\left(\frac{\partial^2 \bar{v}}{\partial x^2}+\frac{\partial^2 \bar{v}}{\partial y^2}+\frac{\partial^2 \bar{v}}{\partial z^2}\right)$$
$$+\frac{\partial}{\partial x}(-\rho\overline{v'u'})+\frac{\partial}{\partial y}(-\rho\overline{v'^2})+\frac{\partial}{\partial z}(-\rho\overline{v'w'})$$
$$\rho\left(\frac{\partial \bar{w}}{\partial t}+\bar{u}\frac{\partial \bar{w}}{\partial x}+\bar{v}\frac{\partial \bar{w}}{\partial y}+\bar{w}\frac{\partial \bar{w}}{\partial z}\right)=-\frac{\partial p}{\partial z}+\mu\left(\frac{\partial^2 \bar{w}}{\partial x^2}+\frac{\partial^2 \bar{w}}{\partial y^2}+\frac{\partial^2 \bar{w}}{\partial z^2}\right)$$
$$+\frac{\partial}{\partial x}(-\rho\overline{w'u'})+\frac{\partial}{\partial y}(-\rho\overline{w'v'})+\frac{\partial}{\partial z}(-\rho\overline{w'^2})$$

と表される．

第 6 章

6.1 平板の運動量方程式は，境界層外縁の速度が流れ方向に変化しないとすると，式 (6.22) から，

$$\frac{d\theta}{dx}=\frac{\tau_0}{\rho U^2} \qquad ①$$

ここで，運動量厚さ θ は式 (6.21) に $dy=\delta d\eta$ とおくと，

$$\frac{\theta}{\delta}=\int_0^1 \left(1-\frac{u}{U}\right)\frac{u}{U}d\eta \qquad ②$$

また，平板表面でのせん断応力は，

$$\tau_0=\mu\left(\frac{\partial u}{\partial y}\right)_0=\mu\frac{U}{\delta}\left[\frac{\partial}{\partial \eta}\left(\frac{u}{U}\right)\right]_0 \qquad ③$$

ここで，$u/U=\sin[(\pi/2)\eta]$ を式②，③に代入すると，

$$\frac{\theta}{\delta}=\frac{4-\pi}{2\pi} \qquad ④$$
$$\tau_0=\frac{\pi\mu U}{2\delta} \qquad ⑤$$

式①と式④より，
$$\frac{d\theta}{dx} = \frac{2\pi}{4-\pi}\frac{\tau_0}{\rho U^2} \qquad ⑥$$

さらに，式⑥の τ_0 を式⑤と置き換えて整理すると，
$$\delta d\delta = \frac{2\pi^2}{4-\pi}\frac{v}{2U}dx \qquad ⑦$$

これより，δ について積分すると，
$$\frac{\delta^2}{2} = \frac{2\pi^2}{4-\pi}\frac{v}{2U}x + C \qquad ⑧$$

ここで，$x=0$ のとき $\delta=0$ であるから，$C=0$ となる．よって，x における境界層厚さ δ は，
$$\delta = \sqrt{\frac{2\pi^2}{4-\pi}}\sqrt{\frac{vx}{U}} = 4.788\sqrt{\frac{vx}{U}} \qquad ⑨$$

せん断応力は，式⑤より，
$$\tau_0 = \frac{\pi\mu U}{2\delta} = \frac{\pi\mu U}{2\times 4.788}\sqrt{\frac{U}{vx}} = 0.328\mu U\sqrt{\frac{U}{vx}} \qquad ⑩$$

よって，$x=l$ までの摩擦抗力 D_f は，
$$D_f = b\int_0^l \tau_0 dx \qquad ⑪$$

であるから，τ_0 の値を式⑪に代入すると，
$$D_f = 0.656b\mu U\sqrt{\frac{Ul}{v}} \qquad ⑫$$

よって，摩擦抗力係数は，定義から，
$$C_f = \frac{D_f}{\frac{1}{2}\rho U^2 bl} = \frac{0.656b\mu U}{\frac{1}{2}\rho U^2 bl}\sqrt{\frac{Ul}{v}} = \frac{1.312}{\sqrt{\frac{Ul}{v}}} = \frac{1.312}{\sqrt{R_e}} \qquad ⑬$$

6.2 排除厚さは，
$$\delta^* = \int_0^\delta \left(1-\frac{u}{U}\right)dy \qquad ①$$

で与えられるので，$y/\delta = \eta$ とおくと，
$$\frac{\delta^*}{\delta} = \int_0^1 \left(1-\eta^{\frac{1}{7}}\right)d\eta = \left[\eta - \frac{7}{8}\eta^{\frac{8}{7}}\right]_0^1 = 1-\frac{7}{8} = \frac{1}{8} \qquad ②$$

よって，
$$\delta^* = \frac{1}{8}\delta \qquad ③$$

運動量厚さは,

$$\theta = \int_0^\delta \left(1 - \frac{u}{U}\right)\frac{u}{U} dy \qquad ④$$

で与えられるので，排除厚さと同様に積分を実行すると,

$$\frac{\theta}{\delta} = \int_0^1 \left(1 - \eta^{\frac{1}{7}}\right)\eta^{\frac{1}{7}} d\eta = \left[\frac{7}{8}\eta^{\frac{8}{7}} - \frac{7}{9}\eta^{\frac{9}{7}}\right]_0^1 = \frac{7}{8} - \frac{7}{9} = \frac{7}{72}$$

よって,

$$\theta = \frac{7}{72}\delta$$

したがって，形状係数は,

$$H = \frac{\delta^*}{\theta} = \frac{72}{56} \fallingdotseq 1.286 \qquad ⑤$$

第7章

7.1 二次元噴流の場合，速度分布は相似であるとすると,

$$\frac{u(x,y)}{u(x,0)} = f\left(\frac{y}{b}\right)$$

上式を式 (7.7) に代入すると，単位長さあたり,

$$J = \rho \int_{-\infty}^{\infty} u^2 dA = 2\rho \int_0^{\infty} \left(u(x,0)f\left(\frac{y}{b}\right)\right)^2 dy = 2\rho u(x,0)^2 b \int_0^{\infty} f(\eta)^2 d\eta$$

したがって,

$$u(x,0) = \text{const.} \sqrt{\frac{1}{b}\frac{J}{\rho}}$$

噴流の幅 $b(x)$ は x に比例するとすれば,

$$u(x,0) = \text{const.} \sqrt{\frac{1}{x}\frac{J}{\rho}}$$

したがって，噴流中心の速度が噴流の出口からの距離の平方根に逆比例して減少する．

7.2 三次元軸対称物体の場合，抗力は式 (7.13a) から,

$$D = \rho U_\infty \int_0^b \Delta u_c 2\pi r dr$$

よって,

$$D = \pi \rho U_\infty \Delta u_c b^2$$

ところで，抗力と抗力係数の関係は,

$$C_D = \frac{D}{\frac{1}{2}\rho U_\infty^2 A}$$

であるので,
$$\frac{\Delta u_c}{U_\infty} = \frac{C_D A}{b^2}$$

後流の幅 b の発達は，せん断層のそれと同様に，流れと直角方向の速度変動に比例すると考えられるので,
$$\frac{Db}{Dt} = \frac{db}{dx}\frac{dx}{dt} = U_\infty \frac{db}{dx} \propto v' = l_m \frac{\partial u}{\partial r} \approx l_m \frac{\Delta u_c}{b}$$

よって,
$$U_\infty \frac{db}{dx} = K_2 \Delta u_c, \qquad \frac{db}{dx} = K_2 \frac{\Delta u_c}{U_\infty} = K_2 \frac{C_D A}{b^2}, \qquad b^2 \frac{db}{dx} = K_2 C_D A$$

上式を積分すると,
$$b \propto (K_2 C_D A x)^{1/3}$$

これを,
$$\frac{\Delta u_c}{U_\infty} = \frac{C_D A}{b^2}$$

に代入すると,
$$\frac{\Delta u_c}{U_\infty} \propto \left(\frac{C_D A}{K_2^2 x^2}\right)^{\frac{1}{3}}$$

第 8 章

8.1 連続の式と運動量の式より得られる音速の式 $a = \sqrt{dp/d\rho}$ は，この場合にも成立する．状態方程式 $p = \rho RT$ より，等温変化では $dp/d\rho = RT$ となる．よって，$a = \sqrt{RT}$ となる．

8.2 （1） $a = \sqrt{\gamma RT} = \sqrt{1.4 \times 287 \,\text{Nm/(kg·K)}(283-20)\text{K}} = 319 \,\text{m/s}$

（2） $R = \dfrac{\gamma - 1}{\gamma} c_p$ より,
$$a = \sqrt{\gamma RT} = \sqrt{(\gamma-1)c_p T} = \sqrt{(1.4-1)\times 1004 \times 1000} = 634 \,\text{m/s}$$

8.3 航空機の速度 $V =$ 飛行マッハ数 $M \times$ 音速 a.
$$a = \sqrt{\gamma RT} = \sqrt{1.4 \times 287 \times (273-40)} = 306 \,\text{m/s}$$

よって,
$$V = M \times a = 0.8 \times 306 = 245 \,\text{m/s} = 881 \,\text{km/h}$$

8.4 $\sin \alpha = 1/M = a/u$ より,
$$u = \frac{a}{\sin \alpha} = \frac{\sqrt{1.4 \times 287 \times 243}}{1/2} = 625 \,\text{m/s}$$

8.5 流れのマッハ数は,

$$M = \frac{u}{a} = \frac{250}{\sqrt{\gamma RT}} = \frac{250}{340.2} = 0.735$$

よどみ点温度は,

$$T_0 = T\left(1 + \frac{\gamma - 1}{2}M^2\right) = 319\,\mathrm{K} = 46°\mathrm{C}$$

よどみ点圧力は,

$$p_0 = p\left(1 + \frac{\gamma - 1}{2}M^2\right)^{\frac{\gamma}{\gamma-1}} = 145\,\mathrm{kPa}$$

8.6 衝撃波を静止させて考えると,式 (8.86)

$$\frac{p_2}{p_1} = \frac{2\gamma}{\gamma + 1}M_1{}^2 - \frac{\gamma - 1}{\gamma + 1}$$

が適用できる.上式に,$M_1 = u_1/a_1 = 800/\sqrt{1.4 \times 287 \times 288} = 2.35$ と $p_1 = 101.3\,\mathrm{kPa}$, $\gamma = 1.4$ を代入すると,$p_2 = 636\,\mathrm{kPa}$ となる.

8.7 運動量の式 (8.77) より,$\rho_2 u_2{}^2 - \rho_1 u_1{}^2 = p_1 - p_2$.これは,連続の式 $\rho_1 u_1 = \rho_2 u_2$ と音速の式 $a^2 = \gamma p/\rho$ を考慮すると,

$$u_2 - u_1 = \frac{a_1{}^2}{\gamma u_1} - \frac{a_2{}^2}{\gamma u_2} \qquad ①$$

エネルギーの式 (8.78) より,

$$\frac{a_1{}^2}{\gamma - 1} + \frac{u_1{}^2}{2} = \frac{a_2{}^2}{\gamma - 1} + \frac{u_2{}^2}{2} = \frac{a^{*2}}{\gamma - 1} + \frac{a^{*2}}{2} = \frac{\gamma + 1}{2(\gamma - 1)}a^{*2}$$

この式より,

$$a_1{}^2 = \frac{\gamma + 1}{2}a^{*2} - \frac{\gamma - 1}{2}u_1{}^2, \qquad a_2{}^2 = \frac{\gamma + 1}{2}a^{*2} - \frac{\gamma - 1}{2}u_2{}^2$$

これを式①に代入し,$u_2 \neq u_1$ を考慮すると,

$$a^{*2} = u_1 u_2$$

が導かれる.この式は**プラントルの式**(Prandtl's equation)とよばれる.

8.8 よどみ点流線の近傍の衝撃波は垂直衝撃波である.図 8.18 に示すように,衝撃波前方,直後およびよどみ点状態に,それぞれ 1, 2, 0 とつける.すると,1, 2 の状態に対して,

$$\frac{p_{01}}{p_1} = \left(1 + \frac{\gamma - 1}{2}M_1{}^2\right)^{\frac{\gamma}{\gamma-1}}, \qquad \frac{p_{02}}{p_2} = \left(1 + \frac{\gamma - 1}{2}M_2{}^2\right)^{\frac{\gamma}{\gamma-1}} \qquad ①$$

が成り立つ.ところで衝撃波前後の全圧比は,

$$\frac{p_{02}}{p_{01}} = \frac{p_{02}}{p_2}\frac{p_2}{p_1}\frac{p_1}{p_{01}}$$

この式に式①と衝撃波前後の関係式 (8.86) を代入し,さらに衝撃波前後のマッハ数の関係式 (8.85) を代入し,整理すると,

$$\frac{p_{02}}{p_{01}} = \left[\frac{(\gamma+1)M_1{}^2}{(\gamma-1)M_1{}^2+2}\right]^{\frac{\gamma}{\gamma-1}} \left[\frac{\gamma+1}{2\gamma M_1{}^2-(\gamma-1)}\right]^{\frac{1}{\gamma-1}} \quad ②$$

が得られる．さて，ピトー全圧 p_{02} と衝撃波前方の静圧 p_1 との比は，

$$\frac{p_{02}}{p_1} = \frac{p_{02}}{p_{01}}\frac{p_{01}}{p_1}$$

となるが，この式に式①，②を代入すると，

$$\frac{p_{02}}{p_1} = \left[\frac{(\gamma+1)M_1{}^2}{2}\right]^{\frac{\gamma}{\gamma-1}} \left[\frac{\gamma+1}{2\gamma M_1{}^2-(\gamma-1)}\right]^{\frac{1}{\gamma-1}}$$

この式より，p_{02} と p_1 を測定すれば，M_1 が求められる．この式は**レイリーのピトー管公式**（Rayleigh pitot–tube formula）とよばれる．

第 9 章

9.1 $f'_{i,j} = af_{i,j} + bf_{i+1,j} + cf_{i+2,j}$ として $f_{i+1,j}$, $f_{i+2,j}$ に式 (9.2), (9.3) の第 3 項までを代入し $f'_{i,j}$ について整理すると，

$$f'_{i,j} = (a+b+c)f_{i,j} + \Delta x(b+2c)f'_{i,j} + (\Delta x)^2(b/2+2c)f''_{i,j}$$

この係数を比較し，

$$a+b+c = 0, \quad \Delta x(b+2c) = 1, \quad (\Delta x)^2\left(\frac{b}{2}+2c\right) = 0$$

を得る．これより，a, b, c を求めると，

$$a = -\frac{3}{2\Delta x}, \quad b = \frac{4}{2\Delta x}, \quad c = -\frac{1}{2\Delta x}$$

これらを代入すればよい．式 (9.10) も同様にして求められる．

9.2 演習問題 9.1 と同様に，

$$f'_{i,f} = af_{i-2,j} + bf_{i-1,j} + cf_{i,j} + df_{i+1,j} + ef_{i+2,j}$$

として各項をテイラー展開し，第 5 項まで表して整理すると，

$$\begin{aligned}
f'_{i,j} &= af_{i-2,j} + bf_{i-1,j} + cf_{i,j} + df_{i+1,j} + ef_{i+2,j} \\
&= a\left\{f_{i,j} - (2\Delta x)f'_{i,j} + \frac{(2\Delta x)^2}{2!}f''_{i,j} - \frac{(2\Delta x)^3}{3!}f'''_{i,j} + \frac{(2\Delta x)^4}{4!}f''''_{i,j}\right\} \\
&+ b\left\{f_{i,j} - (\Delta x)f'_{i,j} + \frac{(\Delta x)^2}{2!}f''_{i,j} - \frac{(\Delta x)^3}{3!}f'''_{i,j} + \frac{(\Delta x)^4}{4!}f''''_{i,j}\right\} \\
&+ cf_{i,j} \\
&+ d\left\{f_{i,j} + (\Delta x)f'_{i,j} + \frac{(\Delta x)^2}{2!}f''_{i,j} + \frac{(\Delta x)^3}{3!}f'''_{i,j} + \frac{(\Delta x)^4}{4!}f''''_{i,j}\right\} \\
&+ e\left\{f_{i,j} + (2\Delta x)f'_{i,j} + \frac{(2\Delta x)^2}{2!}f''_{i,j} + \frac{(2\Delta x)^3}{3!}f'''_{i,j} + \frac{(2\Delta x)^4}{4!}f''''_{i,j}\right\} \\
&= f_{i,j}(a+b+c+d+e) + f'_{i,j}(-2a-b+d+2e)(\Delta x)
\end{aligned}$$

$$+ f''_{i,j}(4a+b+d+4e)\frac{(\Delta x)^2}{2!} + f'''_{i,j}(-8a-b+d+8e)\frac{(2\Delta x)^3}{3!}$$
$$+ f''''_{i,j}(16a+b+d+16e)\frac{(2\Delta x)^4}{4!}$$

となる．この恒等式の両辺を比較すると，

$$a+b+c+d+e = 0, \quad -2a-b+d+2e = \frac{1}{\Delta x},$$
$$4a+b+d+4e = 0, \quad -8a-b+d+8e = 0,$$
$$16a+b+d+16e = 0$$

となり，これから a, b, c, d, e の値を求めると，

$$a = \frac{1}{12\Delta x}, \quad b = -\frac{2}{3\Delta x}, \quad c = 0, d = \frac{2}{3\Delta x}, \quad e = -\frac{1}{12\Delta x}$$

となる．したがって，

$$f'_{i,j} = \frac{f_{i-2,j} - 8f_{i-1,j} + 8f_{i+1,j} - f_{i+2,j}}{12\Delta x}$$

と求められる．

9.3 すべりなしの条件より $u = \partial\psi/\partial y = 0$, $\partial^2\psi/\partial y^2 = \partial u/\partial y = -\zeta$ である．$\zeta = \partial v/\partial x - \partial u/\partial y$ の両辺を y で偏微分すると，$\partial\zeta/\partial y = \partial^2 v/\partial y\partial x - \partial^2 u/\partial y^2 = \partial(\partial v/\partial y)/\partial x - \partial\psi^3/\partial y^3 = -\partial^2 u/\partial x^2 - \partial\psi^3/\partial y^3 = -\partial\psi^3/\partial y^3$ である，ここで，$\partial\zeta/\partial y = (\zeta_{i,j+1} - \zeta_{i,j})/\Delta y$ である．これらを式 (9.24) に代入して整理する．

9.4
$$\frac{\zeta_{i,j}^{T+\Delta t} - \zeta_{i,j}^T}{\Delta t} = \frac{1}{4\Delta x \Delta y}\{(\psi_{i,j+1}^{T+\Delta t} - \psi_{i,j-1}^{T+\Delta t})(\zeta_{i+1,j}^{T+\Delta t} - \zeta_{i-1,j}^{T+\Delta t})$$
$$- (\Psi_{i+1,j}^{T+\Delta t} - \Psi_{i-1,j}^{T+\Delta t})(\zeta_{i,j+1}^{T+\Delta t} - \zeta_{i,j-1}^{T+\Delta t})\}$$
$$+ \frac{1}{R_e \Delta x^2}(\zeta_{i+1,j}^{T+\Delta t} - 2\zeta_{i,j}^{T+\Delta t} + \zeta_{i-1,j}^{T+\Delta t})$$
$$+ \frac{1}{R_e \Delta y^2}(\zeta_{i,j+1}^{T+\Delta t} - 2\zeta_{i,j}^{T+\Delta t} + \zeta_{i,j-1}^{T+\Delta t})$$

上の式 (9.28) の右辺の $\zeta_{i,j}^{T+\Delta t}$ を左辺に移動して整理すると，

$$\left(1 + \frac{2\Delta t}{R_e \Delta x^2} + \frac{2\Delta t}{R_e \Delta y^2}\right)\zeta_{i,j}^{T+\Delta t}$$
$$= \frac{\Delta t}{4\Delta x \Delta y}\{(\psi_{i,j+1}^{T+\Delta t} - \psi_{i,j-1}^{T+\Delta t})(\zeta_{i+1,j}^{T+\Delta t} - \zeta_{i-1,j}^{T+\Delta t})$$
$$- (\psi_{i+1,j}^{T+\Delta t} - \psi_{i-1,j}^{T+\Delta t})(\zeta_{i,j+1}^{T+\Delta t} - \zeta_{i,j-1}^{T+\Delta t})\}$$
$$+ \frac{\Delta t}{R_e \Delta x^2}(\zeta_{i+1,j}^{T+\Delta t} + \zeta_{i-1,j}^{T+\Delta t}) + \frac{\Delta t}{R_e \Delta y^2}(\zeta_{i,j+1}^{T+\Delta t} + \zeta_{i,j-1}^{T+\Delta t}) - \zeta_{i,j}^T$$

となる．

9.5 $\dfrac{\partial u}{\partial t} = \dfrac{\partial^2 u}{\partial y^2}$ の左辺に片側差分を用い，右辺に中心差分を用いると，

$$\frac{u_y{}^{t+\Delta t} - u_y{}^t}{\Delta t} = \frac{u_{y+\Delta y}{}^t - 2u_y{}^t + u_{y-\Delta y}{}^t}{(\Delta y)^2}$$

となる（**陽の方程式**）．$u_y{}^{t+\Delta t}$ について整理すると，

$$u_y{}^{t+\Delta t} = \frac{\Delta t}{(\Delta y)^2}(u_{y+\Delta y}{}^t - 2u_y{}^t + u_{y-\Delta y}{}^t) + u_y{}^t$$

となる．右辺の時刻ゼロの初期値を代入すると次の時刻の値が求められ，これを繰り返すと，次々と新しい時刻 $t + \Delta t$ の値が求められていく．下図に計算例を示す．

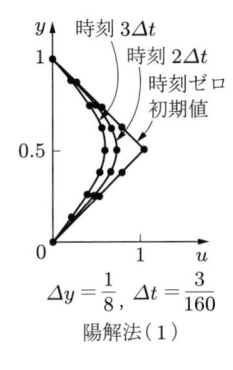

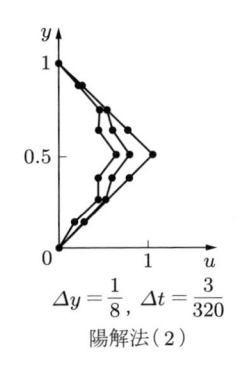

$\Delta y = \dfrac{1}{8},\ \Delta t = \dfrac{3}{160}$	$\Delta y = \dfrac{1}{8},\ \Delta t = \dfrac{3}{320}$	$\Delta y = \dfrac{1}{16},\ \Delta t = \dfrac{3}{1280}$
陽解法（1）	陽解法（2）	陽解法（3）

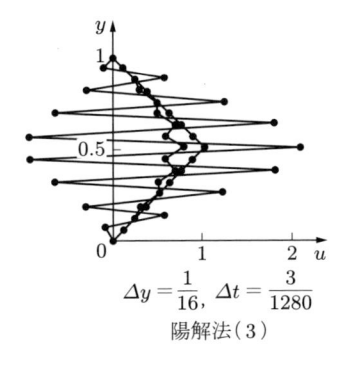

陽解法（1）で，解は安定しているが，（2）では不安定，（3）では発散する．

9.6 演習問題 9.5 と同様に，$\partial u/\partial t = \partial^2 u/\partial y^2$ の左辺に片側差分を用い，右辺に中心差分を用いるが，右辺には新しい時刻 $t + \Delta t$ の値を用いると，

$$\frac{u_y{}^{t+\Delta t} - u_y{}^t}{\Delta t} = \frac{u_{y+\Delta y}{}^{t+\Delta t} - 2u_y{}^{t+\Delta t} + u_{y-\Delta y}{}^{t+\Delta t}}{(\Delta y)^2}$$

となる（**陰の方程式**）．これを $u_y{}^{t+\Delta t}$ について整理すると，

$$u_y{}^{t+\Delta t} = \frac{\dfrac{\Delta t}{(\Delta y)^2}(u_{y+\Delta y}{}^{t+\Delta t} + u_{y-\Delta y}{}^{t+\Delta t}) + u_y{}^t}{1 + \dfrac{2\Delta t}{(\Delta y)^2}}$$

となる．この式は，右辺に新しい時刻の値が未知量として含まれているために，新しい時刻の値を求めるためには y のすべての値に対する式を連立させなければ時間のステップを先に進めることができない．演習問題 9.5 よりも計算に手間をとらせるが，$\Delta t/(\Delta y)^2$ の値を大きくとっても真の解が求められるという長所をもっている．次に計算例を示す．

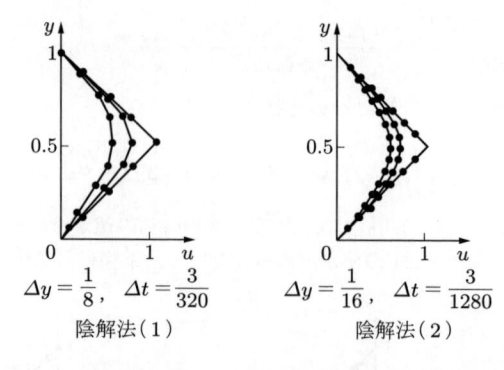

$\Delta y = \dfrac{1}{8}, \quad \Delta t = \dfrac{3}{320}$
陰解法(1)

$\Delta y = \dfrac{1}{16}, \quad \Delta t = \dfrac{3}{1280}$
陰解法(2)

陰解法(1),(2)と陽解法(2),(3)は,Δy, Δt の値は同じであるが,解は安定している.

参考文献

[1] 伊藤英覚・本田 睦『流体力学』丸善（1981）
[2] 大橋秀雄『流体力学（1）』コロナ社（1982）
[3] 森川敬信・鮎川恭三・辻 裕『新版流れ学』朝倉書店（1993）
[4] 加藤 宏編『ポイントを学ぶ流れの力学』丸善（1989）
[5] 中林功一・伊藤基之・鬼頭修己『流体力学の基礎（1）』コロナ社（1993）
[6] 太田英一・南和一郎・小山正晴『流体力学演習』学献社（1987）
[7] 吉野章男・菊山功嗣・宮田勝文・山下新太郎『詳解流体工学演習』共立出版（1989）
[8] 島 章・小林陵二『水力学』丸善（1980）
[9] 豊倉富太郎・亀本喬司『流体力学』実教出版（1976）
[10] 田古里哲夫・荒川忠一『流体工学』東京大学出版会（1989）
[11] 中山泰喜『新版流体の力学』養賢堂（1992）
[12] 松尾一泰・国清行夫・長尾 健『やさしい流体の力学』森北出版（1985）
[13] 生井武文・松尾一泰『圧縮性流体の力学』理工学社（1977）
[14] I. I. グラス；高山和喜訳『ショックウェイブ』丸善（1987）
[15] H. ラウス；有江幹男訳『ラウス流体工学』工学図書（1976）
[16] 板谷松樹『水力学』朝倉書店（1968）
[17] A. H. シャピロ；今井 功訳『流れの科学』河出書房新社（1972）
[18] 佐藤 浩『乱流』共立出版（1982）
[19] 日本機械学会編『機械工学便覧 流体工学（新版）』日本機械学会（2013）
[20] 平山直道『流体力学』森北出版（1968）
[21] 古屋善正『流体力学 II—粘性流体編—』共立出版（1973）
[22] 加藤 宏『現代流体力学』オーム社（1989）
[23] 西山哲男『流体力学』日刊工業新聞社（1978）
[24] 岩本順二郎『流体力学』東京電機大学出版局（1992）
[25] 生井武文・井上雅弘『粘性流体の力学』理工学社（1978）
[26] 安藤常世『流体の力学』培風館（1981）
[27] 富田幸雄『水力学』実教出版（1982）
[28] 谷 一郎『流れ学』岩波書店（1978）
[29] 谷 一郎編『流体力学の進歩（境界層）』丸善（1985）
[30] 谷 一郎編『流体力学の進歩（乱流）』丸善（1980）
[31] 日本流体力学会編『流体力学の世界』朝倉書店（1990）

[32] N. ラジャラトナム；野村安正訳『噴流』森北出版（1983）
[33] P. J. ローチェ；高橋亮一訳『コンピューターによる流体力学』構造計画研究所（1988）
[34] 日本機械学会編『流れの数値シミュレーション』コロナ社（1990）
[35] 水野明哲『流れの数値解析入門』朝倉書店（1990）
[36] 巽友 正編『乱流現象の科学』東京大学出版会（1989）
[37] 武谷三男『物理学入門』岩波書店（1962）
[38] 広重 徹『近代物理学史』地人書店（1960）
[39] ジョン・D・アンダーソン Jr. 著・織田 剛訳『空気力学の歴史』京都大学学術出版会（2009）
［原書，John D. Anderson, Jr., A History of Aerodynamics and Its Impact on Flying Machines, Cambridge University Press（1997）］
[40] 数値流体力学編集委員会編　数値流体力学シリーズ1『非圧縮性流体解析』東京大学出版会（1995）
[41] 杉山 弘・松村昌典・河合秀樹・風間俊治『明解入門　流体力学』森北出版（2012）
[42] 杉山 弘『圧縮性流体力学』森北出版（2014）
[43] 佐藤恵一・木村繁男・上野久儀・増山 豊『流れ学』朝倉書店（2004）
[44] 日本機械学会『JSMEテキストシリーズ　流体力学』（2005）
[45] 日野幹雄『流体力学』朝倉書店（1992）
[46] 小川 明『渦（うず）学』山海堂（1981）
[47] 大橋秀雄監訳・山口信行訳『渦—自然の渦と工学における渦—』朝倉書店（1988）
[48] フォン・カルマン著・谷 一郎訳『飛行の理論』岩波書店（1956）
[49] 高山和喜編『衝撃波ハンドブック　基礎編　第7章　気体中の衝撃波』シュプリンガー・フェアラーク東京（1995）
[50] 日本機械学会編『機械工学便覧　基礎編 α9　単位・物理定数・数学』（2005）
[51] 日本機械学会編『機械工学便覧　基礎編 α4　流体工学』（2006）
[52] John D. Anderson, Jr., Fundamentals of Aerodynamics, Fourth Edition, McGraw-Hill International Edition（2007）
[53] Frank M. White, Fluid Mechanics, Sixth Edition, McGraw-Hill International Edition（2008）

索 引

■ あ

亜音速流　136
圧縮性　81, 33
圧縮性流体力学　9
圧縮率　9, 133
圧力　4
圧力係数　52, 65
圧力じょう乱　134
圧力抵抗　65
圧力波　132
一次元流れ　12, 142
一様流　59
陰解法　167
陰の方程式　193
渦　29
渦あり流れ　30
渦糸　49
渦核　30
渦点　32
渦度　29, 37
渦度輸送方程式　105
渦なし流れ　30, 40, 42
渦モデル　30
運動方程式　14
運動量厚さ　112
運動量の式　144
運動量の法則　144
運動量輸送理論　75
エネルギーの式　145
エンタルピー　139
エントロピー　141
オイラーの運動方程式　16, 94
オイラーの方法　10
音速　133
音波　133

■ か 行

解析関数　45
外層　123
回転　25, 29
回転流れ　30
風上差分　168
加速度　13
壁法則　121
過膨張　153
カルマン　111
カルマン渦列　64
慣性力　107
完全気体　133, 137
管摩擦係数　71, 78
擬似衝撃波　159
希薄気体力学　2
境界層　59, 107
境界層のはく離　116
境界層方程式　109
強制渦　30
極形式　44
局所加速度　14
局所摩擦係数　114
クエット流れ　6
クッタ・ジューコフスキーの定理　55
クヌッセン数　2
形状係数　118
欠損法則　119
ゲルトラ　127, 128
工学単位系　2
格子創成法　170
後流　62, 125, 128
抗力　65
抗力係数　65
国際単位系　2
極超音速流　136
コーシー・リーマンの式　43

コールブルック　80
混合距離　75
混合層　126
混合長理論　75

■ さ 行

再付着　64
差分法　161
三次元流れ　12
指数法則　78
実質微分　14
自由渦　31, 40, 49
自由せん断流れ　125
十分に発達した流れ　70
主流　59
循環　30, 37
衝撃波　153
衝撃波と境界層の干渉　159
状態方程式　3, 137
助走距離　70
助走区間　70
吸いこみ流れ　47
垂直応力　88
垂直衝撃波　154
スクラムジェットエンジン　159
ストークス　7
ストークスの定理　39
ストローハル数　64
すべりなしの条件　57
スロート　151
静圧　20
正則関数　45
遷移　59
遷移レイノルズ数　117
全エンタルピー　155
遷音速流　136
せん断応力　4, 88

せん断流れ　6
せん断変形　28
相似解　113
層流　7, 59
層流境界層　60
速度欠損　119
速度ポテンシャル　41

■ た 行

対数法則　77
体積弾性係数　8, 133
体積力　15, 88
対流加速度　14
ダランベールの背理　53
ダルシー・ワイスバッハ　71
単原子気体　138
単純せん断層　125
断熱流れ　146
超音速流　136
定圧比熱　139
抵抗　54
定常流れ　10
定積比熱　139
適正膨張　153
動圧　20
等エントロピー関係式　142
等エントロピー流れ　148
動粘度　7
トリチェリの定理　178
トリッピングワイヤー　68

■ な 行

内層　123
内部エネルギー　137, 138
内部流れ　69
流れ関数　23
ナビエ・ストークスの運動方程式　90
ニクラゼ　113
二原子気体　138
二次元流れ　12
二次元ポアズイユ流れ　102
二重吹き出し　50
鈍い物体　61

ニュートンの粘性法則　7
ニュートン流体　8
粘性　5
粘性係数　6
粘性底層　61, 121
粘性流体　9, 85
粘性力　107
粘度　6

■ は 行

排除厚さ　111
はく離　62
はく離泡　64
はく離点　62
ハーゲン・ポアズイユの式　72
ハーゲン・ポアズイユの流れ　72
非圧縮性，粘性流体　85
非回転流れ　39
比重　4
ひずみ速度　90
比体積　3
非定常流れ　10
ピトー管　19
ピトー静圧管　19
非ニュートン流体　8
比熱　139
比熱比　140
非粘性流体　9
標準大気圧　3
表面力　88
吹き出し流れ　47
複素速度ポテンシャル　45
複素平面　44
複素ポテンシャル　45
不足膨張　153
双子渦　63
物質微分　14
物体適合格子　170
ブラジウス　113
ブラジウスの式　80
プラントル　109
プラントル・カルマンの式　80

プラントルの壁法則　77
プラントルの式　190
フルード数　97
分枝　159
噴流　125
ベルヌーイの式　18, 95, 144
ベルヌーイの定理　18
変形　25
ベンチュリ管　36
膨張波　153
ポテンシャル流れ　42

■ ま 行

マグナス効果　55
摩擦速度　76
摩擦抵抗　65
摩擦抵抗係数　114
マッハ円すい　136
マッハくさび　135
マッハ数　97, 134
密度　3
ムーディ　81
ムーディ線図　81

■ や 行

有限要素法　161
陽解法　164
陽の方程式　193
揚力　54, 65
揚力係数　65
よどみ点圧力　20, 147
よどみ点エントロピー　147

■ ら 行

ラグランジュの方法　10
ラバル　150
ラバルノズル　150
ランキンの組合せ渦　33
ランキン・ユゴニオの式　156
乱流　59
乱流境界層　60

理想気体　137
理想流体　9
理想流体の流れ　37
離脱衝撃波　160
流管　11
流線　11
流線の式　11
流体　1
流体圧　5

流体要素　1, 10
流体力学　1
流体粒子　1, 10, 85
臨界状態　151
臨海レイノルズ数　59, 67
レイノルズ　58
レイノルズ応力　73, 100
レイノルズ数　58, 107
レイノルズの相似則　58, 97

レイリーのピトー管公式
　　191
連続体　1
連続の式　22, 85, 143

■ わ 行

わん曲衝撃波　154

著者略歴

杉山　弘（すぎやま・ひろむ）
- 1972 年　東北大学大学院工学研究科博士課程修了
- 1972 年　室蘭工業大学機械工学科講師
- 1988 年　室蘭工業大学機械工学科教授
- 1990 年　室蘭工業大学機械システム工学科教授
- 1996 年　室蘭工業大学機械システム工学科航空基礎工学講座教授
- 1999 年 ⎱ 室蘭工業大学学生部長・副学長
- 2002 年 ⎰
- 2010 年　室蘭工業大学名誉教授
  - 現在に至る．
  - 著書：明解入門 流体力学（共著），森北出版，2012
  - 　　　圧縮性流体力学，森北出版，2014

遠藤　剛（えんどう・つよし）
- 1970 年　室蘭工業大学大学院工学研究科修士課程修了
- 1970 年　旭川工業高等専門学校機械工学科助手
- 1976 年　旭川工業高等専門学校機械工学科助教授
- 1995 年　旭川工業高等専門学校機械工学科教授
- 2008 年　旭川工業高等専門学校名誉教授
  - 現在に至る．

新井　隆景（あらい・たかかげ）
- 1985 年　東北大学大学院工学研究科博士課程修了
- 1985 年　東北大学工学部機械工学科第二学科助手
- 1988 年　室蘭工業大学機械工学科助教授
- 1990 年　室蘭工業大学機械システム工学科助教授
- 2005 年　大阪府立大学大学院工学研究科航空宇宙工学分野教授
- 2021 年　大阪府立大学名誉教授
  - 現在に至る．

編集担当	大橋貞夫(森北出版)
編集責任	富井　晃(森北出版)
組　　版	中央印刷
印　　刷	同
製　　本	協栄製本

流体力学 第2版　　　　　© 杉山　弘・遠藤　剛・新井隆景 2014

- 1995 年 6 月 10 日　第 1 版第 1 刷発行　　【本書の無断転載を禁ず】
- 2013 年 2 月 25 日　第 1 版第 14 刷発行
- 2014 年 9 月 26 日　第 2 版第 1 刷発行
- 2025 年 8 月 5 日　第 2 版第 8 刷発行

著　者	杉山　弘・遠藤　剛・新井隆景
発行者	森北博巳
発行所	森北出版株式会社

東京都千代田区富士見 1-4-11（〒102-0071）
電話 03-3265-8341／FAX 03-3264-8709
https://www.morikita.co.jp/
日本書籍出版協会・自然科学書協会　会員
JCOPY ＜(一社)出版者著作権管理機構　委託出版物＞

落丁・乱丁本はお取替えいたします．

Printed in Japan／ISBN978-4-627-60522-0